增訂三版

成本會計（下）

費鴻泰 王怡心 著

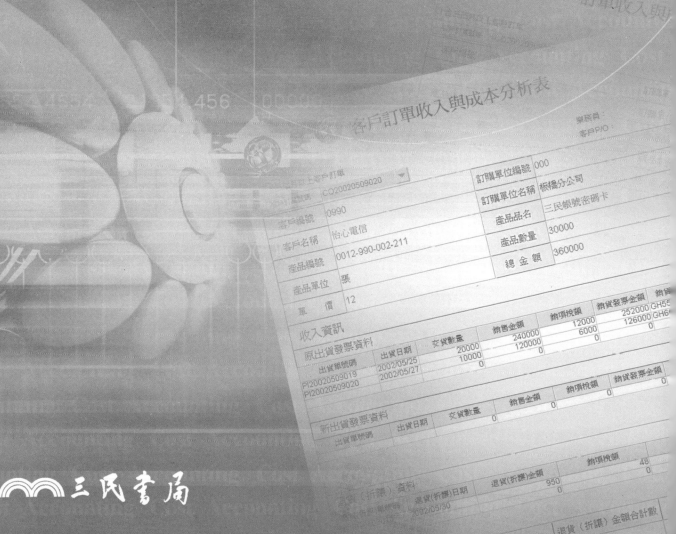

三民書局

國家圖書館出版品預行編目資料

成本會計／費鴻泰,王怡心著.－－增訂三版二刷.－
－臺北市：三民，2004
　　冊；　　公分
　　參考書目：面
　　含索引
　　ISBN 957–14–3680–1　（上冊：平裝）
　　ISBN 957–14–3681–X　（下冊：平裝）
　　1.成本會計

495.71　　　　　　　　　　　　　　91017755

網路書店位址　http：// www. sanmin. com. tw

ⓒ　成　本　會　計（下）

著作人　費鴻泰　　王怡心
發行人　劉振強
著作財
產權人　三民書局股份有限公司
　　　　臺北市復興北路386號
發行所　三民書局股份有限公司
　　　　地址／臺北市復興北路386號
　　　　電話／(02)25006600
　　　　郵撥／0009998–5
印刷所　三民書局股份有限公司
門市部　復北店／臺北市復興北路386號
　　　　重南店／臺北市重慶南路一段61號
初版一刷　1998年1月
增訂二版一刷　2002年2月
增訂三版一刷　2003年2月
增訂三版二刷　2004年11月
編　號　S 492610
基本定價　玖元陸角
行政院新聞局登記證局版臺業字第○二○○號

ISBN　957-14-3681-X　（下冊：平裝）

增訂三版序

　　從多年的教學及研究經驗中，發現國內欠缺著具本土性且能與實務界配合的教科書。因此，學生不易瞭解實務界的現況，實務界更難明瞭學術界的新知。這種會計教育之學習無法與產業需求配合的現象，促使我們撰寫一本能將會計理論與我國實務相結合之教科書的念頭。從第一版的成本會計問市，受到良好的回響，促使我們不斷地蒐集資料，作為再版的參考。

　　隨著科技的進步和國際性競爭的壓力，促使企業經營團隊不得不重新評估其營運方式、會計作業、資訊系統。為提供管理者各種決策所需的訊息，會計人員必須要重新設計會計資訊系統，以因應經營環境變遷的資訊需求。尤其是電子商務的盛行，使企業經營方式產生很大的衝擊，傳統的帳務處理方式，幾乎完全由電腦作業代工。如此一來，會計人員的專業能力演變成必須善用資訊科技來處理營運資訊，包括財務面與非財務面的資料。

　　為因應時代變遷所需，成本會計的教材有大幅度的修改，朝向會計、資訊、管理三方面整合型的應用，本次改版的重點，主要是加入新的成本會計理論和方法，包括企業資源規劃、供應鏈管理、顧客關係管理、平衡計分卡、內部控制與內部稽核等。特別是在相關的章節，引用我們所研發出來的 ERP 整合系統，來說明企業 e 化環境下電子表單的範例。藉此，讓讀者充份瞭解成本會計理論如何應用在企業資訊系統，以提高會計人員在組織所扮演的角色，期望能從財務報表編製者，轉型為營運資訊提供者。

　　為了以企業真實例子說明成本會計觀念的實施，並採用類似實務個案方式來敘述會計方法的應用。本書將每個企業的成本會計應用實例，以實務焦點的方式安排於適當的章節之中。這種理論與實務相結合的編排方式，不僅可增加讀者的學習興趣，同時亦有助於學習效果。這是一本能與實務界密切配合的成本會計學教科書，不僅可適用於一般大專院校會計系或其他商學相關科系，同時亦可作為企業界財務主管及會計人員在職訓練的教材。

　　要感謝多年來教導我們的師長，亦要感謝本書的研究助理群 —— 許詩朋、費聿瑛、高佩瑜等，使本書能順利完成。此外，十分感謝我們的父母與三個可愛的孩子，給予我們無限的支持與鼓勵。匆匆付梓，若有疏漏，祈多包涵。懇請諸位先進不吝指正，並請將您的寶貴意見告知，以作為我們日後改寫的參考。

費鴻泰　王怡心

於國立臺北大學商學院

9.20.2002.

trenddw@mail.ntpu.edu.tw

序

　　自 1991 年 8 月返臺，我們不僅於研究所及大學部教授與成本或管理會計相關的課程，同時也從事與產業相關的研究。數年來，對電子資訊業、汽車業、食品加工業、紡織業、塑膠業、機械業、銀行業、物流業及非營利事業等均曾作過深入的研究。從數年的教學及研究經驗中發現，國內欠缺一本具本土性且能與實務界配合的教科書。因此，學生無法瞭解實務界的現況；實務界無法明瞭學術界的新知。這種會計教育之供給無法與產業需求配合的現象，促使我們撰寫一本能將會計理論與我國實務相結合之教科書的念頭。

　　1993 年 8 月，我們將理念付諸實行，王怡心完成了第一本教科書《管理會計》。近年來，由於《管理會計》一書受到教育界及實務界的熱烈迴響，再加上國外漸漸有成本會計教科書將實務界之真實個案放入課文中的趨勢，引發本書的撰寫動機。

　　為了能以企業之真實例子說明成本會計觀念的實施，並採用類似之實務個案方式來敘述會計方法的應用，我們尋找了二十餘家公司配合本書的撰寫，這些公司均是國內著名的大型企業。本書將每個企業的成本會計方法應用實例，以實務焦點的方式安排於適當的章節之中。這種理論與實務相結合的編排方式，不僅可增加讀者的學習興趣，同時亦有助於學習效果。

　　從本書的撰寫方式來看，可知這是一本能與實務界密切配合的成本會計學教科書。本書不僅可適用於一般大專院校會計系或其他商學相關科系成本會計學課程的教科書，同時亦可作為企業界財務主管及

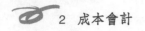

會計人員在職訓練的教材。

我們對許多人所給予之協助一直深受其惠，本書的完成，首先要感謝多年來教導我們的師長及配合本書撰寫的企業，同時亦要感謝本書的研究助理群，使本書能順利完成。此外，十分感謝我們的父母與三個可愛的孩子，給予我們無限的支持與鼓勵。匆匆付梓，若有疏漏，祈多包涵。懇請諸位先進不吝指正，並請將您的寶貴意見告知，以作為我們日後改寫的參考。

費鴻泰　王怡心

於國立中興大學會研所

4.1997.

成本會計(下)/目次

第13章

標準成本㈠：
原料與人工成本

學習目標

- ·瞭解標準成本的意義與功能
- ·清楚標準的設立考量
- ·明白原料與人工標準成本的訂定
- ·探討原料成本的差異分析
- ·探討人工成本的差異分析
- ·練習原料與人工差異的會計處理

前　言

　　當公司的產品品質與製造成本要達到一定水準且保持穩定時，需要有一套完整的標準制度，來規定各項投入因素的數量與成本，以及製程時間的長短。一旦標準建立之後，管理部門人員可將製造活動所發生之各項成本的實際數，與預先設定的標準數相比，找出差異部分並分析造成差異的因素，以達到績效評估效果。藉著標準成本制度的設立，管理者可同時規劃和控制一些與製造相關的營運活動。

　　由於各種產品的製造方式不同，且各個公司的經營方式也不同，所以沒有一個標準成本制度可適用於各種組織。雖然標準成本制度在早期就已發展，但是傳統方式著重於製造過程中各項投入因素的價格與數量標準，所以要隨需要而作不同的修改。本章內容著重於原料和人工成本的標準設立與差異分析，使讀者對標準成本制度有所認識。

13.1　標準成本的意義與功能

　　為了有效地規劃和控制營運活動，有不少公司採用標準成本制度，使得早期僅被製造業者所使用的標準成本制度，逐漸推廣到非製造業，如買賣業、金融業、服務業等，有時甚至非營利事業和政府單位也採用此制度，作為有效控制成本支出的方法。

13.1.1　標準成本的意義

　　產品成本的三要素為直接原料成本、直接人工成本和製造費用。在**標準成本制度 (Standard Cost System)** 下，**標準成本 (Standard Cost)** 和**實際成本 (Actual Cost)** 兩項資料皆記載在會計帳冊上，以便在會計期間結束時，比較標準成本與實際成本，找出差異部分。傳統上，標準成本為預估製造一個產品所需要的成本，包括原料、人工、製造費用三方面，為有效地控制成本，製造產品所需投入的各種生產要素的價格與數量都需事先估計，以便提出產品的標準

成本資料。

　　製造業的主要目標為降低產品單位成本和提高產品品質，所以一般廠商會先決定預期的產品品質水準，再依要達到該品質水準來估計所需投入的最低成本。在實務上，有多種原料、人工的組合，皆可達到相同的品質水準，因此要增加企業的競爭能力，需憑著經驗來判斷各種投入因素的種類、數量與價格，有的甚至將產品在各個不同製程中所需的規格與數量也明確訂定。

　　因此，標準成本也可說是在某一特定期間內，製造某一特定產品所需投入的成本。在決定產品成本之前，要先決定**價格標準 (Price Standard)** 和**數量標準 (Quantity Standard)**，兩者相乘所得的結果即為產品標準成本。當標準成本決定後，可作為實際成本的比較基礎，如果實際成本超過標準成本即產生**不利差異 (Unfavorable Variance)**，因為支出超過預算，有透支的現象；相對地，如果實際成本低於標準成本，即產生**有利差異 (Favorable Variance)**，表示良好的成本控制。

◗ 13.1.2　標準成本的功能

　　藉著瞭解標準成本制度的採用，使管理者可獲得及時的成本資訊，且隨市場需求變化而訂定合理售價，以增加企業的競爭能力。標準成本的功能，可從多方面來說明，分別敘述如下：

1.節省帳務處理成本

　　在標準成本系統之下，產品單位成本在某段期間內是固定的，可用來預估產品的期末存貨價值與銷貨成本，有助於預算的編列工作，同時也可作為產品訂價決策的參考。有些公司平時採用標準成本作為會計入帳基礎，在期末時比較實際成本與標準成本後，再將差異部分作期末調整。如此一來，可節省不少帳務處理成本。

2.績效評估

　　設立標準時，事先和員工溝通管理者的預期效益，可激勵員工努力去達成目標，促使企業利潤增加，員工所得的紅利也因此而提高。當管理階層收到差

異分析報告時，可用來評估員工績效，同時將責任清楚地歸屬，並且辨識差異原因，進而調查造成差異的因素以及提出改善方案。

3.便於實施例外管理

在差異分析方面，有的差異大、有的差異小，如果管理者對每一項差異都要深入調查的話，在執行上會有困難，且不符合經濟效益原則。例外管理 (Management by Exception) 即只針對差異較大的部分進行調查，並明確瞭解造成差異的原因和責任歸屬。如圖 13-1 上，第三件產品所耗用的成本與標準成本之間的差異數超過可接受的差異上限，因此管理者不需對所有七件產品的差異進行調查，只要針對第三件產品來作重點追蹤即可。

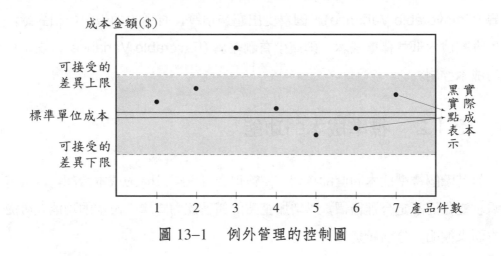

圖 13-1　例外管理的控制圖

13.2　標準的設立

在設定各項標準時，必須要考慮到適當性及可達成性。適當性關係著設定標準的基礎以及可持續應用的期間，所以要先考量標準在該組織的適用情況；可達成性係指達成所設定標準的程度，各項標準要以可達成的水準為目標。因

此設定標準時，首先採用歷史資料作為分析基礎，再考慮產品的預期製造過程
分析以及市場環境評估，使標準成本的設定較具客觀性和相關性。在標準設定
的過程中，要考慮下列的性質:

1. 適當性

標準的設定，除了參考過去和現在的相關資料之外，尚需考慮到未來的市
場發展趨勢，待作通盤且周詳的考量之後，才能制訂出適當的標準。就原料成
本方面，必須考慮的因素有原料的價格、品質和替代性，以及正常情況下的採
購量和原料供應的穩定性;在人工成本方面，要考慮預期工資與來源、工廠自
動化程度、廠房設備的佈置、生產流程等。管理階層不需承受標準一旦設立即
要永久實施的壓力;相反地，設定的標準必須隨著環境的變遷而作適時的修改，
以符合實際的經濟情況，才有實質的意義。

例如，在 2000 年設定直接原料的標準價格為每單位 $50，隨著原料的大量
生產; 2002 年時，原料的價格已降為每單位 $20。如果所設定的直接原料標準
成本一直都沒有變動時，則年年會產生有利的價格差異;若用此來評估採購經
理的績效，則此項績效評估將會失去意義，並造成不公平的現象。

2. 可達成性

標準可作為一個績效水準的目標，於是標準可以設定為容易達到或不容易
達到的各種水準。然而，達成所設定的標準之難易程度會影響著員工的績效，
因此標準可依照難易程度劃分成三項: ⑴理想標準 (Ideal Standard); ⑵現時
可達成標準 (Current Attainable Standard) 及⑶預期標準 (Expected Stand-
ard)。此三種標準的設立方式，分別敘述如下:

⑴理想標準: 又稱為最高標準 (Maximum Standard) 或理論標準 (Theo-
retical Standard)，所謂理想標準係指不允許有任何無效率的情況存在，
要達成所設定標準的困難度最高，並且不允許有作業上的延誤，例如員
工的疲勞、倦怠或對工作的錯誤操作。但是在實務上，即使是公司全部
採用自動化，仍無法避免人員或電力的失誤。因此，在理想標準之下，

員工較不易達成,且通常會造成不利的差異結果,反而會使員工有挫敗、怨恨的感覺。所以有人認為在理想標準之下的差異報告,因其大部分為不利差異,故不易評估出各單位的實際績效。

(2)現時可達成標準: 又稱為可達成之優良績效標準 (Attainable Good Performance Standard),在現時可達成標準下,允許正常或不可避免的停工現象,例如正常機器當機、員工休息等。因此在現時可達成的標準之下,只要員工肯努力工作,即可達到該項標準。由於該項標準是具有挑戰性的,大多數的人皆認為該項標準能夠衡量出員工的工作效率及效果,且其績效評估的結果是具合理性的。

(3)預期標準: 預期標準係指未來期間所可能達到的水準, 該項標準設定時,對於預期範圍內的浪費及無效率狀況,皆允許它們的存在。因此預期標準不適用於一般情況,較適合於新計畫實施時所採用的績效評估標準。

管理者在設定標準時,可同時建立二種或二種以上的標準,並且與獎勵制度相配合,如此會有助於提高部門的績效。尤其在科技進步的時代,管理者可定期評估各單位的標準成本制度,適時修改各項標準。例如,近十年來,及時生產系統 (JIT) 及全面品質管理 (TQM) 的推廣,大大的提高生產力。在這二項觀念下所訂定的標準,其實與前面所敘述的理想標準很類似,因為 JIT 與 TQM 皆是以零缺點為考量。因此在這兩項新觀念實施下,理想標準成為預期標準,可說是不允許或只允許極小的差異存在。

 實務焦點

中國鋼鐵 (http://www.csc.com.tw/csc/site.html)

　　臺灣的鋼鐵工業,可說是隨國家經濟建設的需求與進程逐步發展。近年來,由於中國鋼鐵公司作為產業龍頭帶領下,國內鋼鐵業在製造基本鋼材上,已有轉爐、電爐、單軋等多種不同的生產方式。中國鋼鐵公司於 1971 年 12 月 3 日成立,在臺灣工業重鎮之高雄市南端,設立首座一貫作業鋼鐵廠,其主要產品為: (1)碳鋼、鋼板、棒鋼、線材、熱軋鋼品、冷軋鋼品、電鍍鋅鋼品、電磁鋼片;(2)不銹鋼、熱軋鋼品。

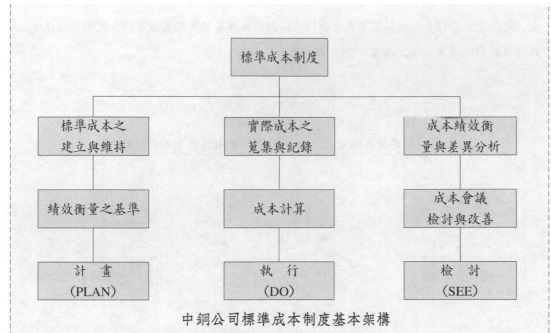

中鋼公司標準成本制度基本架構

　　中鋼產品之主要製造流程係由原料處理、煉鐵、煉鋼及軋鋼所組成，其程序分別敘述如下：(1)原料處理：將進口之煤礦、鐵礦及石灰石卸運至原料堆置場，再將煤礦輸送至煉焦工場製成焦炭，將鐵礦與石灰石輸送至燒結工場製成燒結礦；(2)煉鐵：將鐵礦石、燒結礦、焦炭及助熔劑加入高爐，產生熔融鐵水與熔渣，再利用魚雷車將鐵水運至轉爐煉鋼；(3)煉鋼：高爐鐵水與廢鋼投入轉爐吹煉成鋼液，大部分再經二次精煉站處理，然後澆鑄成大、扁鋼胚；(4)軋鋼：大鋼胚製成小鋼胚後，軋製成棒鋼或再捲成盤元。扁鋼胚經過軋延，製成鋼板或由熱軋工場製成熱軋粗鋼捲。粗鋼捲可再經由精整工場製成熱軋產品或經冷軋製程生產成冷軋產品。

　　中鋼公司所採用的標準成本制度，係依據「美國鋼鐵公司標準成本制度」為基礎，配合我國相關法令之規定與中鋼公司管理方針修正訂定。

　　中鋼的實際成本之蒐集、紀錄與計算，在整體資訊系統作業下，有關實際成本資料之蒐集與紀錄均透過相關管理系統，自動紀錄傳輸，中鋼對於資料輸入嚴格規定為源頭一次輸入，且輸入資料必須符合各相關作業系統之需求，同時強化各種偵錯功能，以確保資料之完整性與正確性，並且避免重複輸入，節省人力及時間。

　　中鋼公司產品種類繁多，為符合產品生產計畫、生產作業、出貨交運及存貨管制需求，特別依產品類別分設存貨管理系統。為簡化存貨帳務處理作業，個別副產品存貨管理系統不設帳務處理之功能，而將其異動資料傳輸副產品存貨帳務處理系統，以彙總統一會計作

業。廠務會計管理系統透過其系統之運作,將內部修護費用及服務成本,分配至各個接受修護及服務之成本中心。有關中鋼成本主檔的組成如下:

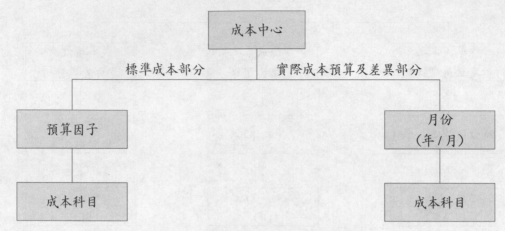

中鋼成本主檔結構圖

⑴成本結帳以年度累計為基礎,再按月計算,透過普通會計/成本對帳系統,以確定會計主檔、明細檔與成本主檔。明細檔之成本數據平衡一致,是成本結帳之首要工作。成本結帳前與結帳過程中的每一處理程序均需確定平衡,才能繼續執行。

⑵將服務性及輔助性成本中心之折舊與攤銷等固定費用,依成本中心原始折舊比率,分攤至各個成本中心;同時將生產管理費用彙集之標準生產管理費用,依前述比率分攤至各個成本中心,於分攤後再將成本資料傳輸至普通會計及成本介面檔。藉著透過登錄系統,更新普通會計及成本主檔及明細檔。

⑶依各成本中心之合格產品組合,利用原料標準計算原料標準投入量及金額與標準回收量標準及金額,運用各成本中心之預算因子量,利用附加成本標準計算附加成本責任績效預算。處理完成後將責任績效預算資料傳輸成本介面檔,再登錄至成本主檔及明細檔。

⑷內部移轉成本日常作業,均以標準費率或標準價格計算,結帳時標準成本與實際成本之差異必須分攤,以計算產品實際成本。差異分攤程序為服務性及輔助性成本中心差異,依提供服務之標準成本比率分攤至接受服務之成本中心。生產管理性成本中心差異,以標準生產管理費用的比率分攤至生產性成本中心。然後生產性成本中心差異結轉至生產成本,生產成本差異結轉至存貨成本,半成品存貨成本差異分攤至下一製程領用之生產性成本中心及庫存存貨。最後成品存貨成本差異分攤至銷貨

成本及庫存存貨成本。一切程序分攤完畢後，將結果傳輸至普通會計、成本介面檔，透過登錄系統更新普通會計、成本主檔及明細檔。

⑸差異分攤處理完成後，透過報表列印處理印出帳務報表及績效報表，以作成本表達、績效衡量、差異分析檢討之運用。

由於資訊情報系統的完善，使得最高領導階層透過電腦，就能清楚知道每月、每日的業務進度，而且可依組織目標隨時調整。中鋼每個月的盈利虧損，以前也許要計算數週，然而，會計帳務 e 化後只要 5 天，就能完成所有報表的印製。而且全公司八千多人的薪資資料，只有兩個人來管理。

為有效控管原料成本，中鋼自 1975 年底開始規劃採購作業電腦化，1977 年正式上線，逐步改善至今，採購作業自接辦、詢價、訂購、驗收、報支至採購檔案及供應商管理等已全面電腦化。由於 e 化時代的企業必須要求速度，因此中鋼公司積極投入採購電子商務系統之規劃。上線後採購案即可經由電子郵件通知各詢價廠商詢價消息，亦可經由電子郵件通知得標消息。因此，各供應商可直接於電子商務平台上報價，亦可查詢得標、驗收、付款狀況，買賣雙方皆可獲得簡化作業、節省人力，提升效率、作業無紙化的效果，彼此互蒙其利。

中鋼在經營團隊的領導下，對內致力整合以帶動國內鋼鐵產業的健全發展，對外促成國際鋼鐵技術交流及策略合作，提升臺灣在全球鋼鐵業的影響力；並將善用彙集自社會與全民的資源，藉此推動生物科技及資訊科技，扮演著企業領航者的角色。

13.3　原料與人工標準成本的訂定

產品成本中的直接成本為直接原料成本和直接人工成本，一般製造商將直接原料在生產線的起點投入，如圖 13-2 的不銹鋼管製造流程，不鏽鋼捲在起點投入，再經過數個生產站，其中成型、整型、酸洗、包裝四站為直接人工投入的生產站，最後完成出貨。標準成本訂定過程中，管理者宜廣納各方意見，例如研發、生產、採購、會計等單位的意見，且在正式公佈標準成本以前，需

得到執行單位的認同，才能真正發揮標準成本制度的功效。

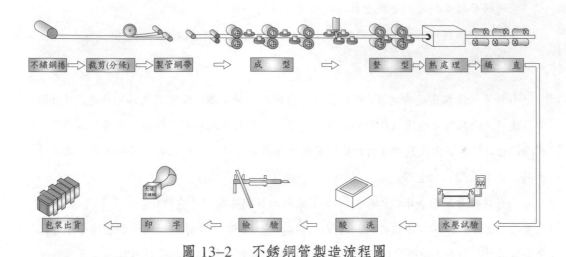

不鏽鋼捲 ⇒ 裁剪(分條) ⇒ 製管鋼帶 ⇒ 成　型 ⇒ 整　型 ⇒ 熱處理 ⇒ 矯　直

包裝出貨 ⇐ 印　字 ⇐ 檢　驗 ⇐ 酸　洗 ⇐ 水壓試驗

圖 13-2　不銹鋼管製造流程圖

　　直接原料的標準成本主要決定於**價格標準** (Price Standard) 和**數量標準** (Quantity Standard)。成本會計人員參考過去的成本資料和市場行情，再與採購人員會商後即可決定，除非原料價格波動大，否則會計人員只要定期評估各項原料單價的適時性即可。原料成本的計算為採購成本，減去數量和現金折扣，再加上保險費、運費等相關成本。

　　各項產品所需原料的標準用量，可由生產部門人員會同工程單位人員意見後才決定。有些公司採用**物料清單** (Bill of Materials, BOM) 來決定各項產品所需的種種原料規格與數量，初步計算出原料需求量，再考慮生產過程的正常損失量，就可決定出原料標準用量。

　　直接人工標準成本為**工資率標準** (Wage Rate Standard) 和**效率標準** (Efficiency Standard) 的乘積。工資率標準可用會計資料和人事資料為參考基礎，再考慮人力市場的供需情況和未來薪資調漲幅度。由於工作性質的不同，因此可分別計算各級工人的工資率，如此才有助於成本計算的正確性。

　　至於效率標準的訂定，由生產單位與工程單位的人員參考過去歷史資料，考慮工作的難易程度、正常的當機時間以及員工的休閒時間等因素，來決定各項產品在每一個生產站上所需的人工小時，以計算出每種產品的標準人工時數。

13.4　原料成本的差異分析

原料成本的差異分析，通常只針對直接原料來作差異分析，因為間接材料通常種類多且金額小，成本不易直接歸屬到產品。因此本章僅就直接原料部分來進行價與量的差異分析，並探討責任歸屬的問題。

◗ 13.4.1　原料價格差異

原料成本除了購買價格外，尚需考慮運費、倉儲費用、保險費、現金折扣、驗收費用等，亦即達到可供使用狀態前的一切必要支出。至於標準價格的設定，可參考下列幾項因素：(1)預期統計數；(2)採購人員的經驗判斷與認知；(3)最近採購的平均價格；(4)在長期合約中或承諾採購合約中所同意的價格。基本上，標準價格之設定，必須能反映現實及未來市場變動的狀況。

原料標準成本與實際成本相比較，所得出的差異稱為原料成本差異 (Material Cost Variance)，可以區分成價格因素與數量因素。其中原料價格差異認列的方法，依照差異發生的時點不同而有下列二種方法：

1. 原料價格差異在採購時即加以認列

在此種方法之下，原料科目以標準成本入帳，所以在製品科目的借貸方均以標準成本列記。由於價格差異在採購完成後即認列，此法又稱為「差異先記法」。

2. 原料價格差異在耗用時才加以認列

在此種方法之下，原料科目以實際成本入帳，並以實際成本結轉至在製品科目，但在結轉至製成品科目的借方以標準成本帳列。至於價格差異部分在原

料實際耗用時才認列，所以此法又稱為「差異後記法」。簡言之，在差異後記法下，原料存貨與在製品存貨是以實際成本入帳，製成品存貨則以標準成本入帳。這二種方法的不同可以圖 13-3 的帳務處理流程來分別說明之。

　　為使讀者瞭解這兩種方法，其計算過程的差異，在此舉例說明。假設茂興公司採購 10,000 磅的原料，支付 $50,000，因此每磅的單價為 $5，但其標準單價為 $4.5。生產部門領用 8,000 磅的原料，生產出 4,000 單位的產品，然而依據歷史資料顯示，每單位的標準耗用量為 2.1 磅。在此僅以例子說明有關直接原料的價格差異與數量差異的計算。

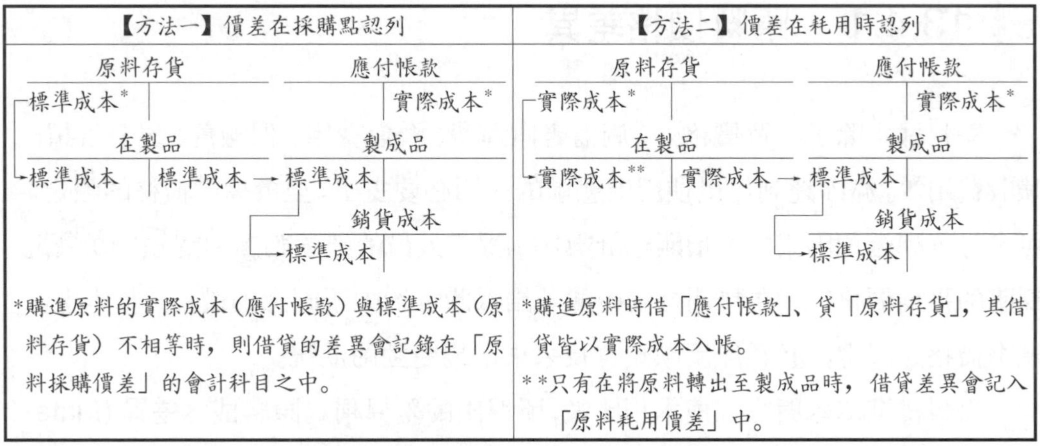

【方法一】價差在採購點認列	【方法二】價差在耗用時認列
原料存貨　　　　　　應付帳款	原料存貨　　　　　　應付帳款
┌標準成本*　　　　　│實際成本*	┌實際成本*　　　　　│實際成本*
在製品　　　　　　製成品	在製品　　　　　　製成品
└→標準成本│標準成本→標準成本│	└→實際成本**│實際成本→標準成本│
銷貨成本	銷貨成本
└→標準成本│	└→標準成本│
*購進原料的實際成本(應付帳款)與標準成本(原料存貨)不相等時，則借貸的差異會記錄在「原料採購價差」的會計科目之中。	*購進原料時借「應付帳款」、貸「原料存貨」，其借貸皆以實際成本入帳。 **只有在將原料轉出至製成品時，借貸差異會記入「原料耗用價差」中。

圖 13-3　原料價格差異認列時點不同之比較

　　為使計算上更為簡單、清楚，將以變數代入計算公式，以下為各項變數的定義：

　　　　SP：標準單位價格 (Standard Price)

　　　　AP：實際單位價格 (Actual Price)

　　　　SQ：標準耗用量 (Standard Quantity)

　　　　AQ：實際耗用量 (Actual Quantity)

　　　　APQ：實際採購數量 (Actual Purchase Quantity)

　　圖 13-4 說明差異分析的一般模式，(1)與(2)的差異為價格差異；(2)與(3)的

差異為數量差異；(1)與(3)的差異為總差異。此模式的基本架構很簡單，可用來計算各種成本的差異數。

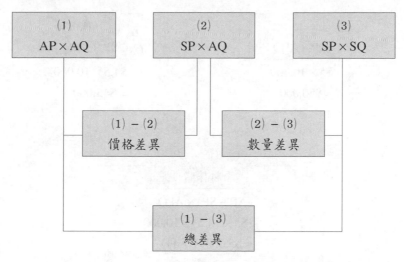

圖 13-4　差異分析的一般模式

通常價差的計算會將(實際單價×實際數量)以及(標準單價×實際數量)兩者來比較，亦即假設在實際數量不變之下，實際單價與標準單價兩者的差異。至於量差的計算，是把(標準單價×實際數量)和(標準單價×標準數量)相比較，即在標準單價不變的情況下，實際數量與標準數量的差異。價差與量差的數學公式如下：

$$價差 = (AP \times AQ) - (SP \times AQ) = (AP - SP) \times AQ$$

（數量不變，只比較價格的差異）

$$量差 = (SP \times AQ) - (SP \times SQ) = (AQ - SQ) \times SP$$

（價格不變，只比較數量的差異）

1.原料採購價差

以茂興公司的例子來計算原料採購價差，因為差異在採購時認列，故實際數量須代入實際的採購數量 (APQ)。

當公司預先設定的標準單位成本為 $4.5 時，實際單位成本 $5 大於 $4.5，

表示公司以高於標準單位成本 $0.5 買進原料，故有不利 $5,000 原料採購價差發生。也就是說，當實際數高於標準數時，即產生不利差異。

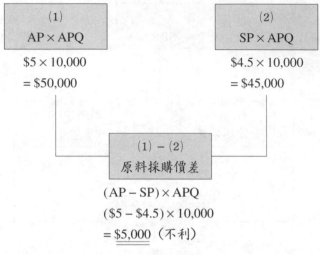

圖 13–5　原料採購價差分析

2.原料耗用價差

因為記錄原料價格差異的時點在原料使用時，因此為記錄差異當時的真正情況，實際數量 (AQ) 必須以實際耗用的數量計入才對，所以差異的計算如下圖 13–6 公式所列示：

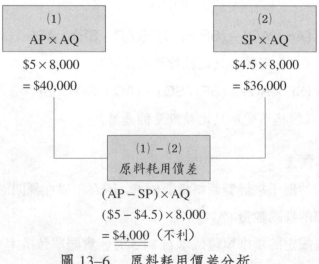

圖 13–6　原料耗用價差分析

在茂興的例子中，為何不利原料採購價差為 $5,000，而不利原料耗用價差只有 $4,000，那是因為當差異在採購時認列的話，則全部的差異會在採購那一時點認列；若差異是在使用時才認列的話，則差異會隨著耗用量的多寡而逐次認列，因此會造成二種差異數的不同。控制原料價格差異通常是採購部門經理的責任，因為他能夠決定採購的價格；然而，影響原料價格的因素有很多，諸如原料的品質、採購的數量、運送的路程長短、數量折扣等，通常會影響到價格。

　　使用原料價格差異來評估採購部門經理的績效並非完全適當，因為太過於強調符合標準成本時，可能促使採購部門經理為達到績效水準，會去購買低品質、低價位的原料或一次大量訂購以取得更多的數量折扣，進而造成存貨囤積的現象。

　　有時造成價格差異的原因來自於生產部門，例如為因應偶發性生產的緊急採購或生產單位要求特殊品牌原料所造成，則應由生產部門經理來負責該項差異才對。為提高原料採購作業效率，採購部門會有完整的供應商檔案資料，並且與供應商建立良好關係，以便取得物美價廉的原料，並且可及時送貨。

◗ 13.4.2　原料數量差異

　　原料標準耗用量的設定，通常是生產部門與工程部門運用統計方法，參考工程設計、產品設計或特殊規格、重量，並考慮到生產過程中不可避免的損耗、浪費等因素來決定。決定原料數量差異通常是在原料實際耗用時，才加以認列記錄，因此實際數量 (AQ) 必須以實際耗用量來代入，並與標準的耗用量來比較，以決定原料用量的差異。故有人又稱原料**數量差異** (Material Quantity Variance) 為**原料用量差異** (Material Usage Variance)，或**原料效率差異** (Material Efficiency Variance)。

　　同上述茂興公司的例子，計算差異如下圖 13–7：

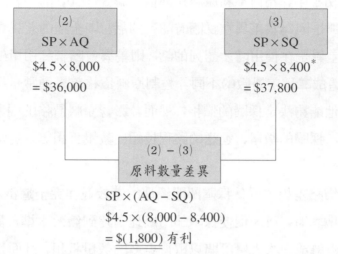

$$SP \times (AQ - SQ)$$
$$\$4.5 \times (8,000 - 8,400)$$
$$= \underline{\$(1,800)} \text{ 有利}$$

*實際生產 4,000 單位，而每單位的標準耗用量為 2.1 磅，因此標準
的原料耗用量為 4,000 × 2.1 = 8,400（磅）

圖 13–7　原料數量差異分析

　　在實際產量下的標準原料耗用量為 8,400 磅，而實際上只使用了 8,000 磅
就製造出相同數量的產品，因此有利原料數量差異為 $1,800。

　　通常生產部門的經理必須對原料數量差異負責任，如果為降低此差異，其
必須將損壞、浪費、偷竊、重做工作等降至最低，才能夠符合所設定的標準耗
用量。事實上，造成數量差異的因素也可能與生產無關，例如採用低品質的原
料，造成生產過程中的不良率升高等因素。

13.4.3　原料價差與量差的彙總分析

　　假設原料的價格差異是在耗用時才認列，為了讓讀者對差異分析有一完整、
清楚的瞭解，在此將上述的茂興公司例子，作一完整的原料價差與量差的彙總
分析。

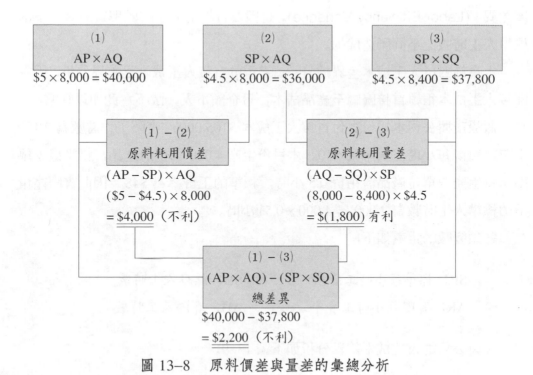

圖 13-8　原料價差與量差的彙總分析

13.5　人工成本的差異分析

　　人工成本差異分析的方式與圖 13-4 所列示的相同，也就是與原料成本差異分析的模式相同。通常標準人工時數的設定水準，可透過製造流程以及動作移動兩方面來作分析，如工業工程師的任務主要在於研究需怎樣改良廠房設備位置的擺設，才能夠減少員工工作移動時所浪費的時間。同樣的，也可利用歷史的資料，來預計所需花費的人工時數，只是所使用的歷史資料中，可能將從前工作的無效率也納入。因此，通常會由人事部門主管及監工人員來作適度的調整，以決定出標準的人工時數。

　　人工成本的價差稱作「人工工資率差異」(Labor Rate Variance)，是因為實際工資率與標準工資率的不同所造成的；人工成本的數量差異稱作「人工效

率差異」(Labor Efficiency Variance)，是因為實際的人工時數與實際產量下的標準人工時數之不同所造成的。

　　本章節對於人工成本差異的分析，著重於直接人工成本之差異分析，因為間接人工成本很難直接歸屬至產品成本，且金額不大，故不在此加以介紹。

　　假設茂興公司本月份支付直接人工成本 $105,000、實際工作時數為 2,100 小時，實際每小時工資率為 $50。本月份生產 4,000 單位的產品，標準成本單顯示每生產一單位產品需花費 0.5 小時，標準的工資率為 $48。因此實際產量下的標準人工時數為 2,000 (= 4,000 × 0.5) 小時。

　　各項變數的定義如下：

　　　SR：標準每小時工資率　　　SH：標準人工時數
　　　AR：實際每小時工資率　　　AH：實際人工時數

　　茂興公司的人工成本差異分析如下圖 13–9：

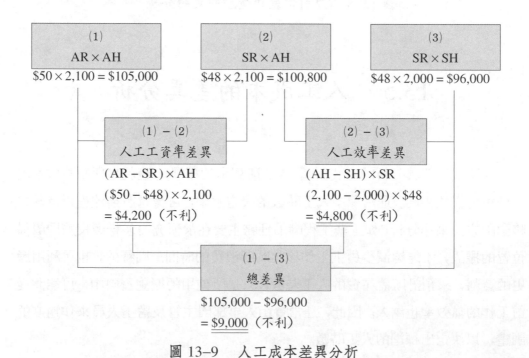

圖 13–9　人工成本差異分析

由上例中，可以看得出來，因為實際工資率大於標準工資率（$50 > $48），

因此造成人工工資率差異。在計算工資率差異時，需要在相同「實際工時」之下，才能夠進行價差分析。而且同理可證，惟有在相同的「標準工資率」之下，才能夠作實際人工時數與標準人工時數的差異比較，作量的差異分析。實際人工時數為 2,100 小時，但在實際產量下其標準人工時數應為 2,000 小時，所以有不利的人工效率差異存在。有時人工效率差異，又稱為**數量 (Quantity)**、**時間 (Time)** 或**使用差異 (Usage Variance)**。

　　人工工資率的差異通常起因於人力市場需求改變或工會合約的因素，但生產部門與人事部門的經理亦可控制工資率差異的發生，例如找尋適當學歷、經驗的人員作合適的工作，避免造成超額工資等；生產部門的經理同時也必須對人工效率差異負責任，例如減少加班時數等。但是，有時人工效率差異發生的原因是因為機器的維護工作不當，造成生產的中斷及人工閒置的情形，則此時差異的責任應由維修部門的經理來承擔。

13.6　原料與人工差異之會計處理

　　有關的差異分析在前面已經介紹過了，此處將直接介紹其會計上的處理過程。以茂興公司的相關資料，簡述其原料成本差異的會計處理如表 13-1：

表 13-1　原料成本差異的會計處理

	數　量	購買價格	標準成本	標準耗用量（磅 / 單位）
購進原料	10,000 磅	$50,000	@$4.5	
領用原料	8,000 磅			
生產完成單位	4,000 單位			2.1 磅 / 每單位

（會計分錄）

	原料價格差異在採購時認列		原料價格差異在使用時認列	
1.購料　　原　料	45,000		原　料	50,000	
原料採購價差	5,000		應付帳款		50,000
應付帳款		50,000			
2.領用原料　在製品	37,800		在製品	37,800	
原料數量差異		1,800	原料耗用價差	4,000	
原　料		36,000	原料數量差異		1,800
			原　料		40,000

以茂興公司的相關資料，簡述其人工成本差異的會計處理如下：

	數　量	實際成本	標準成本	標準耗用時數
本月份直接人工	2,100 小時	$50/每小時	$48/每小時	0.5 小時/每單位
生產完成單位	4,000 單位			

（會計分錄）

⑴認列薪資費用：

薪資費用	105,000	
應付薪資		105,000

⑵記錄人工成本分攤：

在製品*	96,000	
人工工資率差異	4,200	
人工效率差異	4,800	
薪資費用		105,000

*在製品帳戶之金額＝實際產量之下標準人工時數×標準成本

　　有關產品製造完成，將各項成本由在製品轉入製成品的會計處理，在下一章的內容中會以完整的例子作介紹。

本章彙總

　　標準成本制度的主要功能,有助於控制成本和預估產品成本。所謂標準成本係指在某一特定期間內,生產某一特定產品的應有成本,例如產品標準成本即為價格標準乘以數量標準的結果。當標準成本決定之後,將實際作業下的實際成本與所設定的標準成本作比較,若實際成本大於標準成本則為不利差異;反之,則為有利差異。產品成本由直接原料成本、直接人工成本和製造費用組成,所以實際產品成本與標準產品成本的差異分析,可分為產品成本的三部分來說明,本章主要介紹原料成本和人工成本的差異分析。

　　原料成本的差異可分為原料採購價差、原料耗用價差以及原料數量差異;人工成本的差異則可分為人工工資率差異和人工效率差異。至於每一種差異的計算方法和其所代表的意義,在本章中有詳細的說明。管理者可參考這些差異分析,作為改善各項不利差異的依據。

名詞解釋

- **現時可達成標準 (Current Attainable Standard)**

　　又稱為可達成之優良績效標準,係指允許正常或不可避免的停工現象,所需達到的標準。

- **預期標準 (Expected Standard)**

　　係指未來期間所可能達到的水準,允許預期範圍內的浪費及無效率狀況。

- **有利差異 (Favorable Variance)**

　　指實際成本低於標準成本的情況。

- **理想標準 (Ideal Standard)**

　　又稱為最高標準或理論標準,係指不允許有任何無效率的情況存在,所以要達到的標準,其困難度很高。

- **人工效率差異 (Labor Efficiency Variance)**

　　係指人工成本的量差,由實際工時與標準工時的差異數,乘以標準工資率的結果。

- 人工工資率差異 (Labor Rate Variance)

  係指人工成本的價差，由實際工資率與標準工資率的差異數，乘以實際工時的結果。

- 例外管理 (Management by Exception)

  即指針對差異較大的部分進行調查，並明確瞭解造成差異的原因和責任歸屬。

- 原料成本差異 (Material Cost Variance)

  係指原料實際單位成本和標準單位成本的差異數，乘以實際採購量或實際耗用量的結果。

- 原料數量差異 (Material Quantity Variance)

  係指原料實際使用量和標準使用量的差異數，乘以標準單位成本的結果。

- 標準成本制度 (Standard Cost System)

  會計帳冊上記載標準成本和實際成本兩項資料，於會計期間結束時，比較標準成本與實際成本，分析兩者差異之處。

- 不利差異 (Unfavorable Variance)

  指實際成本超過標準成本的情況。

作業

一、選擇題

( )　13.1　下列何者不是標準成本的功能？　(A)便於實施例外管理　(B)成本分攤　(C)預估產品成本　(D)評估績效。

( )　13.2　對例外管理的描述何者不正確？　(A)是一項符合經濟效益原則的管理方法　(B)只針對差異較大的部分進行調查　(C)管理者對每一項差異均需調查清楚　(D)可明確瞭解責任的歸屬。

( )　13.3　下列何者最適合評估新計畫績效時採用？　(A)理想標準　(B)現實可達成標準　(C)預期標準　(D)最高標準。

( )　13.4　一般而言，原料價格差異應由誰負責？　(A)生產部門經理　(B)採購部門經理　(C)倉儲部門經理　(D)總經理。

( )　13.5　對原料數量差異的描述何者正確？　(A)通常是在採購時認列　(B)通常應由採購部門經理負責　(C)原料品質不良是造成此類差異的原因之一　(D)以上皆非。

( )　13.6　哪些因素可能會對人工成本差異造成影響？　(A)生產的排程　(B)人員的安排　(C)公會的工資合約　(D)以上皆是。

( )　13.7　明臺公司在 10 月份所發生與原料成本相關的資料如下：

標準成本　$10/每公斤　　實際成本　$11/每公斤
原料採購　1,000 公斤　　原料領用　790 公斤
標準用量　800 公斤

假設該公司在採購時立即認列原料價格差異，以下何者正確？

	原料價格差異	原料數量差異
(A)	$1,000　有利	$100（不利）
(B)	$1,000（不利）	$100　有利
(C)	$ 800　有利	$100（不利）
(D)	$ 800（不利）	$100　有利

（　）13.8　承 13.7，假設該公司是在領用時才認列原料價格差異，以下何者正確？

	原料價格差異	原料數量差異
(A)	$1,000　有利	$100（不利）
(B)	$1,000（不利）	$100　有利
(C)	$　800　有利	$100（不利）
(D)	$　790（不利）	$100　有利

（　）13.9　以下是安和公司 12 月份所發生與直接人工成本相關的資料：

實際人工小時	4,000 小時
實際成本	$20,000
人工工資率差異	$2,000 有利
人工效率差異	$3,300 有利

安和公司每直接人工小時的標準工資率為　(A)$4.50　　(B)$4.75　(C)$5.00　(D)$5.50。

（　）13.10　承 13.9，　安和公司 12 月份的標準工時為　(A) 3,400 小時　(B) 3,500 小時　(C) 4,600 小時　(D)以上皆非。

二、問答題

13.11 請說明何謂「有利差異」與「不利差異」。

13.12 請簡述標準成本的功能。

13.13 實施標準成本之前需先設立目標，請簡述設立目標時應考慮的因素。

13.14 「標準」可依達成難易程度分為哪三類，請敘述之。

13.15 請說明直接原料成本如何決定。

13.16 請說明人工標準成本如何決定。

13.17 試述認列原料價格差異的時點有哪兩種。

13.18 簡述造成人工工資率差異與效率差異的原因。

13.19 何謂例外管理？請舉例說明之。

三、練習題

13.20 大立公司 8 月份直接原料相關的資料如下：

實際採購單價	$10/每磅
標準採購單價	$11/每磅
實際採購及耗用數量	2,000 磅
標準耗用數量	1,900 磅

試求： 1.計算原料價格差異。

　　　 2.計算原料數量差異。

13.21 泰安公司每生產一單位的產品，需要耗用 10 公斤的直接原料，每公斤直接原料的標準單價為 $15。在 10 月份內，一共生產 700 單位的產品。此外，10 月份分別採購及耗用了 8,000 及 7,200 公斤的直接原料，購料金額為 $128,000。

試求： 1.計算原料價格差異。（假設差異在採購時認列）

　　　 2.計算原料價格差異。（假設差異在耗用時認列）

　　　 3.計算原料數量差異。

13.22 沿用 13.21 的資料，請回答下列問題。

試求： 1.假設原料的價格差異在採購時認列，請作原料採購及耗用時的分錄。

　　　 2.假設原料的價格差異在耗用時認列，請作原料採購及耗用時的分錄。

13.23 華立公司在 4 月份總共生產了 2,100 單位的產品，從其成本會計人員所提供的資料發現，4 月份該公司一共採購及耗用了 10,000 公斤的直接原料，每個製成品的直接原料標準耗用量 5 公斤。此外，4 月份直接原料的價格差異及數量差異分別為 $20,000（不利）及 $6,500（有利）。

試求： 1.計算華立公司直接原料每公斤的實際採購單價。

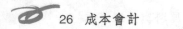

2.計算華立公司直接原料每公斤的標準採購單價。

13.24　正強公司 9 月份所發生與直接人工成本相關的資料如下：

實際工資率　　$40/每小時
標準工資率　　$38/每小時
實際人工小時　28,000 小時
標準人工小時　29,000 小時

試求：　1.計算人工工資率差異。

2.計算人工效率差異。

3.利用上述資料，作與人工成本相關的分錄。

13.25　華強公司 5 月份的實際直接人工小時為 5,500 小時，薪資總額為 $165,000。
5 月份的人工工資率及人工效率差異，分別為 $11,000（有利）及 $16,000
（不利）。

試求：　1.計算每小時的標準工資率。

2.計算標準人工小時總時數。

13.26　神揚公司 4 月份一共生產 1,500 單位，其他與直接原料成本及直接人工
成本的相關資料如下：

1.每單位的標準成本資料：

	每單位成本
直接原料（20 磅）	$100
直接人工（4 小時）	40

2. 4 月份的實際成本資料：

	實際成本
直接原料（30,400 磅）	$158,080
直接人工（6,380 小時）	62,524

試求：　1.計算原料價格差異（採購）。

　　　　2.計算原料數量差異。

　　　　3.計算人工工資率差異。

　　　　4.計算人工效率差異。

13.27 沿用 13.26 的資料，請回答下列問題。

　　　試求：　1.寫出原料採購及耗用時的分錄。

　　　　　　　2.寫出與人工成本相關的分錄。

四、進階題

13.28 下列為第一、華一、太一及新一等四家公司與人工成本相關的資訊，請填上遺漏的資料。

	第一公司	華一公司	太一公司	新一公司
生產單位數	400 單位	(4)	120 單位	750 單位
每單位標準小時	3 小時	1.6 小時	(7)	(10)
標準小時（總數）	(1)	1,200 小時	240 小時	(11)
每單位標準工資率	$3.5	(5)	$9.5	$3
實際工作小時	1,165 小時	1,350 小時	(8)	9,750 小時
實際人工成本	(2)	(6)	$2,280	$26,812.50
人工工資率差異	$116.5　有利	$4,320　有利	$114（不利）	(12)
人工效率差異	(3)	$3,120（不利）	(9)	$2,250（不利）

13.29 利揚公司每生產一箱產品，需投入 80 加侖的直接原料，及 60 小時的直接人工。每箱的直接原料及直接人工成本分別為 $160 及 $180。其他與直接原料成本及直接人工成本的相關資料如下：

　1.數量表：

　　　　期初在製品存貨　　　　　　　　　　　0

　　　　本期完工數　　　　　　　　　　　500 箱

　　　　期末在製品存貨　　　　　　　　　150 箱

　　　　（直接原料投入 2/3，直接人工投入 1/2）

2.實際成本資料:

	實際成本
直接原料 (47,000 加侖)	$103,400
直接人工 (35,000 小時)	98,000

試求:　1.計算原料價格差異。

　　　　2.計算原料數量差異。

　　　　3.計算人工工資率差異。

　　　　4.計算人工效率差異。

13.30 東盛皮革公司每製造一雙高爾夫球專用手套,需投入 2.25 呎的皮革及 9 秒鐘的人工時間。每一呎皮革的標準成本為 $0.6;每一直接人工小時的標準成本為 $15.5。

2003 年 10 月份的第一週,該公司一共生產了 20,000 雙的手套。而且,該週的直接原料採購量比實際使用量多了 2,000 呎,實際人工小時為 42 小時。由於該公司係採用標準成本制度,原料價差係在購料時認列。從會計人員的記錄中發現了下列資訊:

原料價格差異	$946	有利差異
原料數量差異	$180	(不利差異)
人工成本差異總數	$19	有利差異

試求:利用上述資訊計算東盛皮革公司 2003 年 10 月份第一週的各個項目。

　　　　1.直接原料標準耗用數量。

　　　　2.直接原料實際耗用數量。

　　　　3.直接原料實際採購數量。

　　　　4.直接原料實際採購單價。

　　　　5.直接人工標準小時。

　　　　6.實際薪資總額。

7. 人工工資率差異。

8. 人工效率差異。

13.31 揚升公司每一單位製成品，所需直接原料標準耗用量為 4 加侖，每加侖的標準價格為 $10。該公司以永續盤存制及先進先出制，為其存貨的盤存制度及成本流程假設。4 月份該公司的產量為 300 單位，其他相關資料如下：

4 月 1 日	期初原料	350 加侖	（總成本 $3,500）
4 月 5 日	購料	600 加侖	（總成本 $5,880）
4 月 15 日	購料	400 加侖	（總成本 $4,040）
4 月 17 日	領料	1,060 加侖	

試求：　1. 計算原料價格差異。（假設差異在採購時認列）

2. 計算原料價格差異。（假設差異在耗用時認列）

3. 計算原料數量差異。

4. 假設原料的價格差異在採購時認列，請作原料採購及耗用時的分錄。

5. 假設原料的價格差異在耗用時認列，請作原料採購及耗用時的分錄。

13.32 力統電子公司製造每磁片的標準成本資料如下：

直接原料：0.25 磅，每磅 $20

直接人工：12 分鐘，每小時 $80

2003 年 10 月份，力統電子一共生產了 100,000 片的磁片，其他的相關資料如下：

直接原料購買：29,000 磅，總計 $545,200

直接原料耗用：24,800 磅

直接人工薪資：20,400 小時，總計 $1,652,400

試求： 1.計算原料價格差異。（假設差異在採購時認列）

2.計算原料價格差異。（假設差異在耗用時認列）

3.計算原料數量差異。

4.計算人工工資率差異。

5.計算人工效率差異。

6.作原料採購及耗用時的分錄。（假設差異在採購時認列）

7.作原料採購及耗用時的分錄。（假設差異在耗用時認列）

8.作與人工成本相關的分錄。

13.33 大新服飾公司 2003 年每一件運動衫之主要成本的標準成本如下：

T/C 布： 9 碼， @$60/ 一碼
作業員薪資： 5 小時， @$160/每小時

下列係摘自 2003 年 5 月份該公司的會計記錄：

1. 5 月 1 日無任何的存貨；5 月 31 日的製成品存貨為 1,000 件；在製品
存貨為 700 件（直接原料於開始製造時已經全部投入；直接人工完成
80%）；直接原料為 3,000 碼。

2. 5 月份的銷貨量為 5,000 件。

3. 5 月 2 日採購 T/C 布一批，總成本為 $3,770,000。

4. 5 月份的實際總人工小時為 31,000 小時，總成本為 $5,022,000。

5. 5 月份的直接原料數量差異為 $102,000（不利差異）。

試求： 1.直接原料的實際耗用數量。

2.直接原料價格差異。（假設差異在採購時認列）

3.直接人工工資率差異。

4.直接人工效率差異。

5.在 5 月底的直接原料存貨金額。

6.在 5 月底在製品存貨中，直接原料成本的金額。

7.在 5 月底在製品存貨中，直接人工成本的金額。

8.在 5 月底製成品存貨中，直接原料成本的金額。

9. 在 5 月底製成品存貨中，直接人工成本的金額。

10. 作上述與直接原料成本及直接人工成本相關的分錄。

13.34 宏亞公司採用標準成本制度,該公司 2002 年底所發生與直接原料成本及直接人工成本相關的差異分析資料如下：

原料價格差異	$7,000	（不利差異）
原料數量差異	$8,000	有利差異
人工工資率差異	$1,000	有利差異
人工效率差異	$12,000	（不利差異）

2002 年該公司的銷貨成本金額為 $1,000,000。2002 年底的直接原料、在製品及製成品的金額分別為 $100,000、$300,000 及 $200,000。

試求：1. 假設上述所有的差異均不重大,請作 2002 年底差異處理的分錄。

2. 假設上述所有的差異均十分重大,請作 2002 年底差異處理的分錄。

13.35 以下資料係摘錄自永道公司 2002 年底的試算表：

	借 方	貸 方
直接原料	$ 20,000	
在製品	40,000	
製成品	80,000	
銷貨成本	360,000	
直接原料價格差異	1,000	
直接原料數量差異		$4,500
直接人工工資率差異		1,000
直接人工效率差異	4,000	

試求：1. 假設上述所有的差異均不重大，請作 2002 年底差異處理的分錄。

2. 假設上述所有的差異均十分重大，請作 2002 年底差異處理的分錄。

第 *14* 章

標準成本㈡：製造費用

學習目標

- 認識彈性預算
- 熟悉製造費用的差異分析
- 瞭解製造費用的各項差異
- 練習製造費用差異分析的會計處理
- 辨別差異分析的責任歸屬與發生原因
- 綜合原料、人工、製造費用的差異分析

前 言

　　在第 13 章所討論的內容為直接原料與直接人工的成本差異分析，由於這兩項成本的特性偏向於變動成本，所以在差異分析方面，主要在於價格差異和數量差異。然而，製造費用的成本習性為混合成本，亦即有一部分為固定成本，另一部分為變動成本，例如電費的計算為基本費加上實際使用費；此外，製造費用科目所涵蓋的費用科目會隨各公司組織特性而有所不同，所以製造費用的差異分析較直接原料成本和直接人工成本為複雜。為有效地控制製造費用支出，將實際數與標準數之間的差異，區分為二項、三項、四項的差異分析。本章內容除了詳細說明各種差異分析的計算方式外，也分析其產生的原因，並且討論造成差異的責任歸屬問題。最後，為使讀者對差異分析有個整體的概念，本章有完整的釋例說明。

14.1　彈性預算

　　製造費用的計算，可採用標準數或實際數，由於有些費用科目要等到期末結束時才能結算，所以多數企業採用標準數，以便適時可取得成本資料。一般製造費用的計算公式如下：

製造費用＝總固定製造費用＋單位變動製造費用×數量

　　在上述公式中的總固定製造費用和單位變動製造費用，可由歷史資料來估算；至於數量則為對未來的估計數，可為投入因素 (Input) 量或產出 (Output) 量；若依管理者的判斷來決定，可為機器小時、人工小時、原料數量、原料成本、生產數量等。

　　如果只用單一數量代入公式，稱為**靜態預算 (Static Budget)** 或單一預算，例如表 14-1 中，僅以 12,000 機器小時代入公式，得到製造費用 $117,000。假設實際的機器小時為 10,000 小時，且製造費用實際數為 $115,000，在此情況下，

製造費用的有利差異數為 $2,000。

　　所謂**彈性預算** (Flexible Budget) 係指在攸關範圍內，總固定成本保持不變，單位變動成本亦不變，但總變動成本會隨著數量的增減而呈正比例的改變。例如前例的機器時數為 10,000 小時，代入彈性預算公式中，會得到製造費用 $111,000，若與實際數 $115,000 相比，其結果為不利差異數 $4,000，這與靜態預算所產生的結果完全相反。由此看來，採用彈性預算所得的差異分析結果比較具有實質意義。

　　至於製造費用率的計算，可採用合計方式或固定與變動部分兩者分開計算的方式。如表 14–1 的資料，假設標準時數為 12,000 機器小時，則合計方式所得的製造費用率如下：

$$\frac{\$117,000}{12,000} = \$9.75/每機器小時$$

如果採用分開計算方式，則固定製造費用率為 $6.75，變動製造費用率為 $3。

　　製造費用率的計算會受到公式中分母的影響，其分母可為機器小時、人工小時、原料使用量等。若是分母所採用的基礎與產能水準的基礎不同，則會有不同的結果，其主要差異在於單位固定成本部分。例如，如果標準時數由 12,000 機器小時改為 14,000 機器小時，則固定製造費用率由 $6.75 改為 $5.79。

表 14–1　靜態預算與彈性預算

製造費用＝總固定製造費用＋單位變動製造費用×數量			
靜態預算			
$117,000＝$81,000＋$3×12,000（機器小時）			
彈性預算	10,000	12,000	14,000
固　定	$ 81,000	$ 81,000	$ 81,000
變　動 (@$3)	30,000	36,000	42,000
合　計	$111,000	$117,000	$123,000

在傳統的製造環境中，產能水準大多以人工小時為基礎，且全廠採用單一基礎。現在機器逐漸取代人力，於是企業將人工小時基礎轉變為採用機器小時為基礎。隨著科技的進步，自動化生產程度愈來愈高，尤其是電腦整合製造的生產方式，產能水準的基礎漸漸以機器小時或與製程時間有關為基礎，並且同時採用多重基礎。

由單一產能水準的基礎改變成多重產能水準基礎，意謂著將成本依其性質，分別歸類到不同的成本庫中，並各自以其影響成本改變的成本動因（作業、活動水準）為分攤基礎來計算其單位成本。這種觀念源自於作業基礎成本管理法的觀念應用，使各項成本的計算更為精確，如同本書上冊第 12 章所述，請讀者參考。

另外，產能水準的基礎以選擇非財務面的成本動因為主，其原因為財務面的成本動因會隨著物價波動而改變，當物價水準上漲時，產品成本自然就跟著上漲。因此，當公司採用非財務面的成本動因當作產能水準的標準時，製造費用的標準數較不受外界物價波動因素影響。

14.2　製造費用的差異分析

製造費用包括變動成本以及固定成本兩部分，本節將以大中公司的例子來說明變動製造費用的差異，和固定製造費用的差異，再將實際數與標準數之間的差異，以二項、三項和四項差異分析方式來說明。

假設大中公司在 3 月份生產 10,000 單位的產品,每單位產品需花費 2 個機器小時才能製造完成，因此在實際產量之下的標準機器小時為 20,000 (= 2 × 10,000) 小時。大中公司該月份的變動製造費用標準數為 $500,000；固定製造費用標準數為 $270,000。從會計記錄上得知，大中公司在 3 月份的實際製造費用支出為：變動製造費用 $545,000，固定製造費用 $240,000，實際使用的機器小時為 22,000 小時，茲將上述資料彙總如表 14–2：

表 14–2　大中公司基本資料

	實　際　數	標　準　數	每小時標準成本
機器小時	22,000 小時	20,000 小時	–
生產完成單位	10,000 單位	@2小時/每單位	
變動製造費用	$545,000	$500,000	$25/每小時
固定製造費用	$240,000	$270,000	$13.5/每小時

*3 月份固定製造費用預算數為 $270,000，以及產能水準為 20,000 機器小時。

本節的差異分析，將採用上述大中公司 3 月份的資料，來計算各項的差異。

14.2.1　變動製造費用

實際的變動製造費用與標準的變動製造費用之差異，即為總變動差異。

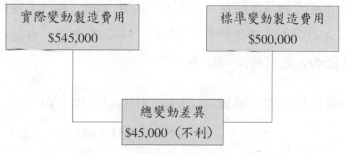

圖 14–1　總變動差異分析

總變動差異，又可區分成支出差異 (Spending Variance) 與效率差異 (Efficiency Variance)，這三者之間的關係分析如圖 14–2。首先，介紹各變數的定義：

　　　　AH：實際機器小時

　　　　SH：實際產量下的標準機器小時

　　　　AVR：實際變動製造費用率

　　　　SVR：標準變動製造費用率

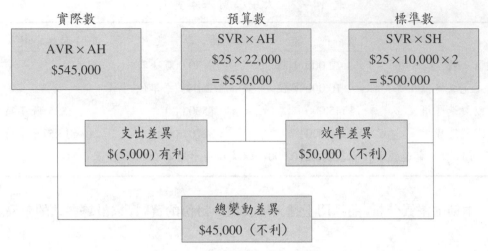

圖 14–2　變動製造費用差異分析

1.變動製造費用支出差異

　　變動製造費用支出差異 (Variable Overhead Spending Variance) 主要是在衡量每單位的實際變動製造費用率與每單位的標準（預計）變動製造費用率的差異，亦即 AVR 與 SVR 之比較。可從表 14–2 看出這二者是在相同的實際機器小時下作比較，公式的計算如下：

$$變動製造費用支出差異 = (AVR \times AH) - (SVR \times AH)$$
$$= (AVR - SVR) \times AH$$

　　每單位實際變動製造費用率 $24.77(= $545,000 \div $22,000 \doteq $24.77/每機器小時)，比標準的變動製造費用率 $25 小，因此有 $5,000 的有利支出差異。此項支出差異的計算方式，類似原料與人工的價差分析。

　　變動製造費用支出差異，通常可歸屬到許多中心或單位來負責，其中成本分攤方法的選擇，對差異責任歸屬的認定影響頗大。例如公司的人事費用，以各單位面積為分攤基礎，則此成本分攤缺乏因果關係，使得差異分析的意義銳減。因此在追究責任歸屬的前提下，必須是該項成本為該部門主管所可以控制的，才有實質意義。

　　通常變動製造費用價格的改變與否，可由生產部門主管來決定，由於支出

差異常常與生產過程中的作業程序有關，例如換模次數，因此把支出差異的責任歸屬至生產部門。

2. 變動製造費用效率差異

變動製造費用效率差異 (Variable Overhead Efficiency Variance) 如同原料、人工的數量差異，亦即在單位價格不改變的情況下，僅比較實際機器小時與實際產量下的標準機器小時兩者之不同，其計算公式如下：

$$變動製造費用效率差異 = (SVR \times AH) - (SVR \times SH)$$
$$= SVR \times (AH - SH)$$

因為每生產一單位的產品需花費 2 個機器小時，因此在產生 10,000 單位產品之下，標準的機器時數為 20,000 (= 10,000 × 2) 機器小時，然而實際上卻使用了 22,000 小時，比標準多出 2,000 小時，因此有不利的 $50,000 效率差異。

在此例之中，變動製造費用效率差異與機器的使用和運用上的效率有關。若變動製造費用與機器小時的多寡有一定的相關性時，則可考慮將差異的責任歸屬至生產部門，因為製程控制對機器的運轉有相當大的影響力。但若造成機器運轉的無效率是因為維修部門的維護不當時，則維修部門也必須對效率差異負責任。

● 14.2.2　固定製造費用

承上節大中公司之例子，固定製造費用的總固定差異，可由實際固定製造費用與標準固定製造費用之比較而得，計算如圖 14–3：

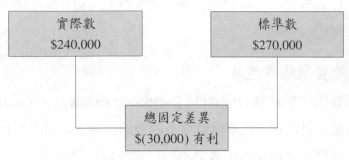

圖 14-3　總固定差異分析

　　由於大中公司 3 月份總共生產 10,000 單位,每一單位標準上須使用 2 個機器小時, 因此實際 10,000 單位產量下的標準機器小時為 20,000 (= 10,000 × 2) 機器小時, 每小時的固定製造費用率為 $13.5, 因此標準的固定製造費用金額為 $270,000 (= $13.5 × 20,000)。由於實際的固定製造費用比標準的固定製造費用金額小, 所以產生 $30,000 有利的總固定差異。

　　固定製造費用的總差異, 又可區分成價格差異與效率差異, 其分析的方法與上述變動製造費用, 以及原料與人工之價、量差異分析相同, 茲以圖 14-4 來說明之, 並簡述各變數的定義。

　　AH: 實際機器小時
　　SH: 實際產量下的標準機器小時
　　AFR: 實際固定製造費用率
　　SFR: 標準固定製造費用率

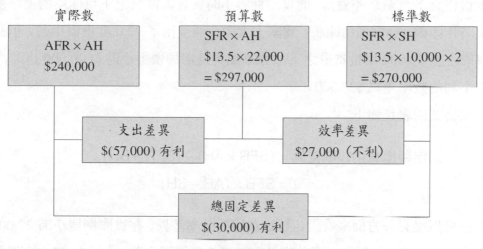

圖 14–4 固定製造費用差異分析

1.固定製造費用支出差異

固定製造費用支出差異 (Fixed Overhead Spending Variance) 就是在一定量之下（AH 不變），實際固定製造費用率與標準固定製造費用率的不同。實際固定製造費用率等於 $10.91（＝$240,000 ÷ $22,000 ÷ $10.91/每機器小時），較標準固定製造費用率 $13.5 為小，故產生有利的支出差異 $57,000；公式的計算如下：

$$固定製造費用支出差異 = (AFR \times AH) - (SFR \times AH)$$
$$= (AFR - SFR) \times AH$$

由於固定製造費用是由許多費用項目所組成，例如廠長薪資、廠房與設備的折舊費用、租金、保險費等，這些項目又多與長期決策有關，因為費用的發生、金額的大小主要由管理者來控制，且短期之內不易發生任何的改變。因此，固定製造費用與生產水準的高低並無直接的關係，而且通常實際數與預算數的金額差異不大。

2.固定製造費用效率差異

固定製造費用效率差異 (Fixed Overhead Efficiency Variance) 就是在一

定的價格之下（SFR 不變），將實際機器小時與實際產量之下可使用的標準機器小時作比較，亦即量的比較。實際上大中公司使用了 22,000 機器小時，但是在實際生產 10,000 單位產量之下，標準能夠使用的機器小時為 20,000 小時，故有不利的效率差異 $27,000。

以公式的表達如下：

$$固定製造費用效率差異 = (SFR \times AH) - (SFR \times SH)$$
$$= SFR \times (AH - SH)$$

也可以從另一方面來看固定製造費用的效率差異，在實際機器小時 22,000 小時之下，標準上每製造一單位產品需花費 2 個機器小時，亦即在 22,000 機器小時之下，標準的產品產出量應為 11,000 (= 22,000 ÷ 2) 單位，而實際產出量卻只有 10,000 單位，比標準產量少，因此有不利的效率差異發生。

由上述的說明，可以清楚的知道，固定製造費用效率差異應由生產部門主管來負責任，因為生產部門對生產工作上的效率有絕對的控制權。若造成數量差異的因素，是由於原料品質低劣所造成不良品重新製造時，則此時數量差異的責任應歸屬至採購部門的主管。

14.3　製造費用的二項、三項和四項差異分析

為使差異分析的結果可明確地歸屬到適當單位，有些公司將製造費用的差異作幾種不同的分析，如表 14–3 臺北工業股份有限公司將其一個生產單位，每個月作製造費用績效報告，就變動成本和固定成本作差異分析，詳細計算方式如表 14–4 所示。臺北工業股份有限公司會計部門將預算差異視為支出差異和效率差異的總和。

表 14–3　臺北工業股份有限公司

製造費用績效報告

實際產量：775 個　　　　　　　　　　　　　　　　　　　　　　　　　　單位：元

	(1) 彈性預算	(2) 費用率	(3) 實際產量 ×費用率	(4) 實際成本	(5) 支出差異 (4)－(3)		(6) 效率差異 (3)－(1)		(7) 預算差異 (4)－(1)	
變動成本：										
間接物料	1,170	1.463	1,134	1,100	(34)	F	(36)	F	(70)	F
獎　金	270	0.337	261	300	39	U	(9)	F	30	U
水電費	422	0.528	409	407	(2)	F	(13)	F	(15)	F
包裝費	498	0.622	482	480	(2)	F	(16)	F	(18)	F
小　計	2,360	2.95	2,286	2,287	1	U	(74)	F	(73)	F
固定成本：										
間接人工	510			490					(20)	F
折舊費用	1,870			1,800					(70)	F
其他費用	1,380			1,415					35	U
小　計	3,760			3,705					(55)	F
總製造費用	6,120			5,992					(128)	F
U：不利差異										
F：有利差異										

　　製造費用的二項、三項以及四項差異分析，是將固定製造費用與變動製造費用合併起來一起作分析，且主要的架構與前面幾節所介紹的方法並無多大差異。例如圖 14–5 的第㈠、㈡、㈣項即與原料、人工、固定製造費用以及變動製造費用的價、量差異分析相同，只不過多了一項比較的基礎，即第㈢項目。

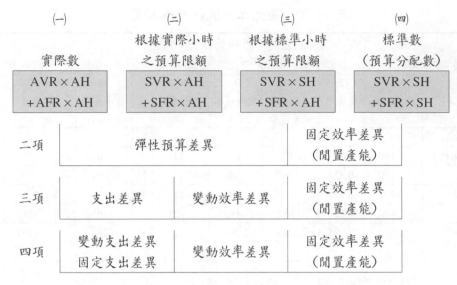

圖 14-5　製造費用差異方法之彙總

首先解釋第㈡項，根據實際小時計算出之預算限額的內容，其係由實際機器小時 (AH)×標準的變動製造費用率 (SVR) + 當期固定製造費用預算 (SFR×AH)。在彈性預算中，變動成本隨著產量變動而變動，但固定成本在一定範圍內則保持固定，並不隨著產量的變動而變動，因此在作差異分析時應考慮到這類成本的問題。

第㈢項，係根據標準小時計算之預算限額，其道理同上，差別只在於用標準小時為計算基礎而已。

標準數亦可稱為預算分配數，是指在實際產量之下所需標準機器小時的標準成本，而非實際機器小時下的標準成本。其主要是在倒推，在 10,000 單位之下，應有的標準機器小時及單位成本應多少。此與第㈡項主要的差異在於，一項是以實際機器小時為基礎，另一項則是以標準機器小時為基礎來計算成本的金額。

因此，製造費用的二項差異分析，與前面介紹的變動製造費用與固定製造費用的價、量差異分析不同，這裡的二項差異分析係指彈性預算差異和固定效率差異。此處的二項分析，在加入以實際小時為基礎的預算限額㈡之後，將彈性預算差異區分成支出差異與變動效率差異。在三項差異分析法中，是以實際

小時之預算限額與標準小時的預算限額比較，其差額為變動效率差異。四項差異分析是將支出差異分析，再區分成變動與固定的支出差異，以及上節所介紹的變動製造費用效率差異與固定製造費用效率差異。

三項的變動效率差異，其計算公式如下：

$$(SVR \times AH) - (SVR \times SH) = SVR \times (AH - SH)$$

結果會等於四項分析中的變動效率差異，也就是等於上節所介紹的變動製造費用效率差異。上述的二項、三項、四項分析中的固定效率差異，可說是因閒置產能所造成的差異。

承上節大中公司之例子，作製造費用的各項差異分析如下圖 14-6：

圖 14-6　大中公司製造費用的各項差異分析

14.4 製造費用差異分析之會計處理

如同前面大中公司的例子，對照著表 14–4 的公式，來作各項差異分析的會計分錄。在此例中，必須注意的是，轉入製造費用的各項間接費用，必須是與製造、生產有關的間接費用才可記載。準備會計分錄時，請注意不利差異在借方分錄，有利差異在貸方分錄。

在前面的章節中介紹了有關原料、人工及製造費用差異之帳務處理，可以發現有數個與差異分析有關的帳戶，即原料購料價差、原料耗用價差、原料數量差異、人工工資率差異、人工效率差異以及製造費用的支出差異、效率差異等。這些與差異有關的帳戶，在期末時應該如何歸入資產負債表或損益表的會計科目？或是該結轉至哪些帳戶？這些問題是需要進一步瞭解的。通常在會計年度終了時，這些與差異有關之帳戶，其處理方式有下列二種方法：

1.結轉本期損益法

將實際成本與標準成本之差異數作為銷貨成本、銷貨毛利或淨利之調整項目。也就是將全部的成本差異數，在當期全部認列而不遞延至以後的期間。一般在差異未超過可容許的正常範圍，或為簡化會計作業時，可採用此方法。

2.分攤至銷貨成本及存貨帳戶

將成本差異數依照各科目期末餘額來計算分攤比例，再結轉至在製品、製成品和銷貨成本三項科目，以反映出各項產品的實際成本。本法主要的缺點在於計算繁瑣，但基於財務會計客觀性原則與所得稅申報規定，應採用實際成本之要求的情況下，宜採用此法。通常成本分配的比例，是依據在製品存貨、製成品存貨和銷貨成本的期末餘額來決定。

通常在第一法所計算的結果與第二法所計算的結果差異不大時，可權宜採

表 14-4 各項差異分析的會計分錄

分錄	會計科目	二項差異分析	三項差異分析(B)法	四項差異分析
1. 支付各項間接費用 $785,000。	各項費用	785,000	同左	同左
	現　金	785,000		
2. 將間接費用分配至製造費用。	製造費用統制帳	785,000	同左	同左
	各項費用	785,000		
3. 將標準製造費用分攤至在產品中。	在製品	770,000	同左	同左
	已分配製造費用	770,000		
4. 結清製造費用統制帳與已分配製造費用各科目,並認列各項差異數。	已分配製造費用	770,000	已分配製造費用 770,000	已分配製造費用 770,000
	固定效率差異	27,000	變動效率差異 50,000	變動效率差異 50,000
			固定效率差異 27,000	固定效率差異 27,000
	製造費用統制帳	785,000	製造費用統制帳 785,000	製造費用統制帳 785,000
	彈性預算差異	12,000	支出差異 62,000	變動支出差異 5,000
				固定支出差異 57,000

用第一法，以簡化帳務處理。同時，將本期差異數在本期作帳務處理，可使本期損益的計算較為準確。實務上，這兩種方法皆被使用，如圖 14-7 將差異數按比例分攤至在製品、製成品、銷貨成本三科目，成本結轉流程在圖 14-7 有明確的說明。

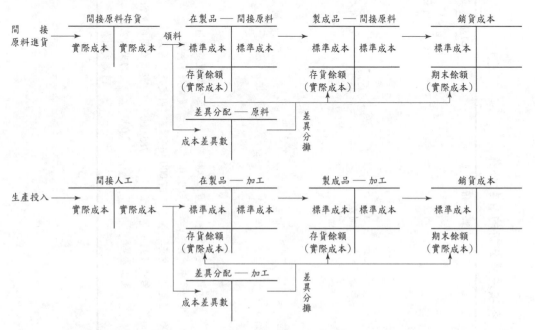

說明：　1. 間接原料領料成本乃依期初存貨，加上當月進貨，計出加權平均單價乘上領料數量。
　　　　2. 差異分攤乃以累計差異分配數，依在製品、製成品存貨餘額、以及累計銷貨成本，按比例分攤。

圖 14-7　成本結轉流程圖

14.5　差異分析的責任歸屬與發生原因

在第 13 章和第 14 章中，分別介紹了原料、人工以及製造費用的差異，也在每一段差異分析之後，描述造成差異分析的各種可能原因以及有關責任認定

的問題，以確切地落實績效評估制度，做到賞罰分明，進而提高公司的生產、經營效率，並且抑制成本的浪費，解決機器、人工作業無效率等問題，以追求公司利潤極大化的目標。

在此，分別以表 14–5 與表 14–6 來概括彙總前面各章節的分析，使讀者能夠對責任歸屬的認定與差異發生原因有一概括性的瞭解。待瞭解造成差異的原因後，便可擬訂改善方案來消除差異或降低差異。

表 14–5　成本差異的責任歸屬

差　　異	負責人員或單位
原料購料價差	採購經理、生產經理
原料耗用價差	生產經理
原料數量差異	廠長、機器操作員、品管部門或原料處理人員
人工工資率差異	廠長、人事主管、生產經理
人工效率差異	廠長、人事部經理、生產排程人員、原料處理人員、機器操作人員
製造費用支出差異	變動部分——生產部經理 固定部分——高階管理者
變動製造費用效率差異	同人工效率差異的人員或單位
固定製造費用效率差異	高階管理者或生產排程人員

表 14–6　差異發生的可能原因

原料價格差異	人工效率差異
・最近採購價格改變	・機器當機
・採購政策變動	・次級原料
・採購替代原料	・監督不當
・運費成本改變	・停工待料
・數量折扣變動	・新進人員或員工經驗不足
・原料處理不當	・次佳工程規格
・機器操作不當	・不當的生產排程
・設備不良	
・品質不佳	製造費用支出差異
・品質檢驗不當	・預期價格改變
	・過度使用間接原料

人工工資率差異	員工加班政策的改變
·產業界工資率變動	·機器不良或人事變動
·雇用經驗不足之人	·折舊率變動
·罷工	
·員工生病或請假	變動製造費用效率差異
·調換工人工作	·參考人工效率差異的原因
·人員配置不當	
	固定製造費用效率差異
	·未充分使用正常產能
	·缺少訂單

14.6 原料、人工、製造費用的差異分析釋例

大興公司採用標準成本制與彈性預算制度,2003 年 3 月份公司生產 54,000 單位的產品, 使用 108,000 人工小時的產能水準, 各項成本資料如下:

預計各項標準成本:	標準數
直接原料成本	$108,000
直接人工成本	216,000
變動製造費用	54,000
固定製造費用	64,800
合　計	$442,800

公司每生產一單位產品需要 0.5 磅原料與 2 個人工小時。

大興公司, 3 月份實際生產 45,000 單位的產品, 其實際成本資料如下:

	數　量	成　本
本期購料	23,400 磅	$ 95,940
本期領用	21,600 磅	86,400
直接人工成本	97,200 小時	216,000
變動製造費用		45,000
固定製造費用		75,600

計算單位成本：

直接原料：$\dfrac{\$108,000}{54,000 \times 0.5\ (磅/每單位)} = \dfrac{\$108,000}{27,000\ (磅)} = \$4/磅$

直接人工：$\dfrac{\$216,000}{54,000 \times 2\ (小時/每單位)} = \dfrac{\$216,000}{108,000} = \$2/小時$

變動製造費用：$\dfrac{\$54,000}{54,000 \times 2\ (小時/每單位)} = \dfrac{\$54,000}{108,000} = \$0.5/小時$

固定製造費用：$\dfrac{\$64,800}{54,000 \times 2\ (小時/每單位)} = \dfrac{\$64,800}{108,000} = \$0.6/小時$

1. 直接原料

(1)原料購料價差 = $95,940 − (23,400 × $4) = $2,340　（不利）

或　原料耗用價差 = $86,400 − (21,600 × $4) = $0

(2)原料數量差異 = (21,600 − 45,000 × 0.5) × $4 = $(3,600) 有利

2. 直接人工

(1)工資率差異 = $216,000 − (97,200 × $2) = $21,600　（不利）

(2)效率差異 = (97,200 − 45,000 × 2) × $2 = $14,400（不利）

3. 製造費用

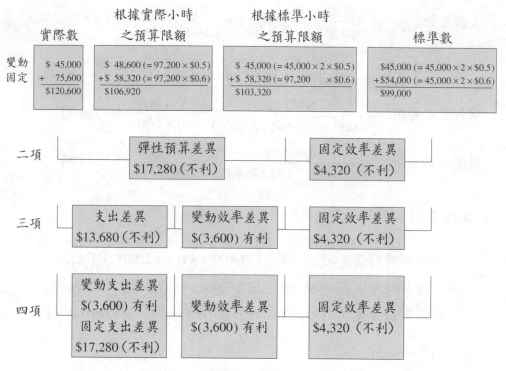

圖 14-8　製造費用的多項差異分析

本章彙總

　　製造費用的預算編列方法有兩種，一為靜態預算，另一為彈性預算，其中又以彈性預算較具實質意義。在彈性預算之下，製造費用的預算並非由單一生產數量估算出來，而是利用攸關範圍內，幾種可能的生產數量所計算而得的。

　　在標準成本制度下，差異分析作為績效評估的指標之一，可藉由差異分析，瞭解可能發生差異的原因以及責任認定的問題，以確切落實賞罰分明的獎勵制度，使員工都能積極地去達成企業的目標。由於製造費用包含變動成本與固定成本，因此差異分析較原料成本和人工成本複雜，但三者差異分析的基本架構是相同的。

　　製造費用的差異分析，可分為四項、三項和二項差異分析。四項差異分別指變動製造費用支出差異、變動製造費用效率差異、固定製造費用支出差異、固定製造費用效率差異；三項和二項差異則為四項差異的合併。當差異找出來之後，將各項差異歸屬到相關的人員

或單位，不僅可找出原因以改善差異，又可確切的落實績效評估制度。在本章的最後，以釋例方式來說明產品成本三要素的各項差異，讀者仔細練習釋例後，會對原料、人工、製造費用的差異分析有個整體的概念。

名詞解釋

- **固定製造費用效率差異 (Fixed Overhead Efficiency Variance)**

  指在固定價格之下，比較實際機器小時與實際產量下可使用的標準機器小時，兩者之間的差異，即會造成此差異。

- **固定製造費用支出差異 (Fixed Overhead Spending Variance)**

  指發生於一定產量之下，實際固定製造費用率與標準固定製造費用率的差異。

- **彈性預算 (Flexible Budget)**

  係指攸關範圍內，變動成本依據生產量多寡而變動的預算以及依年度決定的固定成本之和。

- **靜態預算 (Static Budget)**

  係指依據一個既定的產能水準來編列預算，不會因情況的改變而調整。

- **變動製造費用效率差異 (Variable Overhead Efficiency Variance)**

  即在單位價格不改變的情況下，比較實際機器小時與實際產量下標準機器小時的不同，兩者之間差異所造成的。

- **變動製造費用支出差異 (Variable Overhead Spending Variance)**

  係指衡量每單位實際變動製造費用率與每單位的標準變動製造費用率的差異，再乘上實際數量。

作業

一、選擇題

( ) 14.1 下列關於產能水準的描述，何者正確？ (A)過去多以機器小時為基礎 (B)現代較常使用非財務面的成本動因為基礎 (C)目前多採用單重分攤率 (D)以上皆是。

( ) 14.2 變動製造費用支出差異，最應由下列何者負責？ (A)高階管理當局 (B)機器操作人員 (C)生產部經理 (D)人事部主管。

( ) 14.3 下列何者最不可能是原料價格差異發生的原因？ (A)原料品質不佳 (B)數量折扣變動 (C)機器操作不當 (D)罷工。

( ) 14.4 當生產線上發生停工待料的情形時，可能會造成 (A)原料價格差異 (B)人工工資率差異 (C)人工效率差異 (D)製造費用支出差異。

( ) 14.5 下列何者最不可能是人工效率差異發生的原因？ (A)罷工 (B)機器當機 (C)不當的生產排程 (D)新進員工經驗不足。

( ) 14.6 過度使用高價位間接原料可能會造成 (A)原料價格差異 (B)原料數量差異 (C)製造費用支出差異 (D)製造費用效率差異。

( ) 14.7 合育公司製造費用的實際數及標準數分別為 $196,250 及 $192,500，其他的相關資料如下：

彈性預算差異	$ 3,750 （不利）
變動製造費用效率差異	$12,500 （不利）

則合育公司製造費用的固定效率差異金額為 (A)$0 (B)$7,500 （有利） (C)$16,250 （有利） (D)以上皆非。

( ) 14.8 沿用 14.7 的資料，則合育公司製造費用的支出差異金額為 (A)$7,500 （有利） (B)$8,750 （有利） (C)$16,250 （有利） (D)以上皆非。

（　）14.9　山海公司為了明確地將差異歸屬到適當的部門，將其製造費用差異分成支出、變動效率及數量等三項差異。該公司 2002 年 10 月份的資料如下：

製造費用實際數	$142,800
預算限額（標準小時）	$88,000 + $0.4/每小時
製造費用分攤率	$1.2/每小時
支出差異	$6,400（不利）
數量差異	$(4,000) 有利

　　山海公司 10 月份的標準小時為　(A)96,667　(B)100,000　(C) 105,000　(D)115,000。

（　）14.10　沿用 14.9 的資料，　山海公司 10 月份的實際小時為　(A)121,000　(B)120,000　(C)115,000　(D)110,000。

二、問答題

14.11　預算編製的方法有靜態預算和彈性預算兩種，試說明兩者之差異。

14.12　試列出製造費用的四項差異，並說明其意義。

14.13　簡述製造費用差異分析的會計處理方法。

14.14　試舉例說明發生原料價格差異的可能原因。

14.15　試舉例說明發生人工工資率與效率差異的可能原因。

三、練習題

14.16　永大律師事務所的成本，包括薪資及其他間接成本兩大類。事務所每承接 1 個民事案件需使用 100 個人工小時，間接成本的分攤率為每 1 人工小時 $250。此外，事務所每月另需支付 $60,000 的租金。

　　試求：1.請列出永大律師事務所之間接成本的彈性預算公式。

　　　　　2.請依 20、30 及 40 個民事案件等不同產能水準，編製永大律師事務所間接成本的彈性預算表。

14.17 星巨公司製造費用明細如下：

	維 修	折 舊	保 險	水電費	間接人工	租 金
固定成本	$14,400	$7,200	$4,800	$3,600	$8,800	$12,000
每一機器小時之變動成本率	$1.5			$0.3	$1.4	

試求：　1.請依 9,000、9,500 及 10,000 個機器小時等不同產能水準，編製
　　　　　　星巨公司製造費用彈性預算表。

　　　　　2.計算 10,000 個機器小時下之固定、變動及總製造費用分攤率。

14.18 中宇公司在正常產能為 16,000 個機器小時的產能水準之下，固定製造費
　　　用總額為 $240,000；變動製造費用總額為 $80,000。每生產一單位需耗用
　　　4 個機器小時，2002 年的標準成本與其他相關資料如下：

　　　　　　　　實際變動製造費用　　　　　　　$ 86,480
　　　　　　　　實際固定製造費用　　　　　　　$237,440
　　　　　　　　實際機器小時　　　　　　　　　17,040 小時
　　　　　　　　實際完工數　　　　　　　　　　4,200 單位

試求：　1.計算 2002 年多分攤（少分攤）製造費用的金額。

　　　　　2.使用二項差異分析法，計算製造費用的彈性預算差異及固定製
　　　　　　造費用效率差異。

14.19 中鋒公司使用標準成本制度，公司每月的正常產能水準為 3,200 個機器
　　　小時。每生產 1 單位的產品需耗用 0.5 個機器小時，每個月的固定製造
　　　費用為 $1,200；變動製造費用分攤率為每 1 個機器小時 $8。
　　　中鋒公司 8 月份的實際資料如下：

　　　　　　　　生產完工單位數　　　　　3,200 單位
　　　　　　　　實際製造費用　　　　　　$14,160

試求：　1.計算製造費用分攤率。

　　　　　2.計算 8 月份的可控制及數量差異。

　　　　　3.準備相關分錄。

14.20 民生公司 12 月份的成本資料如下：

標準人工小時	2,304 小時
實際人工小時	2,560 小時
固定製造費用分攤率	$7/每直接人工小時
變動製造費用分攤率	$4/每直接人工小時
預計固定製造費用	$16,800
實際變動製造費用	9,600
實際固定製造費用	17,360

試求：　1.使用二項差異分析法，計算製造費用的彈性預算及固定製造費
　　　　　用效率差異。

　　　　2.使用三項差異分析法，計算製造費用的支出、變動效率及固定
　　　　　效率差異。

14.21 光捷公司每一單位產品的標準成本如下：

直接原料	$20
直接人工 （4 小時）	32
製造費用（75% 的直接人工成本）：	
（變動：固定 = 2:1）	24
小　計	$76

光捷公司的正常產能水準為 2,800 小時，以下是該公司 3 月份的資料：

實際人工小時	2,440 小時
實際變動製造費用	$9,800
實際固定製造費用	$5,760
實際產量	600 單位

試求：　1.使用二項差異分析法，計算製造費用的各項差異。

　　　　2.使用三項差異分析法，計算製造費用的各項差異。

　　　　3.使用四項差異分析法，計算製造費用的各項差異。

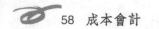

14.22 大盛公司 3 月份的標準產能為 4,000 單位，每製造一單位產品的標準人工小時為 1.5 小時。 在標準產能之下， 固定及變動製造費用分別為 $14,400 及 $4,800。3 月份的實際資料如下：

生產量	2,760 單位
實際人工小時	4,256 小時
製造費用實際數	$16,984

試求：使用三項差異分析法，計算製造費用的各項差異。

14.23 中洋公司採用標準成本制度，在 10 月份的成本資料如下：

正常產能水準（直接人工小時）	8,000 小時
實際產能下之標準人工小時	8,800 小時
實際人工小時	8,400 小時
實際製造費用	$44,800

中洋公司製造費用分攤率的計算公式如下：

變動製造費用	$24,000 ÷ 8,000 小時=	$3
固定製造費用	16,000 ÷ 8,000 小時=	2
總製造費用	$40,000	$5

試求：請作下列各項的分錄。
1. 支付各項間接費用。
2. 將各項製造費用分攤至製造費用。
3. 將標準製造費用分攤至產品。
4. 結清製造費用統制帳，並認列彈性預算及固定效率差異二項差異。

四、進階題

14.24 龍全公司的正常產能為 6,000 個機器小時，以下是在不同產能水準下，製造費用的彈性預算資料：

	機　器　小　時	
成本項目	5,000 小時	6,000 小時
間接原料	$33,750	$40,500
間接人工	16,500	19,800
維修費用	12,900	15,480
折　舊	3,300	3,300
保　險	2,000	2,000

試求：編製龍全公司 5,500 個機器小時產能水準下的彈性預算。

14.25 光群物流公司嘗試利用彈性預算制度，來規劃及控制其間接成本。根據過去 5 年的資料發現，每季預計的成本及成本動因如下：

成本項目	固　定	變　動	成本動因
配送成本	$380,000	$　2	產品數量
間接人工		15,000	配送次數
租　金	70,000	2	產品數量
電腦處理	80,000	150	進貨次數
間接原料		50	進貨次數

光群物流公司 6 月份一共進貨 400 次，計 60,000 單位，配送 10 次，實際的成本如下：

成本項目	實際成本
配送成本	$520,000
間接人工	103,000
租　金	181,000
電腦處理	130,000
間接原料	20,500

試求：編製光群物流公司 6 月份的彈性預算績效報告。

14.26 廣興公司使用標準成本制度來控制成本，其每月之預計固定製造費用為 $180,000；變動製造費用分攤率為每單位 $24。每製造一單位的產品須投

入 2 個機器小時，該公司每月的正常產能為 25,000 單位。

廣興公司於 9 月份總計生產 20,000 單位的產品，投入 42,000 個機器小時，實際製造費用為 $720,000，固定製造費用佔總數的 30%。

試求： 1.使用二項差異分析法，計算製造費用的各項差異。

2.使用三項差異分析法，計算製造費用的各項差異。

3.使用四項差異分析法，計算製造費用的各項差異。

14.27 祥羚公司的正常產能為 7,800 單位，在正常產能之下，每個產品之製造費用的標準成本如下：

變動製造費用	0.5 小時 × $4.8	$2.4
固定製造費用	0.5 小時 × $7.2	3.6
		$6.0

祥羚公司 8 月份總計生產 8,000 個產品，實際人工小時為 3,840 小時，實際製造費用為 $47,160，其中 $18,400 為變動成本。

試求： 計算祥羚公司 8 月份製造費用的

1.彈性預算差異。

2.固定效率差異。

3.支出差異。

4.變動效率差異。

5.變動支出差異。

6.固定支出差異。

14.28 以下資料係摘錄自泰山公司的成本資料：

實際變動製造費用	$17,414
實際固定製造費用	$27,070
實際生產數量	1,200 單位
實際機器小時	4,010 小時
每單位標準機器小時	3 小時

泰山公司每月的預計產量為 1,300 單位，在此水準下的預計變動製造費用為 $16,770，預計固定製造費用為 $28,080。

試求：計算泰山公司製造費用的

　　　　1. 彈性預算差異。

　　　　2. 固定效率差異。

　　　　3. 支出差異。

　　　　4. 變動效率差異。

　　　　5. 變動支出差異。

　　　　6. 固定支出差異。

14.29　臺亞公司成立於 2002 年 1 月 1 日，每月預計可生產 575 個產品。

該公司 1 月份的成本資料如下：

　1. 生產數量：

　　　臺亞公司 2002 年 1 月份，總計銷售 400 單位。1 月底的在製品及製成品存貨分別為 100 及 50 個單位，其中在製品的完工比例為 50%。

　2. 實際成本資料如下：

實際變動製造費用	$50,500
實際固定製造費用	$40,000
實際生產的數量	500 單位
實際機器小時	1,420 小時

　3. 每單位的標準成本：

變動製造費用（3小時）	$90
固定製造費用（3小時）	75

試求：　1. 採用四項差異分析法，作認列各項製造費用差異的分錄。

　　　　2. 作將差異結轉至銷貨成本的分錄。

14.30　大塑公司採用標準成本制度，並將各項的差異數按銷貨成本與各類期末存貨的約當量分配之，以下是有關的各項資料：

原料購料差異	$ 120	有利
原料數量差異	400	（不利）
人工工資率差異	480	（不利）
人工效率差異	960	（不利）
製造費用彈性預算差異	1,200	（不利）
製造費用固定效率差異	1,440	有利
期末存貨：製成品	960	單位
期末存貨：在製品（100% 材料，1/3 加工成本）	1,200	單位
銷售數量	2,640	單位

試求：作分配各項差異的分錄。

14.31 臺喬公司每個製成品的標準成本資料如下：

直接原料（3 磅）	$ 6
直接人工（0.5 小時）	16
製造費用（0.5 小時）	11
單位成本	$33

臺喬公司每月的預計產量為 4,750 單位，在此水準下的預計固定製造費用為 $33,250。

2002 年 3 月份臺喬公司總計生產 4,250 個產品，銷售 3,825 個產品，無任何的直接原料及在製品存貨。在 3 月份實際的成本資料如下：

直接原料採購及耗用（13,050 磅）	$23,490
直接人工（2,075 小時）	68,890
固定製造費用	33,250
變動製造費用	15,300

試求： 1. 計算與直接原料相關的各項差異。

2. 計算與直接人工相關的各項差異。

3. 計算與製造費用相關的各項差異。（採用四項分析法）

4. 作將差異結轉至銷貨成本的分錄。

5. 作將差異結轉至存貨及銷貨成本的分錄。

14.32 英瑞公司採用分步成本制度及標準成本制度，來累積及控制產品成本。

每單位的標準成本資料如下：

直接原料	2 磅	$96
直接人工	1/2 小時	38
變動製造費用	1/2 小時	70
固定製造費用	1/2 小時	20

2002 年 2 月份與生產相關的資料如下：

期初在製品（材料100%，加工成本40%）	10,000 單位
本月投入生產數	40,000 單位
轉入製成品	42,000 單位
期末在製品（材料100%，加工成本50%）	8,000 單位
固定製造費用預算數	$ 800,000
直接原料耗用數（78,000 磅）	3,900,000
直接人工（21,500 小時）	1,720,000
實際變動製造費用	2,850,000
實際固定製造費用	850,000

試求：　1.計算與直接原料相關的各項差異。

2.計算與直接人工相關的各項差異。

3.計算與製造費用相關的各項差異。（採用四項分析法）

4.作將差異結轉至銷貨成本的分錄。

第*15*章

整體預算㈠：營業預算

學習目標

- 認識預算的概念
- 明白預算的編製程序
- 瞭解整體預算的架構
- 知道營業預算的組成與編製方式

前　言

任何組織的營運要有效率，事前的規劃工作扮演著很重要的角色。一旦計畫確實要被執行，必須先要編列預算。因此，預算可說是規劃工作中相當重要的一環。管理階層若要將公司所訂定的目標予以落實，即需要擬訂執行計畫與預算，目的是希望將資源發揮最高的效益。就企業而言，最經常見的是年度整體預算，包括營業預算和財務預算兩方面。使企業的整體目標可藉著預算的執行來達成，同時藉著工作執行前的事先協調，來降低部門間不必要的衝突。本章的重點在於介紹預算的概念與編製程序，主要敘述營業預算的範圍，以及各項預算編列的方法；財務預算的編製程序，將在下一章作詳細的說明。

15.1　預算的概念

在正式討論預算之前，需要先明確區分預測 (Forecast) 和預算 (Budget) 的差異。預測係指對未來事件的揣測與預期，也就是依據現在和過去的資料，來估計未來事件所可能發生的現象。預算所涵蓋的範圍，可說是超過預測，所謂預算係指將企業目標的執行計畫予以落實，並編列數量化的資源取得與使用計畫。在任何組織內，預算的編列對資源使用的效率規劃有很大的影響，同時對各單位的績效評估也有很大的幫助。換言之，預算在組織營運活動的規劃與控制方面，扮演著重要的角色。依據預算的定義，可明瞭預算具有下列三項特性：

(1)依據整體目標所訂定的營運計畫為編列預算的基礎。

(2)強調組織的整體性，即各單位的預算必須與整體預算相配合。

(3)要以數量化的方式，來表達資源的取得與使用計畫。

預算可當作標準，將營運結果與預算相比較，找出差異部分，以辨別出無法執行預期計畫的原因，作為績效改善的依據。就預算與規劃和控制的關係，

可以圖 15-1 來說明。在規劃的過程中，**策略性計畫**（Strategic Plan）的擬訂為工作起點，由最高階層的主管負責訂定，作為組織長期發展的目標。由於策略性計畫對組織的未來有很大的影響，所以訂定的程序要嚴謹，要考慮一些相關的重要因素，例如組織的特性、供應商的配合、市場的需求、產業的趨勢、經濟的景氣等。此外，我國的廠商還需考量政治因素，尤其是兩岸關係的發展會影響臺商對大陸的投資；如果兩岸的經貿關係可維持良好，則高階主管要思考雙邊的企業專業分工，亦即運用我國的科技與管理來善用大陸的自然資源和充沛人力。通常策略性計畫所涵蓋的範圍期間大約為五年以上，有的公司甚至規劃未來十年的長期發展目標。

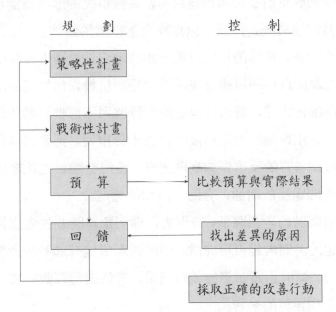

圖 15-1　預算與規劃和控制的關係

　　一旦策略性計畫決定後，高階主管與中級主管即共同擬訂**戰術性計畫**（Tactical Plan），可參考過去的歷史資料與未來的發展趨勢，來決定要達成長期的策略性計畫所需擬訂的短期計畫，通常為一年左右的營運計畫。至於訂定戰術性計畫的過程，所需考慮的因素包括經濟發展、產業環境、法令規定、科技發展，以及可供使用的資源和可能面臨的危險等。

　　如圖 15-1 所示，以戰術性計畫為預算的編列基礎，來編製年度預算與各項預算。在執行預算的過程中，把所得的實際結果記錄下來，再比較實際數與預算數，找出差異的原因，可作為採取改善行動和修改以後年度計畫的參考。

15.2　預算的編製程序

　　預算編製程序的良窳，對企業營運的成敗有著關鍵性的影響。一個完整的預算編列，可使管理階層認清長短期營運目標，藉著事先的部門協調，促使各單位人員同心協力共同達成既定目標，以提高企業整體的績效。

　　在正式編列預算之前，企業的長期目標必須要確定，管理者再擬訂策略性計畫。同時，要確立為配合長期目標達成所需的短期目標，包括產品的銷售目標、預期利潤、人員的需求等，透過各年度的預算將短期目標具體化的表達。在有效的預算制度下，預算執行長所扮演的角色十分重要，把公司目標傳達至各個單位，同時也需把各方的反應告知高階主管，使得全體員工能參與預算編製過程，因此各方的問題易於溝通，有助於目標的達成。

　　為使預算數與實際數的差異降低，管理者在編列預算時要先考慮目標的適用性，並思考在特定的時間內是否可完成。如果周圍環境有顯著的改變，管理者應機動地調整預算，同時追蹤預算的執行成果，評估出預算數與實際數的差異部分，作為下期編列預算的參考。

　　預算管理制度，係指從營業預算到財務預算的每一項預算都有書面說明資料，由高階主管決定公司的長、短期目標和總預算，各單位主管再依既定目標來編列部門預算。原則上，由總經理為預算委員會召集人，各部門主管為其委員，大家共同參與預算編列程序，使各方意見完全溝通，有助於預算的執行。此外,公司可把預算的執行成果與預期目標作比較，一方面作為年度考績之用，一方面作為下一年度預算編列的參考。

實務焦點

華邦電子股份有限公司（www.winbond.com.tw）

華邦電子股份有限公司在 1987 年於新竹科學工業園區創立，為一專注於超大型積體電路設計、製造、行銷的高科技公司，秉持著「正派經營、積極創新、滿足顧客、團隊合作」的理念，積極參與臺灣科技島的建設。華邦向來係以發展屬於自有品牌產品的公司自居，歷年來在各項產品領域之努力，已經為華邦打造成為臺灣最大的自有產品 IC 公司。

華邦電子憑藉著對產業趨勢的掌握及卓越的技術，從 1987 年在新竹科學園區打下第一根基樁開始，逐步在半導體產業站穩腳跟。以獨特的產品價值，搭配先進的製程技術，拓展營運空間。從早期消費性電子產品開始，華邦建立自主研發及製造的能力，快速累積寬廣的產品線，紮實的研發基礎與營運能力強化其核心實力。

在「The Winning Solutions」提供者的定位下，華邦兩大事業群——「邏輯產品事業群」與「記憶產品事業群」兩者相輔相成，交織出完整的客需供應服務網。邏輯產品事業群擁有豐富的產品線優勢，以堅強的研發實力作基礎，擁有自主核心技術，掌握資訊市場發展趨勢，研製出前瞻性的產品組合。記憶產品事業群則以生產動態隨機存取記憶體 (DRAM)、快閃記憶體 (Flash) 及靜態隨機存取記憶體 (SRAM) 為主，充分配合兩座 8 吋晶圓廠的生產實力以及與國際大廠合作開發的先進製程，提供系統業者多元化記憶產品組合，滿足電子產品應用的需求。兩大事業群有如穩健的雙柱，鞏固華邦在半導體產業的領導地位。

最能彰顯華邦十餘年有成的部分，莫過於華邦所累積的多樣化產品。最能令客戶信服華邦提供解決方案能力的，也是使華邦具有國際競爭力的品質水準。以「成為全球重要的電子關鍵零組件之驅動者」自許的華邦電子，將成為這股科技生活潮流中不可或缺的一個重要推手！

華邦電子非常重視預算管理，因此整個「預算」的過程，從編列、執行、控制到分析，都可以使公司的幹部經歷計畫、組織、用人、領導、控制等一系列的管理機能訓練。華邦電子經營團隊，強調預算可作為績效評估的工具，以及公司資源分配的依據。若計畫的執行成果與預期有出入時，必須能解釋產生差異的原因。基本上，華邦經營者會把資源在浪費殆盡之前，轉移到其他更有效的途徑上。

由於華邦電子致力於使各項資源能發揮最高的效益，所以除了有一套完整的營業預算

外，該公司的財務預算也十分完善。為確實掌握現金流量，管理部門指派專人負責應收帳款的收現和應付帳款的支付。在每一個期間皆作好現金預算規劃，使管理者充分瞭解公司在各個期間的資金狀況，因此，可有效的運用資金，避免產生資金閒置或不足的現象。

15.3　整體預算

企業在每年度均需要編列**整體預算**（Master Budget），其中包括**營業預算**（Operational Budget）和**財務預算**（Financial Budget）。整體預算又稱為總體預算，有時又稱為**利潤計畫**（Profit Plan），為企業在一段期間內，與營運活動有關的各項預算所組成，如表 15-1 的各個項目。

表 15-1　整體預算

整體預算	
營業預算	財務預算
・銷貨預算	・現金收入預算
・生產預算	・現金支出預算
・直接原料採購預算	・現金預算
・直接人工預算	・預計資產負債表
・製造費用預算	・預計現金流量表
・期末存貨預算	
・銷貨成本預算	
・營業費用預算	
・預計損益表	

營業預算是指企業在未來一段期間，交易行為的收入與費用之預期結果，以金額和數量的方式來表達。與收入有關的預算，主要為銷貨預算，列示出每段期間的銷貨數量與銷貨金額；與費用有關的預算，包括所有營運活動所支出的各項成本或費用預算。

　　財務預算表示企業取得與使用資金的計畫，包括一般性的現金收入與現金支出，涵蓋經常性和長期性現金收支的預計現金流量表，以及預計的資產負債表。

　　圖 15-2 為整體預算中各項組成要素的相互關係說明，上半部自營業計畫到預計損益表的範圍為營業預算，下半部則為財務預算。為使讀者進一步瞭解預算的程序，在圖 15-3 敘述製造業整體預算編製程序中的相關部門。

　　預算的程序由銷售部門決定銷售數量、金額、種類與需求之後，生產部門的管理者結合銷售估計與其他採購、人工、廠務與資本設備的資訊後，即可以決定生產的種類、數量、生產排程以及存貨庫存量等。財務部門則依據銷售估計決定客戶的信用等級，估計可回收的帳款，進而決定出現金收回的金額與時間。財務長的任務是資金統籌管理，除了現金收入的估計之外，尚需蒐集其他各項的現金收支資訊，以估計出現金預算。在圖 15-3 中，可明確看出各個部門在預算編製過程中所需扮演的角色，以及與其他部門的互動關係。

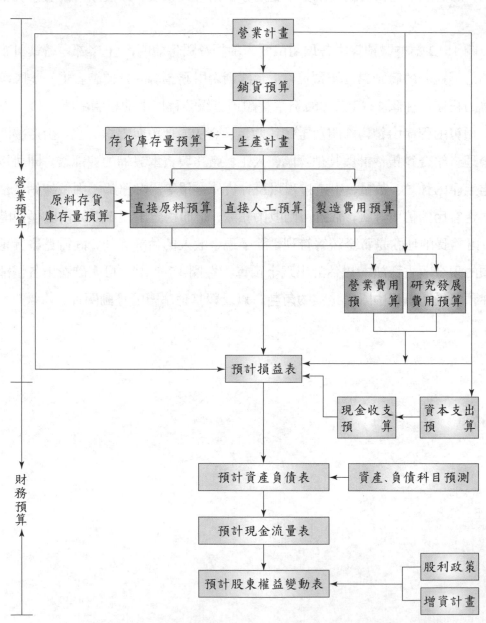

圖 15–2　整體預算中各項組成要素的相互關係

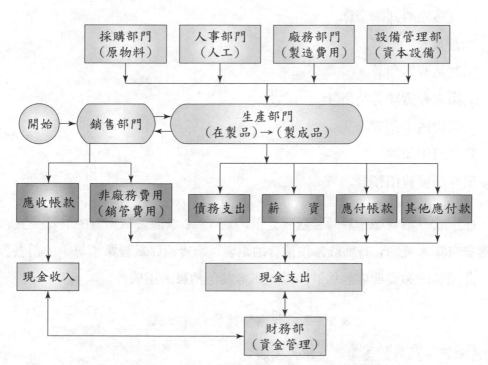

圖 15-3　製造業的整體預算編製的相關部門

15.4　營業預算

編製整體預算的第一部分，即是營業預算。營業預算是由一連串與企業獲利活動有關的表單與項目所組成，最後累積彙總成為一張預計損益表，以下為營業預算的組成項目：

1. 營業計畫：

　(1)產品別銷售量預算。

　(2)產品別銷貨收入預算。

2. 生產計畫：

　(1)產品別生產量預算。

(2)直接原料採購預算。

(3)直接人工預算。

(4)製造費用預算。

(5)期末存貨庫存量預算。

(6)銷貨成本預算。

3.營業費用預算。

4.研究發展費用預算。

在正式介紹營業預算編製程序之前，表 15–2 彙總營業預算的計算公式，使讀者有基本概念，有助於各項預算的編製。銷貨預算為營業預算中的首要預算，此預算的編製要客觀估計，以免影響其他預算的正確性。

表 15–2　營業預算的計算公式

銷貨預算＝預計銷售數量×單位售價

生產數量預算＝預計銷售數量＋預計期末存貨量－預計期初存貨量

採購數量預算＝預計生產數量＋預計期末存貨量－預計期初存貨量

直接人工成本預算＝每小時工資率×預計標準時數

　　　　　　　　＝每小時工資率×（生產數量×每單位所需的標準時間）

製造費用預算＝固定製造費用預算＋變動製造費用預算

　　　　　　＝固定製造費用預算 ＋ 每單位變動製造費用 × 預計生產量或作業量

營業費用預算＝固定營業費用預算＋變動營業費用預算

　　　　　　＝固定營業費用預算＋每單位變動營業費用×預計銷售量

在下列的章節中，以寶鈺纖維股份有限公司的預算編製程序來說明營業預算中，各項預算的編製方法與格式。前面為公司的基本資料，在編製預算之前，為簡化計算的過程，作了以下的假設條件：

(1)該公司的存貨政策為先進先出法。

⑵直接原料的單位成本不變。

實鈺纖維公司係採用分步成本制度，主要的產品為針織布與染整加工（包括代客染印與白染自印），針織布的主要原料是紗支；染整加工的主要原料為染料以及助劑。由於該公司的主要生產投入要素為人工，故以「直接人工小時」作為製造費用的分攤基礎，將製造費用分攤至產品成本中。經過各部門周詳考慮相關因素之後，實鈺纖維公司預測 2003 年的營運資料如下:

產品別	名稱	主要原料 耗用量/磅	每磅單價	直接人工 完成一磅的需要量	元 / 小時
針織布	紗支	0.8 磅	$40/ 磅	0.6 小時	$80/ 小時
染整加工	染料	0.5 磅	$20/ 磅	0.4 小時	$50/ 小時
	助劑	0.2 磅	$15/ 磅		

其他相關資料如下:

	產 品 別	
	針織布	染整加工
預計銷售量	7,500 磅	6,000 磅
預計單位售價	$150	$60
預計期末存貨庫存量	下一期銷售量的 50%	−0−
期初存貨量	625 磅	−0−
期初存貨成本	$62,500	−0−

	直 接 原 料		
	紗 支	染 料	助 劑
期初存貨量	500 磅	300 磅	100 磅
期末存貨庫存量	下一期生產所需耗用直接原料量的 50%		

針對銷售與生產針織布及染整加工部分，公司的管理當局預測將會發生下列的各項成本與費用。

製造費用預算:

	固定成本	變動成本
折　舊	$30,000	–0–
間接原料	–	2
間接人工	12,800	1
保險費	15,000	–0–
維修費	10,000	1
合　計	$67,800	$ 4

2003 年營業費用預算:

	固定成本	變動成本
行銷費用預算:		
廣告費	$12,000	–0–
銷售人員佣金	36,000	$5
管理費用預算:		
文具用品費用	2,000	–0–
折舊費用	8,000	–0–
管理人員薪資	24,000	–0–
	$82,000	$5

研究發展費用預算:

	固定成本	變動成本
薪資費用	$30,000	–0–
模型及材料成本	20,000	–0–
	$50,000	$ –0–

　　在蒐集了預算編製的相關資料之後，將依照表 15–1 之流程依序開始編製營業預算，而最終目的即是編製出預計的損益表及相關的各項附表。

15.4.1　銷貨預算

寶鈺纖維公司的銷售量是隨著季節變化而波動的，該公司的管理當局預測公司主要的銷貨會發生在第二與第四季，各佔全年銷貨量的 30%，而第　與第三季的銷貨量分別為全年銷貨量的 20%。依前面所給予的資料，可以編製銷貨收入預算，如表 15–3 所列示：

表 15–3　銷貨收入預算

	寶鈺纖維公司 銷貨收入預算 2003 年							
	第一季		第二季		第三季		第四季	
	針織布	染整加工	針織布	染整加工	針織布	染整加工	針織布	染整加工
預計銷售量	1,500		2,250		1,500		2,250	
		1,200		1,800		1,200		1,800
預計單位售價	$ 150	$ 60	$ 150	$ 60	$ 150	$ 60	$ 150	$ 60
銷貨收入預算	$225,000		$337,500		$225,000		$337,500	
		$72,000		$108,000		$72,000		$108,000

當年度銷貨預算不易預測時，有時也可能依據生產產能預算來作為編列整體預算的基礎。銷售部門經理與銷售人員或經銷商討論銷售數量預算時，會考慮到其他一些不可控制的因素，如市場需求量突然劇增、人工與原料的短缺、或因工會運動而發生的罷工事件，往往會影響到可能的銷售數量；因此，生產產能預算有時可用來取代銷貨數量預算，或是作為預算編列的參考資料。

15.4.2　生產預算

在編製完營業計畫中的銷貨預算之後，接著即開始編製生產預算，第一步驟先編製生產單位數量預算。預計將需要生產的單位數會受到預計銷貨量、預計的期初及期末存貨庫存量之影響，其間的關係可用下列公式表示之：

$$預計的生產量 = 預計銷貨量 + 預計期末存貨庫存量 - 預計期初存貨$$
$$庫存量$$

如此,將可編製表 15–4 的生產預算。

表 15–4　生產預算

	第一季		第二季		第三季		第四季	
實鈺纖維公司 生產預算 2003 年	針織布	染整加工	針織布	染整加工	針織布	染整加工	針織布	染整加工
預計銷售量(表 15–3)	1,500	1,200	2,250	1,800	1,500	1,200	2,250	1,800
加: 預計期末存貨庫存量	1,125	900	750	600	1,125	900	750*	600*
總需求量	2,625	2,100	3,000	2,400	2,625	2,100	3,000	2,400
減: 期初存貨庫存量	625	0	1,125	900	750	600	1,125	900
預計生產量	2,000	2,100	1,875	1,500	1,875	1,500	1,875	1,500
*預估數								

　　近幾年來,由於及時存貨制度為多數公司所採行之存貨管理政策,如果公司採行此制度,則將不會有期初與期末的存貨。因此公司的預計生產單位數就會等於預計銷售單位數。有關及時存貨制度之意義,將會在以後的章節中為大家介紹。

15.4.3　直接原料採購預算

　　當計算出每一季預計的生產單位數之後,就可以開始著手進行編製直接原料、直接人工與製造費用的預算。直接原料採購預算的編製類似於生產預算,也同樣地根據預計期初、期末原料存貨庫存量與預計的生產單位數量,來決定預計所需採購的直接原料預算。

　　生產一單位的產品究竟需使用多少單位的原料,以及其兩者之間的投入、產出關係,由公司的工程部門或工業設計部門來決定,並將原料與產品之間的

關係書面化成「標準用料設定表」，以供執行單位為用料依據，有助於進行預算編製與績效考核。

　　預計的原料採購量之計算，可以下列公式表示之：

預計的原料採購量＝預計生產量所需耗用的直接原料數量＋預計期末原料庫存量－期初原料庫存量

　　寶鈺纖維公司的染整加工要投入兩種直接原料，因此為了使讀者能夠更容易明白計算過程，將兩種產品的直接原料採購預算分別列示計算，以免混淆。並同時把所計算出來的原料採購單位數乘以單價，以求出預計直接原料採購成本，其計算結果如表 15–5、表 15–6 與表 15–7 所列示：

表 15–5　　直接原料採購預算——紗支

		寶鈺纖維公司			
		直接原料採購預算——紗支			
		2003 年			
	第一季	第二季	第三季	第四季	合　計
預計生產量（表 15–4）	2,000	1,875	1,875	1,875	7,625
每一單位原料需要量（磅）	× 0.8	× 0.8	× 0.8	× 0.8	× 0.8
直接原料耗用量	1,600	1,500	1,500	1,500	6,100
加：預計期末原料庫存量	750	750	750	750*	750
直接原料總需要量	2,350	2,250	2,250	2,250	6,850
減：期初原料庫存量	500	750	750	750	500
預計直接原料採購量	1,850	1,500	1,500	1,500	6,350
每磅成本	$　40	$　40	$　40	$　40	$　40
預計直接原料採購成本	$74,000	$60,000	$60,000	$60,000	$254,000

*預估數

表 15-6　直接原料採購預算——染料

實鈺纖維公司				
直接原料採購預算——染料				
2003 年				
	第一季	第二季	第三季	第四季	合　計
預計生產量（表 15-4）	2,100	1,500	1,500	1,500	6,600
每一單位原料需要量	× 0.5	× 0.5	× 0.5	× 0.5	× 0.5
直接原料耗用量	1,050	750	750	750	3,300
加：預計期末原料庫存量	375	375	375	375*	375
直接原料總需要量	1,425	1,125	1,125	1,125	3,675
減：期初原料庫存量	300	375	375	375	300
預計直接原料採購量	1,125	750	750	750	3,375
每磅成本	$ 20	$ 20	$ 20	$ 20	$ 20
預計直接原料採購成本	$22,500	$15,000	$15,000	$15,000	$67,500
*預估數					

表 15-7　直接原料採購預算——助劑

實鈺纖維公司				
直接原料採購預算——助劑				
2003 年				
	第一季	第二季	第三季	第四季	合　計
預計生產量（表 15-4）	2,100	1,500	1,500	1,500	6,600
每一單位原料需要量	× 0.2	× 0.2	× 0.2	× 0.2	× 0.2
直接原料耗用量	420	300	300	300	1,320
加：預計期末原料庫存量	150	150	150	150*	150
直接原料總需要量	570	450	450	450	1,470
減：預計期初原料庫存量	100	150	150	150	100
預計直接原料採購量	470	300	300	300	1,370
每磅成本	$ 15	$ 15	$ 15	$ 15	$ 15
預計直接原料採購成本	$7,050	$4,500	$4,500	$4,500	$20,550
*預估數					

15.4.4　直接人工預算

在直接人工預算表中，將會顯示出預計生產數量下的直接人工小時與直接

人工成本。其預算編製的方法與直接原料預算相同，茲計算如表 15–8 所列示：

表 15–8　直接人工預算

	第一季		第二季		第三季		第四季	
	針織布	染整加工	針織布	染整加工	針織布	染整加工	針織布	染整加工
預計生產量(表 15–4)	2,000	2,100	1,875	1,500	1,875	1,500	1,875	1,500
每單位人工投入量	× 0.6	× 0.4	× 0.6	× 0.4	× 0.6	× 0.4	× 0.6	× 0.4
預計直接人工小時	1,200	840	1,125	600	1,125	600	1,125	600
預計每小時人工成本	$ 80	$ 50	$ 80	$ 50	$ 80	$ 50	$ 80	$ 50
預計直接人工成本	$96,000	$42,000	$90,000	$30,000	$90,000	$30,000	$90,000	$30,000

（表頭：實鈺纖維公司　直接人工預算　2003 年）

15.4.5　製造費用預算

　　製造費用預算所列示的皆為間接成本，這些項目與直接原料和直接人工不同，因為這類費用與產出之間並沒有一定的比例關係存在，但可將製造費用區分成變動成本與固定成本。由於變動成本隨著生產活動數變動而呈等比例變動，固定成本不隨產量變動而改變，因此假設每季的固定成本皆相同。如前面所得的資料，可編製成表 15–9 之製造費用預算表。

表 15–9　製造費用預算

	第一季	第二季	第三季	第四季	合　計
折舊費用（$30,000 ÷ 4）	$ 7,500	$ 7,500	$ 7,500	$ 7,500	$30,000
間接原料 $2	4,080*	3,450	3,450	3,450	14,430
間接人工：					
固　定	3,200	3,200	3,200	3,200	12,800
變動 @$1	2,040	1,725	1,725	1,725	7,215
保險費	3,750	3,750	3,750	3,750	15,000
維修費：					

（表頭：實鈺纖維公司　製造費用預算　2003 年）

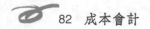

固　定	2,500	2,500	2,500	2,500	10,000
變動 @$1	2,040	1,725	1,725	1,725	7,215
	$25,110	$23,850	$23,850	$23,850	$96,660

*(1,200 + 840) × $2 = $4,080

● 15.4.6　期末存貨預算

由於產品成本係由直接原料、直接人工與製造費用三者所組成，因此可以
表 15–10 來計算預計期末存貨成本，以利於編製預計銷貨成本表。

表 15–10　預計期末存貨成本表

	針織布	染整加工
寶鈺纖維公司		
預計期末存貨成本表		
2003 年		
直接原料單位成本		
(0.8×$40)；(0.5×$20 + 0.2×$15)	$32	$13
直接人工單位成本		
(0.6×$80)；(0.4×$50)	48	20
製造費用單位成本：		
固定*	9.4	9.4
變動	4	4
	$93.4	$46.4
預計期末存貨數量	750	600
預計期末存貨成本	$70,050	$27,840

* 預計固定製造費用÷預計直接人工小時 = $67,800÷7,215 = $9.4

● 15.4.7　銷貨成本預算

可利用表 15–5、表 15–6、表 15–7、表 15–8、表 15–9、表 15–10 的資料，
來編製銷貨成本表，如下表 15–11。

表 15-11　銷貨成本預算

實鈺纖維公司		
銷貨成本預算		
2003 年		
預計直接原料耗用：紗支	$244,000*	
染料（表 15-6）	67,500	
助劑（表 15-7）	20,550	$332,050
預計直接人工投入（表 15-8）		498,000
預計製造費用（表 15-9）		96,660
預計總製造成本		$926,710
加：期初存貨成本		62,500
可供銷售成本		$989,210
減：預計期末存貨成本（表 15-10）		97,890
預計銷貨成本		$891,320
*預計產量下之直接原料耗用量×每單位原料成本		
(6,100 × $40 = $244,000)		

◗ 15.4.8　營業費用預算

其編製的方法與製造費用編製方法相同，唯一不同之處在於營業費用之變動部分係隨著銷售數量不同而變動，其計算過程列示於表 15-12 中。

表 15-12　營業費用預算

	第一季	第二季	第三季	第四季	合　計
實鈺纖維公司					
營業費用預算					
2003 年					
行銷成本預算：					
廣告費	$ 3,000	$ 3,000	$ 3,000	$ 3,000	$ 12,000
銷售人員薪資：					
固　定	9,000	9,000	9,000	9,000	36,000
變　動*	13,500	20,250	13,500	20,250	67,500
管理成本預算：					

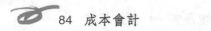

文具用品費用	500	500	500	500	2,000
折舊費用	2,000	2,000	2,000	2,000	8,000
管理人員薪資	6,000	6,000	6,000	6,000	24,000
	$34,000	$40,750	$34,000	$40,750	$149,500

* 每季的預計銷售量 × 變動成本（$5）

15.4.9　研究發展費用預算

由於研究發展費用之組成要素皆為固定費用，假設在每一季都是平均發生的，其計算過程如表 15–13。

表 15–13　研究發展費用預算

寶鈺織維公司
研究發展費用預算
2003 年

	第一季	第二季	第三季	第四季	合　計
薪資費用	$ 7,500	$ 7,500	$ 7,500	$ 7,500	$30,000
模型及材料成本	5,000	5,000	5,000	5,000	20,000
	$12,500	$12,500	$12,500	$12,500	$50,000

15.4.10　預計損益表

彙總上述各表之預算數，可編製出預計的損益表如表 15–14。然而，該損益表只能夠計算到營業淨利的部分，它尚需考量到營業外的收入與支出及預計的所得稅，才能夠計算出預計的本期淨利。這些預算報表在此不再詳細說明，請有興趣的讀者自行練習。

表 15–14 預計損益表

實鈺纖維公司 預計損益表 2003 年		
銷貨收入（表 15–3）		$1,485,000
減：銷貨成本（表 15–11）		891,320
銷貨毛利		$ 593,680
減：營業費用（表 15–12）	$149,500	
研究發展費用（表 15–13）	50,000	199,500
營業淨利		$ 394,180
利息費用*		1,200
稅前淨利		$ 392,980
所得稅（稅率為 25%）**		98,245
稅後淨利		$ 294,735

* 假設的利息費用。

** 所得稅費用於下一年度初才支付，本期尚未支付。

本章彙總

　　計畫是達成目標的途徑，所以想要落實企業目標，先要擬訂長、中、短期計畫。有了計畫之後，必須編列預算，才能執行計畫，所以預算的編列不僅關係到企業資源的分配，更關係到企業目標是否能達成。預算係指執行計畫時所需資源的取得方式與使用數量之說明，所以預算具有下列三項特性：(1) 以營業計畫為編列預算的基礎；(2) 企業各單位的預算須與整體預算配合；(3) 以數量化的方式表達資源的取得與使用。

　　在正式編列預算之前，企業必須要先確定長期目標，然後再擬訂策略性計畫，接著確定短期目標，再利用各年度的預算將短期目標具體化的表達。企業每年度所編列的各種預算，可視為整體預算的其中之一。因為整體預算包括營業預算和財務預算，所以又可稱之為總體預算或利潤計畫。營業預算係指與營業活動有關的各項預算，如銷貨預算、生產預算、直接原料採購預算、直接人工預算、製造費用預算……等；財務預算則指企業取得與使用資金的計畫，包括現金收入預算、現金支出預算、現金預算、預計資產負債表和預計現金流量表。

　　本章著重營業預算的介紹，並且彙總了營業預算的計算公式，供讀者參考。營業預算

中的首要預算為銷貨預算，所以要客觀地估計銷貨量，以免影響到其他預算的正確性。預算制度除了用來做規劃、溝通和協調營運活動外，亦可用於分配資源、控制企業營運和評估績效以提供獎勵之參考。在管理上，規劃、控制和預算三者的關係密不可分，所以預算在管理上扮演著極重要的角色。

名詞解釋

- 預算 (Budget)

  係指一個企業說明在未來某一期間，取得或使用資源的計畫，並以財務數字將計畫具體的表示出來。

- 財務預算 (Financial Budget)

  係表示企業取得與使用資金的計畫。

- 預測 (Forecast)

  依據現在和過去的資料，估計未來事件所可能發生的現象。

- 整體預算 (Master Budget)

  又稱總體預算或利潤計畫，指企業在一段期間內，與營運活動有關的各項預算所組成。

- 營業預算 (Operational Budget)

  係指以金額和數量表示企業未來一段期間可能交易行為的收入與費用的預期結果。

- 策略性計畫 (Strategic Plan)

  係指由高階層主管負責訂定的組織長期發展目標。

- 戰術性計畫 (Tactical Plan)

  係指由高、中階主管共同擬訂的短期計畫，參考歷史資料和未來趨勢來擬訂執行計畫，以達成策略性計畫為目標。

◆ 作業

一、選擇題

(　) 15.1　下列對預算的敘述何者不正確？　(A)係指對未來不確定事件的預測　(B)為達成企業目標，對組織內各單位的資源使用，做一有效率的規劃　(C)以數量化的方式表達資源的取得與使用　(D)有助於組織內各單位的績效評估。

(　) 15.2　下列對策略性計畫的敘述何者正確？　(A)僅由低階主管負責訂定　(B)以戰術性計畫作為策略性計畫訂定的基礎　(C)在訂定策略的過程中，需考慮政治、經濟、產業等外在因素　(D)涵蓋期間為一年。

(　) 15.3　整體預算通常分為哪些部分？　(A)生產預算與資本預算　(B)現金預算與資本預算　(C)營業預算與財務預算　(D)銷售預算、生產預算與財務預算。

(　) 15.4　民臺紡織公司在編製營業預算時，應先確定　(A)銷售預測　(B)資本預算　(C)生產力　(D)預計損益表。

(　) 15.5　編製整體預算時，就下列各項預算而言，通常是最後編製　(A)直接人工預算　(B)現金預算　(C)製造成本預算　(D)銷售費用預算。

(　) 15.6　華強公司編製預算的順序應為　(A)現金流量表→銷貨成本預算表→資產負債表→損益表　(B)現金流量表→銷貨成本預算表→損益表→資產負債表　(C)銷貨成本預算表→資產負債表→損益表→現金流量表　(D)銷貨成本預算表→損益表→現金流量表→資產負債表。

(　) 15.7　下列何者非營業預算的組成項目？　(A)生產計畫　(B)行銷費用預算　(C)現金預算　(D)研究發展費用預算。

(　) 15.8　下列何者是營業預算的組成項目？　(A)現金預算　(B)預計損益表　(C)預計資產負債表　(D)預計現金流量表。

(　) 15.9　下列何者不是預算的特性？　(A)以營運計畫作為編列預算的基礎

⒝由會計部門獨立負責編列公司的預算　⒞各單位的預算必須與整體預算相配合　⒟以數量化的方式來表達資源的取得與使用。

（　）15.10 企業在編製預算之前應先確定　⒜企業的長期目標　⒝策略性計畫　⒞現金預算　⒟利潤計畫。

二、問答題

15.11 簡述「預測」與「預算」之差異。

15.12 試區分「策略性計畫」與「戰術性計畫」。

15.13 請定義何謂「整體預算」。

15.14 預算對組織營運活動的規劃與控制影響很大，試說明預算具有哪些特性。

15.15 請定義「營業預算」與「財務預算」。

15.16 請說明營業預算的組成項目。

15.17 請說明財務預算的組成項目。

三、練習題

15.18 （銷貨預算）南昌公司為一洋酒進口商，成立於 2003 年，當年度洋酒的預計銷售數量為 8,000 瓶，其中的 40% 在門市部直接出售，剩餘的部分在百貨公司的專櫃出售。預計每年的銷售數量將呈 10% 的成長，每瓶售價為 $1,200。
試求：請編製南昌公司 2003 年及 2004 年的銷售預算。

15.19 （生產預算）中泰公司 2003 年產品的預計銷售量為 80,000 單位，該公司 2003 年的期初存貨為 6,000 單位，期末存貨的預計數為 9,000 單位。
試求：計算中泰公司 2003 年的預計生產數量。

15.20 （銷貨及生產預算）以下是泰豐公司 2003 年生產及銷售數量的部分資訊：

	第一季	第二季	第三季	第四季
期初存貨	?	?	?	?
生產數量	13,000	?	21,000	?
銷售數量	12,000	?	?	?
期末存貨	?	4,400	?	?

泰豐公司每季的期初存貨為該季銷售數量的 20%；每年的期末存貨維持與期初存貨相同的水準。

試求：請重編上述資訊。

15.21 （直接原料預算）加樂公司自日本文具製造商進口訂書機加以分裝之後出售，每個訂書機需要一個小紙盒包裝。該公司 2003 年一共採購了 50,000 個紙盒及 54,000 個訂書機。紙盒的期初存貨為 3,600 個；訂書機的期初存貨為 2,000 個，期末存貨為 3,000 個。

試求：計算紙盒的期末存貨數量。

15.22 （直接原料採購預算）基隆公司 2003 年的銷貨預算為 140,000 單位，每生產一單位須耗用 4 磅的直接原料。該公司 2003 年的部分預計資料如下：

	期　初	期　末
製成品	35,000 單位	38,000 單位
原　料	10,000 磅	8,000 磅

試求：計算直接原料的採購數量。

15.23 （直接人工預算）新力紡織經由混合、紡織、加工及包裝等四個部門的製造之後，生產出普級與高級的毛線。該公司 2003 年與人工成本相關的預計資訊如下：

		每單位人工小時			
	產　量	混　合	紡　織	加　工	包　裝
普級	30,000 單位	1.0	0.5	1.0	0.5
高級	40,000 單位	1.2	1.0	1.5	0.3
	每小時工資率	$80	$75	$85	$80

試求：編製新力紡織 2003 年的直接人工成本預算。

15.24　（製造費用預算）以下為上得公司與製造費用相關的資訊：

變動成本：
間接人工　　　　$10/ 每機器小時
電　費　　　　　　9/ 每機器小時
其　他　　　　　30/ 每單位
固定成本（每月）：
監工薪資　　　　　　　$60,000
折舊費用　　　　　　　40,000
其　他　　　　　　　　35,000

上得公司 2003 年 5 月份預計生產 1,000 單位，每生產一單位需要 5 個機器小時。

試求：編製上得公司 2003 年 5 月份的製造費用預算。

15.25　（製造成本預算）天山公司 2003 年的預計銷貨數量為 240,000 單位。根據過去的經驗，每單位的預計製造成本如下：

直接原料　　　　　　$　　30
直接人工　　　　　　　　　25
變動製造費用　　　　　　　 5
固定製造費用（每年）　600,000

該公司 2003 年的期初製成品存貨為 6,000 單位，期末製成品存貨為當年度生產量的 10%。

試求：編製天山公司 2003 年的製造成本預算。

四、進階題

15.26 （生產預算）嘉通傢俱公司生產辦公桌、辦公椅及電腦桌等三種產品，
2003 年的銷售及存貨預算如下：

	銷售數量	在製品存貨		製成品存貨	
		期　初	期　末	期　初	期　末
辦公桌	255,000	2,505（完工 40%）	2,430（完工 30%）	7,305	10,065
辦公椅	300,000	1,800（完工 45%）	1,800（完工 50%）	9,000	9,900
電腦桌	150,000	3,000（完工 35%）	2,530（完工 40%）	7,800	6,810

試求：編製嘉通傢俱公司 2003 年的生產預算。

15.27 （直接原料採購預算）福州酒廠成立於 2003 年 1 月 1 日。該公司生產某
種酒製品時需要投入甲、乙、丙及丁四種原料，每月底的製成品存貨為
下個月銷售數量的 20%；直接原料存貨為下個月需求量的 10%。每單位
直接原料使用量及預計銷售數量如下：

　1. 直接原料使用量（每單位）：

	甲	乙	丙	丁
數量（公絲）	1	3	6	2
單　價	$8	$2	$6	$4

　2. 預計銷售數量：

	1 月	2 月	3 月	4 月	5 月
預計銷售數量	8,000	8,500	9,200	9,600	10,000

試求：　1. 編製福州酒廠 2003 年 1 ～ 4 月的生產預算。

　　　　2. 編製福州酒廠 2003 年 1 ～ 3 月的直接原料採購預算。

15.28 棉布，混紡布及針織布是華格紡織公司的主要產品，每一種產品的主要
原料大致相同，惟投入量略有不同。2003 年華格公司預計生產 20,000 疋

棉布，80,000 疋混紡布及 60,000 疋針織布。每一種產品之主要原料的需求量如下：

	原料需求量 / 每疋			
原料編號 產品別	M001	M002	M003	M004
棉　布		2 磅		3 磅
棉紡布	4 磅		2 磅	1 磅
針織布	3 磅	1 磅	3 磅	2 磅

每一直接原料的期初存貨、預計期末存貨及單位成本如下：

	M001	M002	M003	M004
期初存貨	10,000 磅	3,000 磅	5,000 磅	20,000 磅
期末存貨（預計）	30,000 磅	6,000 磅	1,000 磅	8,000 磅
每磅單位成本	$4	$6	$7	$8

試求：　1.編製華格紡織 2003 年的直接原料採購預算（依數量）。

　　　　2.編製華格紡織 2003 年的直接原料採購預算（依金額）。

15.29 金門公司 2003 年每單位產品的預計製造成本如下：

直接原料——A	$16
直接原料——B	24
直接人工	50

原料 A 及原料 B 每磅的成本分別為 $4 及 $3；每小時的人工成本為 $20。

每直接人工小時的製造費用分攤率為 $14。

金門公司 2003 年第一季的預計銷售數量為 10,000 單位。期初及期末製成品存貨分別為 1,000 及 1,500 單位。原料 A 及 B 期末各有 2,000 磅的存貨，兩者均無期初存貨。

試求：編製金門公司 2003 年第一季的

　　　　1.生產預算。

2.直接原料採購預算。

3.製造成本預算。

15.30 東兩電子的預算編製小組正在編製該公司 2003 年的製造成本預算，經過嚴謹的討論及費時的資料蒐集之後，該小組得到下列的資料：

1.歷史資料：根據過去五年的資料顯示，每完成一單位需要 10 個直接人工小時，每個直接人工小時的工資率為 $80，製造費用分攤率為每直接人工小時 $160。

2.預計資料： 2003 年將引進整線自動化設備， 因此每單位預計可節省 30% 的直接人工小時；製造費用分攤率則將提高 150%。東兩電子 2003 年預計生產 40,000 單位的產品，直接原料成本每單位 $1,300。

試求： 編製東兩電子 2003 年的製造成本預算。

15.31 永興電子製造及銷售傳真機及呼叫器兩種產品，該公司 2003 年 1 月份與預算相關的產銷資料如下：

1.銷售：

	數　量	單　價
傳真機	5,000	$10,000
呼叫器	7,500	$ 5,000

2.產品庫存量：

	1／1	1／31
傳真機	3,000	2,500
呼叫器	1,000	1,200

3.每個產品直接原料需求量：

	傳真機	呼叫器
原料 A	60 磅	30 磅
原料 B	30 磅	40 磅
原料 C	10 磅	

4.直接原料庫存量:

	1/1	1/31
原料 A	40,000 磅	35,000 磅
原料 B	30,000 磅	32,000 磅
原料 C	6,000 磅	10,000 磅

5.直接原料採購單價:

	單價
原料 A	$10
原料 B	$ 5
原料 C	$ 3

6.直接人工成本:

	每單位小時數	每小時工資率
傳真機	4 小時	$60
呼叫器	5 小時	$80

7.製造費用分攤率: 每直接人工小時 $50。

試求: 利用上述資料編製

    1.銷貨預算 (按金額)。

    2.生產預算 (按產品)。

    3.直接原料採購預算 (按數量)。

    4.直接原料採購預算 (按金額)。

    5.直接人工預算 (按金額)。

    6.製造費用預算。

    7.製造成本預算。

15.32 以下是臺瑞公司與預算相關的資料:

    1.銷貨: 臺瑞公司 2003 年 7 月～ 10 月的銷售數量如下:

　　　　　　　　7 月（預計數）　　10,000 單位
　　　　　　　　8 月（預計數）　　12,000 單位
　　　　　　　　9 月（預計數）　　14,000 單位
　　　　　　　10 月（預計數）　　15,000 單位

2.直接原料：臺瑞公司第三季季末的庫存量為 6 月底的 60%。其他與直接
　　原料有關之資料如下：

	每一單位產品耗用之原料數	單位成本	2003 年 9 月 30 日庫存量
M0001	2 磅	$12	16,800 磅
M0002	4 磅	$36	36,000 磅
M0003	6 磅	$24	42,000 磅

3.直接人工：臺瑞公司採用分步成本制度，每一種產品必須經過加工、組
　　合及包裝等三個部門的製造。有關這三個部門的人工成本資料列示如下：

	每一單位產品耗用之直接人工小時數	每一人工小時之工資率
加工部門	0.8 小時	$80
組合部門	2.0 小時	$55
包裝部門	0.25 小時	$60

4.製造費用：臺瑞公司 2003 年上半年度的實際產量為 54,000 單位，變動
　　製造費用為 $2,970,000，下半年度的預計變動製造費用率維持不變。該
　　公司每月的固定製造費為 $600,000。

5.製成品存貨：臺瑞公司每月底的製成品存貨為次月預計銷售量的 20%。

試求：請利用上述資料編製臺瑞公司 2003 年第三季的

　　　　1.生產預算。

　　　　2.直接原料採購預算。

　　　　3.直接人工預算。

　　　　4.製造費用預算。

　　　　5.製造成本預算。

15.33 臺利公司製造及銷售掃描器，該公司預估 2003 年 1 月的銷售數量為
25,000，並且預計 2003 年的銷售數量每月將會有 10% 的穩定成長。1 月
份的預計銷售價格為 $10,000，售價每月將會有 1% 的緩步下滑。

臺利公司行銷部門的費用包括薪資費用、銷售獎金及廣告費用，該公司
的業務人員的薪資採底薪制，每人每月的底薪為 $20,000，但是每月可支
領 4% 之銷售額的銷售獎金，該公司在 2003 年第一季，行銷部門預計聘
用 150 位業務人員。此外，臺利公司每月的廣告費用佔銷售額的 5%。

臺利公司 2003 年管理費用的預計數如下：

折舊費用——辦公設備	每年 $1,800,000
租金費用——辦公室	每月 $ 200,000
薪　資	每月 $ 500,000
其他費用	銷售額的 1%

試求：請利用上述資料編製臺利公司 2003 年第一季的
　　　　1.銷貨收入預算。
　　　　2.營業費用預算。

15.34 泰密公司的會計部門準備編製今年第一季的預算，相關資料如下：

1.現金銷貨佔每個月銷貨的 50%；在賒銷的部分，其中 70% 於銷貨當月
收現，其他於銷貨次月收齊。

2.公司採購政策以當月銷貨額的 60% 為預計進貨額，並且採賒購方式。
賒購部分的 60% 於進貨當月付清，餘者於次月付清。

3.第一季的期初存貨為 $32,000；期末存貨預計為 $73,600。

4.其他當季費用預算如下：電費 $14,720；租金 $41,600；薪資 $80,000，
上述費用到期即付。此外，當季的折舊費用為 $12,800。

5.銷售預測為：1 月 $166,400；2 月 $160,000；3 月 $153,600。

試求：編製第一季預計損益表。

第16章

整體預算(二)：
財務預算與其他預算

學習目標

- 瞭解現金預算的重要性
- 練習現金預算表的編製
- 熟悉預計財務報表
- 知道其他預算制度

前　言

　　整體預算的內容,主要有營業預算與財務預算兩類,營業預算的觀念與範例在第 15 章已敘述過。因此,本章重點在於說明財務預算的觀念,所涵蓋的內容為說明各種現金預算的編製方式,並詳細說明現金收入與現金支出的各項來源與用途,同時也說明如何準備預計資產負債表與預計現金流量表。此外,本章還介紹其他的預算制度,使讀者瞭解政府單位與非營利事業單位在編列預算時,所採用的零基預算;營利事業單位除編製整體預算外,還可以考慮運用生命週期成本預算和作業基礎預算,如此可使預算的編製更為詳細。本書所敘述的整體預算,章節中所採用的釋例與企業實務相配合,有助於讀者瞭解整體預算的應用。

16.1　現金預算

　　當營業預算編製完成之後, **現金預算** (Cash Budget) 即可開始編列,包括現金期初餘額加上現金收入、減去現金支出,再考慮公司融資活動與投資活動的影響, 即可得到現金的期末餘額。在表 16–1 中, 說明現金預算模式,由現金期初餘額開始,受到當期營運活動與財務活動的影響,最後得到現金期末餘額。

　　在現金預算模式中, 計算過程較為複雜的是**現金收入** (Cash Receipts) 與**現金支出** (Cash Disbursements)。現金收入包括本期現金銷貨收入、本期賒銷在同期收現部分,以及上期賒銷在本期收現部分。相對地, 現金支出包括當期現金購貨成本,本期賒購在同期付現部分,以及上期賒購在本期付現部分。

表 16–1　現金預算模式

・現金期初餘額 + 現金收入預算數 – 現金支出預算數 – 最低的現金餘額

　= 可供使用的現金餘額 – 現金支出預算數 – 最低的現金餘額

　= 現金餘額(a) – 最低的現金餘額

　= 需要融資的金額，或可用來償還債務與利息或投資金額

・財務活動 ± 借款（還款）± 發行（贖回）股票 ± 出售（購買）資產或有

　價證券 ± 收入（支出）利息或股利

　= 財務活動的整體影響數(b)

・現金期末餘額 = (a) ± (b)

　　由於現金收入部分的計算，較現金支出部分的計算為複雜，在此以怡德公司的例子來說明。在表 16–2 中，怡德公司有 30% 為現銷 70% 為賒銷。其中賒銷部分有 40% 在折扣期間內付款，可享有 5% 的現金折扣，另外 60% 未在折扣期間內付款者，其中有 20% 在同期收現，50% 在下一期收現，27% 在下二期收現，其餘 3% 為收不回來的壞帳。怡德公司以贈品來鼓勵購買者現金購貨，以現金折扣來鼓勵提前付款。

表 16–2　銷貨收入收現表

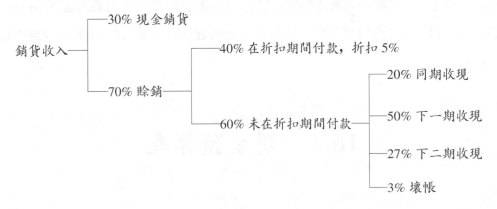

　　怡德公司在 4 月份的現金收入情況，如表 16–3 所示，有來自 2 月份賒銷

在 4 月份收款的 $22,680，3 月份賒銷在 4 月份收款的 $63,000，以及 4 月份銷貨的現金銷貨 $120,000，賒銷部分在折扣期間付款的 $106,400 以及未在折扣期間但在本期付款的 $33,600， 所以怡德公司在 4 月份自銷貨收入部分共收到 $345,680 的現金。

表 16-3　怡德公司 4 月份現金收入表

2 月份銷貨收入：	4 月	5 月	6 月
$200,000 (70%)(60%)(27%)	$ 22,680		
3 月份銷貨收入：			
$300,000 (70%)(60%)(50%)	63,000		
$300,000 (70%)(60%)(27%)		$34,020	
4 月份銷貨收入：			
$400,000 (30%)	120,000		
$400,000 (70%)(40%)(95%)	106,400		
$400,000 (70%)(60%)(20%)	33,600		
$400,000 (70%)(60%)(50%)		84,000	
$400,000 (70%)(60%)(27%)			$45,360
合　計	$345,680		

財務預算在企業界的應用，其重要性與營業預算相當，因為這兩者對企業營運的成敗，有很深的影響。如同有些公司將預算作為資源分配和績效評估的依據；尤其重視財務預算方面，使現金有效的運用，不會發生資金閒置或不足的現象。

16.2　現金預算表

現金預算表的內容如表 16-1 現金預算模式的架構，現金的收入與支出要

有專人負責，事前賒銷政策與賒購政策的擬訂，以及到期收現或付款。公司在每一期皆作好現金規劃，使管理者充分瞭解各個期間的財務狀況，以有效地運用資金，來發揮最高的效益。

　　為使讀者瞭解如何編製現金預算表，在此以半導體製造商佳通公司為例，說明現金收入預算、現金支出預算及現金預算表的編製。該公司 2003 年的基本資料，如表 16-4 所示。為說明簡單起見，每季所購買的原料全部投入生產過程，並且每季結束時沒有任何在製品存貨，僅有期末製成品存在。佳通公司 2003 年的期初存貨為 $20,000。

表 16-4　佳通公司的基本資料

單位：元

	第一季	第二季	第三季	第四季	全　年
預估銷貨收入	$728,572	$787,754	$1,333,820	$1,099,791	$3,949,937
預估直接原料採購成本	50,000	75,000	60,000	85,000	270,000
預估直接人工成本	22,500	41,970	52,250	31,900	148,620
預估製造費用*	12,000	31,000	45,200	26,500	114,700
預估營業費用*	16,000	15,400	14,200	15,000	60,600
預估期末存貨成本	15,000	10,000	20,000	17,000	17,000
預估研究發展費用	100,000	300,000	200,000	100,000	700,000
*已扣除不支付現金的折舊費用					

　　佳通公司每季銷貨收入預估總額的 70% 在當季收到現金，其餘 30% 遞延至下一季收現，2002 年 12 月 31 日的應收帳款 $90,000 於 2003 年第一季全部收現。該公司的現金收入預算表如表 16-5 所示。

表 16-5　現金收入預算表

佳通公司 現金收入預算 2003 年					
	第一季	第二季	第三季	第四季	全　年
銷貨收入總額	$728,572	$787,754	$1,333,820	$1,099,791	$3,949,937
預期現金收入：					
應收帳款 (2002/12/31)	$ 90,000				$ 90,000

第一季銷貨	510,000	$218,572			728,572
第二季銷貨		551,428	$ 236,326		787,754
第三季銷貨			933,674	$ 400,146	1,333,820
第四季銷貨				769,854	769,854
現金收入總額	$600,000	$770,000	$1,170,000	$1,170,000	$3,710,000

　　佳通公司的原料採購政策是當季支付貸款 60%，下一季支付 40%。2002 年 12 月 31 日公司帳上尚有應付帳款 $35,000 將於 2003 年第一季付清。該公司決定於 2003 年初購買一套自動化設備，總價為 $2,000,000，分四季平均清償，並且於第四季支付現金股利 $450,000，該公司的現金支出預算表，如表 16–6 所示。

表 16–6　現金支出預算表

	第一季	第二季	第三季	第四季	全　年
		佳通公司 現金支出預算 2003 年			
直接原料採購成本	$ 50,000	$ 75,000	$ 60,000	$ 85,000	$ 270,000
應付帳款	$ 35,000				$ 35,000
第一季購貨	30,000	$ 20,000			50,000
第二季購貨		45,000	$ 30,000		75,000
第三季購貨			36,000	$ 24,000	60,000
第四季購貨				51,000	51,000
小　計	$ 65,000	$ 65,000	$ 66,000	$ 75,000	$ 271,000
直接人工	$ 22,500	$ 41,970	$ 52,250	$ 31,900	$ 148,620
製造費用	12,000	31,000	45,200	26,500	114,700
營業費用	16,000	15,400	14,200	15,000	60,600
研究發展費用	100,000	300,000	200,000	100,000	700,000
購買設備	500,000	500,000	500,000	500,000	2,000,000
支付現金股利				450,000	450,000
小　計	$650,500	$888,370	$811,650	$1,123,400	$3,473,920
現金支出總額	$715,500	$953,370	$877,650	$1,198,400	$3,744,920

　　佳通公司於每季結束前若發現可用現金餘額不足，即向銀行借款，所借的款項以萬元為單位，年利率為 8%，並在有能力還款月份之月底償還本金時才支付利息，而且該公司期末現金餘額必須至少維持 $100,000，若有多餘資金才從事短期投資活動。由於投資報酬本難以估計，因此投資收入在此省略不計入現金預算中。在表 16–7 中，列示 2003 年佳通公司的現金預算，假設 2003 年的期初現金餘額為 $300,000。

表 16–7　現金預算表

	第一季	第二季	第三季	第四季	全　年
期初現金餘額	$300,000	$100,500	$ 107,130	$ 105,680	$ 300,000
加：現金收入 (表 16–5)	600,000	770,000	1,170,000	1,170,000	3,710,000
可供使用之現金	$900,000	$870,500	$1,277,130	$1,275,680	$4,010,000
減：現金支出 (表 16–6)	$715,500	$953,370	$ 877,650	$1,198,400	$3,744,920
可用現金超額 (不足)	$184,500	$(82,870)	$ 399,480	$ 77,280	$ 265,080
融資：					
借　款		190,000		30,000	220,000
還　款			(190,000)		(190,000)
利息支付			(3,800)		(3,800)
投　資	(84,000)		(100,000)		(184,000)
	$100,500	$107,130	105,680	$ 107,280	$ 107,280

*第二季期末借入 $190,000，一直到第三季期末才還款，故借款期間為三個月，因此支付的利息費用為 $190,000 × 8% × 1/4 = $3,800。

（佳通公司現金預算 2003 年）

　　由表 16–7 上的資料，可看出佳通公司在第二季與第四季的結束時需向銀行借款，以維持現金餘額的最低額；相對地，在第一季結束時有多餘的資金來投資，在第三季結束時先償還第二季的借款與利息費用，再把多餘的錢去投資。

16.3　預計財務報表

依據營業預算和財務預算，可以編製預計財務報表。所謂**預計財務報表** (Budgeted Financial Statement)，係指實際執行營業預算和財務預算的結果，主要包括損益表、資產負債表和現金流量表。管理者根據預計財務報表，決定是否需要修改預算，例如預計損益表所揭露的稅後淨利被認為不是合理報酬，管理者可能希望提高產品或服務的售價，或者尋找降低成本的方法。本節繼續延用佳通公司的示例，說明如何編製預計財務報表。

16.3.1　預計損益表

根據表 16–4 和表 16–7 的資料，即可編製**預計損益表** (Budgeted Income Statement)。預計損益表揭露預算期間的預計營業結果，是預算過程中重要的財務報表之一。表 16–8 為佳通公司的預計損益表。

表 16–8　預計損益表——佳通公司

佳通公司	
預計損益表	
2003 年	
銷貨收入（表 16–4）	$3,949,937
銷貨成本*	(536,320)
銷貨毛利	$3,413,617
銷管費用**（表 16–4）	(760,600)
營業淨利	$2,653,017
利息支出（表 16–7）	(3,800)
稅前淨利	$2,649,217
所得稅（稅率為 25%）	(662,304)

稅後淨利　　　　　　　　　　　　　　　　　　$1,986,913

　*銷貨成本 = 期初存貨 + 原料 + 人工 + 製造費用 – 期末存貨

　　　　　 = $20,000 + $270,000 + $148,620 + $114,700 – $17,000

　　　　　 = $536,320

　**銷管費用 = 營業費用 + 研究發展費用

　　銷管費用 = $60,600 + $700,000 = $760,600

16.3.2　預計資產負債表

　　預計資產負債表 (Budgeted Balance Sheet) 是依據上年度期末的資產負債表，加上本期其他預算中的變動數編製而成。表 16–9 即為佳通公司 2002 年 12 月 31 日的資產負債表，根據此表可編製 2003 年的預計資產負債表，如表 16–10 所列示，各項數字來源請參閱表下之附註說明。

表 16–9　資產負債表——佳通公司

佳通公司

資產負債表

2002 年 12 月 31 日

流動資產：			流動負債：	
現　金	$ 300,000		應付帳款	$ 35,000
應收帳款	90,000		流動負債總額	$ 35,000
存　貨	20,000			
流動資產	$ 410,000		股東權益：	
固定資產：			普通股股本	$2,200,000
土　地		$1,500,000	保留盈餘	425,000
廠房設備	$1,000,000		股東權益總額	$2,625,000
減：累計折舊*	250,000	750,000		
固定資產		$2,250,000		
資產總額		$2,660,000	負債及股東權益總額	$2,660,000

*假設累計折舊為假設數。

表 16-10　預計資產負債表——佳通公司

佳通公司
預計資產負債表
2003 年 12 月 31 日

流動資產：		流動負債：	
現　金	$ 107,280[a]	應付帳款	$ 34,000[g]
短期投資	184,000[b]	應付所得稅費用	642,304
應收帳款	329,937[c]	流動負債總額	$ 676,304
存　貨	17,000[d]		
流動資產合計	$ 638,217		
固定資產：		股東權益：	
土　地	$1,500,000	普通股股本	$2,200,000
廠房設備	$3,000,000[e]	保留盈餘	1,961,913[h]
減：累計折舊	300,000[f]　2,700,000	股東權益總額	$4,161,913
固定資產合計	$4,200,000		
資產總額	$4,838,217	負債及股東權益總額	$4,838,217

註：a. b. 請參見表 16–7。

　　c. 第四季銷貨收入 $1,099,791，當期收現 $769,854，其餘 $329,937 預計於下年度收回。

　　d. 請參考表 16–4。

　　e. 本期購入 $2,000,000，加上原有金額 $1,000,000，期末餘額 $3,000,000。

　　f. 假設累計折舊為 $300,000，2002 年的折舊費用已包括在製造費用內。

　　g. 第四季購貨 $85,000，當期支付 $51,000，尚有 $34,000 遞延至下一年度付清。

　　h. 表 16–8 稅後淨利 $1,986,913。

　　　期初保留盈餘 + 本期預估淨利 − 支付現金股利 = 期末保留盈餘

　　　$425,000 + $1,986,913 − $450,000 = $1,961,913

16.3.3　預計現金流量表

　　根據損益表，資產負債表和現金預算表的資料，可以編製預計現金流量表。預計現金流量表 (Budgeted Statement of Cash Flow) 係指來自於營業活動之現金流量，投資活動之現金流量和理財活動之現金流量。此表可幫助管理者判

斷公司是否有能力，承擔需要固定現金流出的投資計畫或在不景氣經營環境的抗壓力。由於現金流量表揭露來自營業的稅後淨利和淨現金流量之間的關係，所以亦可協助管理者判斷公司的獲利情況。表 16–11 為佳通公司的預計現金流量表，最後所得的期末垷金餘額與表 16–10 的現金餘額相同。

表 16–11　預計現金流量表——佳通公司

佳通公司		
預計現金流量表		
2003 年		
營業活動之現金流量：		
淨　利		$ 1,986,913
加：折　舊		50,000
應付所得稅增加數		642,304
存貨減少數		3,000
減：應收帳款增加數		239,937
應付帳款減少數		1,000
來自營業活動之現金流入		$ 2,441,280
投資活動之現金流量：		
購買設備	$2,000,000	
投　資	184,000	
來自投資活動之現金流出		(2,184,000)
理財活動之現金流量：		
支付股利		(450,000)
本期現金減少數		$ (192,720)
加：期初現金餘額		300,000
期末現金餘額		$ 107,280

16.4　其他預算制度

營業預算和財務預算為一般營利事業最經常使用的預算，至於非營利事業

單位和政府單位每年度也需要編列預算，只是編製的方法與格式要依照法令規定。本節內容在於說明政府單位所採用的零基預算，以及近幾年來所提出的生命週期成本預算和作業基礎預算，可適用於各種組織。

16.4.1　零基預算

傳統預算編製的方式是**增支法** (Incremental Approach)，增支法即是參考未來一年假設的變動情況，以一個年度的預算為基礎，作增加或減少預算的調整。如此一來，增支法將無法仔細地評估經營效率與預算金額本身有無浪費之處。而且，在此法之下，政府部門會偏向於在期末時將預算用盡，以爭取下一期的預算或表示自己在規劃與控制上的能力良好，使實際情況與預算相吻合，造成浪費納稅人的錢之嫌。

另一種預算編製方法，即為**零基預算** (Zero-base Budgeting)。零基預算係指管理者編製預算的基礎是從零開始，不像傳統預算編製是以前期預算為基礎。所以無論是新興計畫或舊有計畫，編製預算時皆需重新評估組織未來營運方向以及各項相關因素之後，再決定各項計畫的資源分配。由此可見，零基預算的觀念下沒有任何成本具有延續性。傳統預算與零基預算的比較，如表 16–12所示。

表 16–12　傳統預算和零基預算的差異

傳統預算	零基預算
1. 以前期的預算為基礎。	1. 並非以前期預算為基礎，而是從零開始編預算。
2. 強調預算金額。	2. 強調目標和目的（決策包）。
3. 沒有系統化地考慮目前作業的替代方案。	3. 有系統地審查各種可達到相同結果的替代方案。

在編製零基預算時，必須考慮每一個**決策包** (Decision Package)。決策包是每部門或每單位可以或可能提供服務時所需花費的成本。每一決策包涵蓋了決策單位所訂定的目標、達成目標的各項計畫與預期利潤等。每一個決策包必

須是獨立且完整的，包括所有的直接成本、間接成本與預期利潤。

編列零基預算的基本步驟為：⑴ 發展各部門的決策包；⑵ 評估每個決策包；⑶ 把全部決策包排序；⑷ 將可接受的決策包放入預算做資源分配；⑸ 監督、控制和事後追蹤。這種依重要性將企業內的各種活動予以排序，刪除較不重要或較不值得做的活動，再列出企業下年度的營運活動，就是零基預算的步驟。

雖然有些企業及政府機關成功地使用零基預算，但有人認為實施零基預算制度太過費時而且成本高，所以合理的零基預算制度可採用 3 至 5 年重新評估一次即可，不需要每年都做一次深入的檢討，以符合成本效益的原則。近年來，我國政府單位為提高各項重要計畫的執行績效，已逐漸採用零基預算以杜絕浪費的發生。

一般而言，編製預算通常是以年為基礎，有些公司為了獲得更詳細的預算金額，則以季或月為基礎。近年來，有些公司採用持續性預算制度。所謂**持續性預算** (Continuous Budgeting) 係指預算期間維持十二個月，每當過了一個月則以新的預算月份遞補，例如 2002 年 12 月編製 2003 年 1 月至 12 月的預算表，到了 2003 年 1 月底則編製 2003 年 2 月至 2004 年 1 月的預算表。持續性預算允許管理者在任何時間皆可知道當月份營運狀況在整年度（12 個月份）預算中的表現，並且讓規劃程序沒有時間中斷，使管理者對「預算期間」沒有特別的感覺，因為他們永遠在作規劃和編預算的程序。

16.4.2 產品生命週期成本預算

近年來，預算程序強調需要規劃整個產品生命週期中所發生的成本。因此，在計算產品生命週期成本時，要瞭解產品生命週期包括下列五個階段：

⑴產品規劃。
⑵初步設計。
⑶細部設計和測試。

(4)生產。

(5)配送和顧客服務。

　　整個產品生命週期的總銷貨收入必須大於總銷貨成本，此項產品才能為公司帶來利潤。因此，規劃這些產品生命週期成本，對與新產品導入相關的決策而言，是很重要的步驟，尤其是產品生命週期很短的公司，例如生產電腦及其周邊設備的廠商。當產品生命週期縮短為一至二年時，公司沒有充分的時間去調整產品的訂價策略和生產方式，以確保產品的獲利情況。所以推出新產品之前，管理者必須很明確地知道是否能回收產品生命週期成本，此時**產品生命週期成本預算** (Product Life-cycle Cost Budgeting) 是最佳輔助工具。以生產積體電路的佳通公司為例，該公司計劃推出語音記憶體半導體新產品，財務部門編製此項新產品三年生命週期成本預算表，如表 16–13 所示。

表 16–13　產品生命週期成本預算

單位：千元

生命週期階段	2003 年	2004 年	2005 年
產品規劃	$6,000		
初步設計	2,000		
細部設計和測試		$12,000	
生　產		6,000	$ 40,000
配送和顧客服務		1,000	150,000

　　如果在傳統的產品成本預算模式，只考慮在未來一至二年所發生的細部設計和測試、生產、配送和顧客服務三方面的成本。相對的，產品生命週期成本預算，則考慮整個生命週期內所發生的各項成本，包括產品規劃和初步設計的成本，以及傳統產品成本預算所涵蓋的成本項目。

16.4.3　作業基礎預算

　　本書於上冊第 12 章曾討論過作業基礎成本管理制度，因其比傳統會計系

統提供更詳細且確實的資訊，所以能改善決策品質。作業基礎成本管理制度的基本效益就是幫助企業定義多重成本動因，若將作業基礎成本管理制度的原則應用於預算的編製，則稱之為作業基礎預算。所謂作業基礎預算（Activity-based Budgeting）係指將預算的焦點，集中於生產和銷售產品或勞務所需的作業成本，此種預算法最特別的部分在於間接成本的處理。作業基礎預算將間接成本劃分為數個作業成本庫，同性質的間接成本歸於同一成本庫，管理者根據因果原則決定各個成本庫的成本動因。基本上，作業基礎預算的編製步驟如下：

⑴決定每個作業區內每個作業單位的總預算成本。

⑵根據銷售和生產目標決定所需的作業細項。

⑶計算執行每個作業的預算成本。

⑷編表列示執行所有作業的預算成本。

公司若採用作業基礎預算所得的預算成本，可能較傳統的預算成本為準確，因為有將各項成本的特性分別考慮。此外，作業基礎預算將各項成本預算分別列示，有助於管理者作成本控制，亦即在成本執行的過程中，可找出無效率的地方。

在本書第 15 章討論過營業預算，本章討論財務預算和其他預算。對任何組織而言，編製良好的預算可帶來下列的效益：

⑴提供管理者達成組織目標的詳細方法。

⑵適當地分配資源給各部門。

⑶清楚地確認管理者的績效。

⑷激勵員工參與組織目標達成工作。

⑸使管理者可以注意到一些令人困擾又難以控制的成本。

⑹瞭解部門之間的互動關係。

⑺改善規劃和決策能力。

⑻可以更及時回應環境的變遷。

⑼知道更多關於經營企業的重要因素。

　　由上述的說明，促使管理者有興趣多花些時間在預算的編列程序，亦即在事前規劃好未來的活動與經費，擬訂好完整的計畫和預算書，使執行單位可隨時掌握實施績效，有助於目標的達成。

本章彙總

　　現金預算是預算過程中最重要的預算表，因為沒有現金，企業就不能提供任何服務，所以讓管理者清楚瞭解預算期間的現金狀況是必要的。現金預算結合現金收入預算和現金支出預算，充分揭露每段期間現金剩餘或現金短絀的現象。有剩餘時可以償還以前的借款或是用來做投資之用；若有現金短絀則需向銀行貸款，以供營運之用。若企業向銀行借款，還需支付利息，便成為另一項現金支出。

　　預算編製的最後步驟，即為發展預計財務報表。這些報表反應了執行預算的結果，提供管理者作為是否需要修改各項預算的參考。主要預計財務報表包括損益表、資產負債表及現金流量表。通常預算編製皆採用增支法，即以一個年度的預算為基礎，再參考未來一年可能會發生的變動情況，作增加或減少預算的調整。但是，此方法容易發生消化預算、浪費資源的弊端，故本章最後提出幾個其他預算方法。

　　政府單位常用的零基預算，以及最近幾年才提出的生命週期成本預算和作業基礎預算，這些方法都可避免增支法所發生的弊端。此外，生命週期成本預算因可慮到整個產品的生命週期成本，所以企業可以隨時調整產品的訂價策略及生產方式。作業基礎預算將間接成本細分為數個作業成本庫，再決定各個成本庫的成本動因，讓每項預算都能確實掌控，減少浪費的機會。

名詞解釋

- **作業基礎預算**（Activity-based Budgeting）

　　係指將預算的焦點集中於生產和銷售產品或勞務所需的作業成本。

- **預計財務報表**（Budgeted Financial Statement）

　　係指實際執行營業預算和財務預算的結果，主要包括損益表、資產負債表和現金流量表。

- 現金支出（Cash Disbursements）

　　現金預算中的一項，包括當期現金購貨成本，本期賒購且在同期付現部分，以及上期賒購但在本期付現部分。此外，還包括當期支付的各項現金費用。

- 現金收入（Cash Receipts）

　　現金預算中的一項，包括本期銷貨收入、本期賒銷且在同期收現部分以及上期賒銷但在本期收現部分。

- 持續性預算（Continuous Budgeting）

　　係指預算期間維持十二個月，當過了一個月則以新的預算月份遞補。

- 決策包（Decision Package）

　　係指每部門或每單位可以或可能提供服務時所需花費的成本。

- 增支法（Incremental Approach）

　　即指參考未來一年的假設變動情況，以一個年度的預算為基礎，作增加或減少預算的調整，傳統預算的編製即採用此種方法。

- 產品生命週期成本預算（Product Life-cycle Cost Budgeting）

　　係指規劃整個產品生命週期中所發生成本的預算方法。

- 零基預算（Zero-base Budgeting）

　　一種預算編製的方法，本法強調無論是新興計畫或舊有計畫，編製預算時皆需重新評估各項考慮因素。

作業

一、選擇題

( ) 16.1 達遠公司 6 月份的銷貨收入為 $150,000，毛利率為 25%，當月份的存貨及應付帳款的減少數分別為 $7,000 及 $12,000。則達遠公司 6 月份因購貨而支付的金額為 (A) $93,500 (B) $105,000 (C) $105,500 (D) $117,500。

( ) 16.2 德立公司 9 月份及 10 月份的銷售資料如下：

	現 銷	賒 銷
9 月份（實際數）	$40,000	$100,000
10 月份（預計數）	$60,000	$110,000

德立公司的所有賒銷，將於銷貨的次月份收回。9 月底的現金餘額為 $46,000；10 月份的預計現金支出為 $188,000。如果德立公司在 10 月底，欲維持 $30,000 的現金餘額，則該公司 10 月份需要向銀行借款 (A) $0 (B) $12,000 (C) $22,000 (D) $32,000。

( ) 16.3 下列對零基預算的描述何者不正確? (A)十分強調預算的金額 (B)必須先考慮及評估每個決策包 (C)成功地實施可杜絕浪費的發生 (D)合理的零基預算制度可以 3 至 5 年為重新評估的階段。

( ) 16.4 預算期間維持 12 個月，當過了一個月，則以新的預算月份遞補的預算制度稱為 (A)零基預算 (B)持續性預算 (C)作業基礎預算 (D)產品生命週期成本預算。

( ) 16.5 下列何者是預算制度的效益? (A)改善規劃和決策能力 (B)可適當地分配資源給各部門 (C)激勵員工參與組織目標的訂定，有助於目標的達成 (D)以上皆是。

( ) 16.6 強調無論是新興或舊有計畫，編製預算時皆需重新評估各項考慮因素的預算制度稱為 (A)零基預算 (B)持續性預算 (C)作業基礎

預算　(D)產品生命週期成本預算。

（　）16.7　考慮產品規劃、設計、測試、生產、配送及顧客服務等不同階段的預算制度稱為　(A)零基預算　(B)持續性預算　(C)作業基礎預算　(D)產品生命週期成本預算。

（　）16.8　下列何者是作業基礎預算的特色？　(A)特別重視間接成本　(B)特別強調全體的參與　(C)以前期的預算作為編製本期預算的基礎　(D)編製預算的基礎從零開始。

（　）16.9　下列對傳統預算制度的描述何者不正確？　(A)以前期的預算作為編製本期預算的基礎　(B)重視預算金額　(C)以增支法作為預算的編製方式　(D)強調目標和目的。

（　）16.10　將預算的焦點集中於生產和銷售產品或提供勞務中，所需的每一個作業活動中的預算制度稱為　(A)零基預算　(B)持續性預算　(C)作業基礎預算　(D)產品生命週期成本預算。

二、問答題

16.11　試說明現金預算模式。

16.12　請定義「預計財務報表」。

16.13　簡述何謂「預計現金流量表」？並說明該表的用途。

16.14　何謂「零基預算」？試比較零基預算與傳統預算的差異。

16.15　簡述零基預算的編製步驟。

16.16　請說明「持續性預算」。

16.17　簡述「產品生命週期成本預算」的定義，並說明產品生命週期包括哪些階段？

16.18　試定義「作業基礎預算」，並說明作業基礎預算的編製步驟。

三、練習題

16.19　正泰公司 6 月、7 月及 8 月份的實際銷貨金額分別為 $70,000、$77,000 及 $84,700。根據過去的經驗，正泰公司銷貨金額的 50% 於銷貨的當月

份收現；40% 於銷貨的次月收現；7% 於銷貨的次二月收現；剩餘的部分為壞帳。

試求：假設正泰公司的銷貨金額每月均維持一定的成長率，請計算正泰公司 9 月份的預計收現金額。

16.20 東特公司 2003 年第一季的實際銷貨金額如下：

月　份	銷貨金額
1 月份	$120,000
2 月份	75,000
3 月份	135,000

依據東特公司過去五年的經驗，賒銷佔銷貨金額的 80%。在銷貨的當月份可收回 20% 的賒銷金額，次月份可收回 50% 的賒銷金額，次二月份可收回 30% 的賒銷金額。

試求： 1.如果 4 月份的預計銷貨金額為 $150,000，計算 4 月份的預計收現金額。

2.計算 3 月 31 日的應收帳款餘額。

3.計算 4 月 30 日的應收帳款餘額。

16.21 永瑞西服販賣進口男士西裝，根據歷年的經驗發現，永瑞公司 2003 年 1～4 月的預計銷售數量分別為 4,500、5,000、6,000 及 5,500 套。永瑞西服每月月底維持次月銷售數量 25% 的存貨， 每套西服的進貨成本為 $1,200。該公司每月支付進貨額 60% 的貨款，其餘的 40% 於進貨次月支付。此外，根據歷年的資料顯示，永瑞西服進貨額之 80% 會取得 1% 的進貨折扣。

試求：計算永瑞西服 3 月份進貨的現金支出。

16.22 寶絲服飾製造並銷售高級女裝，每套女裝須搭配 3 個進口鈕扣，每個鈕扣的成本為 $75。該公司 2003 年第三季預計的存貨水準如下：

	高級女裝	鈕　扣
7 / 1	1,000 套	4,000 個
8 / 1	600 套	2,800 個
9 / 1	600 套	2,200 個

實絲服飾 7 月及 8 月份預計分別可銷售 10,000 及 6,000 套的女裝。該公司每月支付進貨額 2/3 的貨款，其餘的 1/3 於進貨次月支付。此外，根據歷年的資料顯示，實絲服飾的每一筆進貨均可取得 2% 的折扣。

試求：計算實絲服飾 8 月份購買鈕扣的現金支出。

16.23 （預計損益表）力喬公司於 2003 年 1 月 1 日開始營業，營業當日帳上有 $45,000 的現金，$67,500 的存貨，$150,000 的設備及 $300,000 的機器。設備及機器的耐用年限分別為 10 年及 20 年，均採直線法提列折舊，並且無任何的殘值。

力喬公司 2003 年第一季的預計銷貨金額為 $750,000，銷貨成本為銷貨收入的 60%，其他與損益相關的資料如下：

壞　帳	銷貨收入的 1%
研究發展費用	銷貨收入的 6%
變動銷售費用	銷貨收入的 5%
固定銷售費用	每月 $12,500
固定管理費用	每月 $10,000

試求：假設力喬公司適用 20% 的稅率，請編製該公司 2003 年第一季的預計損益表。

四、進階題

16.24 （現金預算）封億公司 2003 年 6 月 1 日的應收帳款餘額為 $372,000，其中的 $132,000 來自 4 月份的銷貨；$240,000 來自 5 月份的銷貨。6 月份的預計銷貨金額為 $460,000，毛利率為 20%。

根據過去的經驗顯示，銷貨收入的 40% 在銷貨當月份收回；35% 在次月份收回；其餘的部分在次二月收回。封億公司與現金預算相關的其他資料如下：

1. 在銷貨的當月份支付當月份採購金額的 70%，並且取得 2% 的進貨折扣；其餘的 30% 於次月份支付，但是無法取得折扣。

2. 由於貨源十分充足，所有的商品均在銷貨的前二天進貨；因此，該公司並無存貨堆積的問題。

3. 資料顯示 6 月 1 日的現金餘額為 $115,000。

試求： 請計算封億公司

    1. 6 月份的現金收入預算。

    2. 6 月份的現金支出預算。

    3. 6 月 30 日的現金餘額。

16.25 （現金預算）為了編製 2003 年 11 月份的現金預算，福勝公司提供下列資料：

	進貨金額	銷貨收入
7 月 （實際數）	$21,000	$36,000
8 月 （實際數）	24,000	33,000
9 月 （實際數）	18,000	30,000
10 月 （實際數）	30,000	39,000
11 月 （預計數）	25,500	33,000

福勝公司的銷貨條件為 2/10, n/30，一般而言，在銷貨當月份可收回 70% 的帳款，次月份收回 20%，次二月收回 9%，其餘的部分視為壞帳。11 月收回的帳款中，取得現金折扣的比率如下：

10 月份銷貨	5%
11 月份銷貨	30%

福勝公司於進貨次月支付全部的進貨金額，同時並取得 2% 的進貨折扣。

此外，福勝公司另須於 11 月底支付 $7,900 的營業費用。

試求：假設福勝公司 11 月 1 日的現金餘額為 $12,500 計算

　　　1. 11 月份的現金收入預算。

　　　2. 11 月份的現金支出預算。

　　　3. 11 月 30 日的現金餘額。

16.26 （現金預算）清豐公司 2003 年 9 月底的現金餘額為 $40,200。該公司的
　　　財務部門為了編製現金預算，因此蒐集了下列資料：

　1. 採購：所有進貨及營業費用的 54% 在進貨及費用發生的當月份支付，
　　　其餘的部分於次月份付清。9 月至 12 月的進貨分別為 10,500、10,000、
　　　11,000 及 11,500 單位，每單位的成本為 $100。

　2. 銷貨條件：所有的銷貨收入均為賒銷，根據過去的經驗顯示，銷貨的
　　　60% 在銷貨當月份收回；25% 在次月份收回；9% 在次二月收回；其餘
　　　的部分無法收回。顧客在銷貨當月份付款的部分均可取得 3% 的折扣，
　　　其餘的部分無法取得任何折扣。

　3. 銷貨：

	數　量	金　額
2003 年　8 月 （實際數）	10,000	$1,500,000
2003 年　9 月 （實際數）	10,500	1,575,000
2003 年 10 月 （預計數）	11,000	1,672,000
2003 年 11 月 （預計數）	11,200	1,702,400
2003 年 12 月 （預計數）	11,500	1,748,600

　4. 銷管費用：銷管費用為當月份銷貨額的 10%，其中包括 $5,000 的固定
　　　資產折舊費用及 $2,000 的商譽攤銷費用。

　　　試求：編製清豐公司 2003 年第四季的現金預算。

16.27 （現金預算）永平公司 3 月初的實際現金餘額為 $26,000，4 月底的預計
　　　現金餘額為 $178,700，其他與現金預算相關的資料如下：

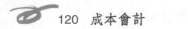

1. 付款政策：於進貨的次月支付所有款項，而且每次均會取得 5% 的進貨折扣。每月月底還需支付當月銷貨額 20% 的銷管費用。

2. 收款政策：於銷貨的當月份收到 60% 的貨款，次月份收到 25%，第三個月收到 12%，剩餘的部分視為壞帳。

3. 進貨與銷貨資料：

月　份	進貨金額	銷貨金額
1 月（實際數）	$300,000	$400,000
2 月（實際數）	160,000	360,000
3 月（預計數）	360,000	470,000

試求： 1. 計算 3 月份的預計現金收入金額。

2. 計算 3 月份的預計現金支出金額。

3. 計算 3 月底的預計現金餘額。

4. 計算 4 月份的預計銷貨金額。

16.28　（預計損益表與資產負債表）長信公司 2002 年 12 月底的資產負債表如下：

長信公司

資產負債表

2002 年 12 月 31 日

現　　金	$　45,440	應付帳款	$　15,360
應收帳款	31,360	長期負債	11,200
存　　貨	64,000	普通股	80,000
設　　備	358,400	資本公積	40,000
累計折舊	(153,600)	保留盈餘	199,040
	$ 345,600		$345,600

該公司 2003 年第一季與營運有關的資料如下：

1. 賒銷金額佔其銷貨總額的 40%。賒銷金額的 60% 於銷貨的當月份收現；30% 於銷貨的次月收現；剩餘的部分於銷貨的次二月收現。

2.進貨金額是當月份銷貨金額的 60%，其中的 70% 於進貨當月份付清，剩餘的部分於進貨次月付清。

3.2003 年 1 月份的預計銷貨金額為 $200,000，該公司 2003 年每月的銷貨成長率為 5%。

4.因業務擴展之需要，預計於當年 2 月份以現金購入 $5,000 的設備一批。

5.第一季的期末存貨為期初存貨的 150%；設備期末的帳面價值為期初的 90%。

6.第一季另須支付水電費 $60,000，租金 $40,000 及薪資 $140,000。

7.公司於 3 月 15 日支付 $5,000 的股利。

8.在 3 月 15 日與元邦銀行簽訂一筆長期融資合約,借款金額為 $50,000，元邦銀行於 3 月底撥款。

試求：　1.編製長信公司 2003 年第一季的現金預算。

　　　　2.編製長信公司 2003 年第一季的預計損益表。

　　　　3.編製長信公司 2003 年第一季的預計保留盈餘表。

　　　　4.編製長信公司 2003 年 3 月 31 日的預計資產負債表。

　　　　5.編製長信公司 2003 年第一季的預計現金流量表（採間接法）。

第17章

攸關性決策

學習目標

- 明白攸關決策的成本與效益
- 瞭解攸關資訊的特性
- 熟悉特殊決策的分析
- 知道稀有資源對攸關性決策的影響
- 明瞭不確定情況下的決策分析
- 認識新製造環境的決策分析

前　言

　　把有限的資源發揮最大的效益或是以最少的成本達到既定的目標,可說是一般企業所追求的利潤最大化和成本最小化目標。任何組織的管理者皆希望能有效率地利用資源,同時又可有效果地達到組織所定的終極目標。因此,管理者面臨資源分配決策時,需要應用與決策相關的會計資訊,使管理者可作增量分析,並將因執行決策所得的增量收入與所支出的增量成本相比較,所選擇的方案要達到預期的效益才能被接受。

　　任何組織的管理者,每天皆要面臨各種不同的決策,例如設備採購、產品組合、生產方式、訂價政策、產品線的增減、特殊訂單的接受等。本章的內容主要在於短期性決策的討論,至於廠房設備長期性投資決策,將在下面兩章來討論。

17.1　攸關的成本與效益

　　雖然管理者作決策之前,需要參考各種資訊,但是在採用資訊時要顧及其攸關性。在討論攸關性資訊的特性之前,本節說明幾項與決策有關的收入與成本之定義。通常增量分析 (Incremental Analysis) 最經常使用於短期性決策,其主要是在比較各種不同決策方案所造成的增量收入 (Incremental Revenue) 和所發生的增量成本 (Incremental Cost)。所謂增量收入係指因多銷售一項產品或提供一項勞務所增加的收入。增量成本則為取得增量收入所付出的額外成本。因此,也有人將增量成本稱為差異成本 (Differential Cost),亦即在不同的方案下,所需支付的成本不同。就成本習性而言,大部分的增量成本屬於變動成本性質,會隨著營運活動而有所改變。

　　增量效益 (Incremental Benefit) 為增量收入和增量成本的差額,當經營者面臨數種方案的決策選擇時,可比較各項方案的增量效益,並選擇能產生較高利潤的方案為優先。在理論上,方案選擇決策可採用前述的基本原則;但是在實務上,還有其他因素需要考量。例如,怡德公司以較低的價格來銷售產品給

崇安公司，以取得長期性原料供應商的合約，使公司的銷售貨源能較穩定。

　　當管理者作攸關性決策時，較常考慮的是付現成本 (Out-of-pocket Cost) 和機會成本 (Opportunity Cost)。所謂付現成本為需要支付現金的成本，與決策有完全相關性，也就是說當管理階層決定購買某種產品，即要準備現金來支付進貨成本。相對地，管理者在面臨攸關性決策（或稱短期決策）時，不需考慮沉沒成本 (Sunk Cost)，因為這些成本在以前已經支付過了，因此不會受到目前或未來決策的影響，例如設備的折舊費用。至於機會成本則為已放棄的方案所可能帶來的最高效益，雖然機會成本不是一項真正發生的成本，但管理者在作最後決定前，需要先評估其他方案的潛在效益，以免造成錯失良機的現象。

　　尤其在完全競爭的市場下，公司的管理階層必須要有效地運用各種資訊，才有助於提升各種決策的效益。營業性質涵蓋製造業和買賣業雙方面，管理階層每天面臨各種不同的攸關性決策，因此會計部門需要瞭解管理階層決策所要的資訊，才能適時提供相關資訊。

 實務焦點

衛道科技股份有限公司 (www.cradle.com.tw)

　　衛道科技股份有限公司成立於 1993 年，自成立以來即掌握良好的策略方向及執行能力，並提出完整解決方案 / 資訊基礎建設 / 網域資源管理的經營策略，以滿足企業 e 化的需求。隨著市場趨勢不斷變化，為了伴隨臺灣企業進入全球運籌時代，近年來衛道積極在北京、上海、加拿大等地設立新據點，本身也陸續加入深耕不同專業領域的新夥伴。像 2001 年先購併敏傑科技，以加強服務製造業及協助臺商在大陸資訊技術的需求；2002 年又以股權交換納入擅長服務金融業的實研，專長政府、國防和教育領域的喬篷，以及專門服務公共事業的資憲等三家公司，形成衛道集團，希望整合原有的技術能力以產生集團的力量，來協助臺灣企業在國際化潮流中提升競爭力。

　　在衛道科技不斷精進努力下，每年的業績與成員均呈高度成長，促成業績範圍及銷售規模逐年擴大。目前主要業務係以市場區隔為前提，為企業構建完整之電子商務體系，並提供客戶最佳之資訊基礎建設及整體解決方案。目前之主要商品及服務項目為：工作站及伺服器、儲存設備、網域資源管理、電腦軟體、網路產品、系統整合諮詢與程式開發、維

修服務、教育訓練、耗材等；未來則計劃致力於發展各項企業入口網站、電子化工作流程、網路線上學習等各項系統整合服務。

　　衛道科技以多樣化的產品，提供傳統企業界e化的完整解決方案，依據各產品不同的生命週期，提出不同的商業模式，強化市場的涵蓋面、降低成本、增加利潤。在資訊基礎建設方面，衛道致力於解決網路管理、各種硬體和各系統間的整合工作。從前端的網路伺服器、快取器，到網路骨幹的交換器、路由器防火牆，到後端的應用伺服器、網路安全到儲存設備、備份系統，都有完整方案。同時，衛道將以最適切的網際網路技術結合實體，提供有效的網域資源管理，期望企業客戶能以經濟、方便，而且最有效的方式，透過衛道科技網路平臺的線上 / 實體服務，滿足企業界在資訊管理上的需求。從網路管理、機密安全、網路印表機資源管理到所有的文件列印、表格管理需求，得到一次的滿意服務。在未來衛道科技將以完整的產品線提供客戶整體解決方案，以 Internet 的思考提供客戶最佳的服務，也將以 Internet 的速度追求衛道公司的下一波成長。

　　衛道科技的營業性質為代理各項軟硬體設備，以及替客戶整合各項資訊。因此管理者每天面臨不同的決策，如何運用資源來發揮最大的效益為主要的考量。為提供高階主管各項與經營決策有關的資訊，例如一般的訂價決策、產品選擇、特殊訂單的訂價決策、以及生產線改變……等，會計人員需要運用各種分析方法，來提供各項攸關資訊，使管理者作出最理想的決策，為公司創造最高的利潤。

17.2　攸關資訊的特性

　　會計人員的主要任務是提供管理者正確且適時的會計資訊，同時要注意到決策者的資訊需求，儘量提供各種與決策相關的資訊，以提高決策的品質，如此也有助於提高會計人員在決策過程中的重要性。因此，具有決策攸關性的資訊，必須同時符合二項條件：

　⑴與未來交易事件有關，即具有未來性。

　⑵各項方案中，有差異性的項目。

　　德華公司是一個專業鑄造廠,其造模部門的產品種類繁多,訂單數目增加,目前為因應顧客訂單須向別的公司租用半自動造模設備, 每年要付 $25,000 的機器租金, 其單位變動製造成本是 $7。明年估計銷售並生產 10,000 單位。在簽定租賃合約並支付 $25,000 租金之後,德華公司發現另一種全自動造模設備,其生產效率更好,每單位製造成本為 $2, 但是租金要 $44,000。此時, 公司有兩種可行方案可選擇:

(1)重新再租全自動造模機器來製造, 讓半自動造模機器閒置。

(2)維持原案利用半自動造模機器來生產。

　　在上面所敘述的情況下,會受到未來決策影響的成本,包括全自動機器的租金, 以及不同機器之變動製造成本, 所以這些成本屬於攸關成本。為了協助高階主管作決策, 會計人員分析資料在表 17-1。結果為應該使用全自動機器, 總攸關成本是 $64,000; 然而, 租用半自動機器之總攸關成本是 $70,000, 兩者的差異是 $6,000。在本例中, 半自動機器的租金已支付, 屬於非攸關成本, 被稱為沉沒成本。

表 17-1　選擇決策分析——未含沉沒成本

	租用半自動機器	租用全自動機器
單位製造成本	$　　7	$　　2
生產量	×10,000	×10,000
製造成本	$70,000	$20,000
全自動機器租金		44,000
總攸關成本	$70,000	$64,000

　　在前例中,有一些成本與效益決定於未來的交易,例如銷售佣金和銷售額,但仍有可能不是攸關資訊, 因為這些數據資料在不同方案中是沒有差異存在的。這些成本或效益雖然具有未來性, 但不會因為使用不同生產設備方案而有所差異, 所以沒有列入分析過程。

　　如果把沉沒成本列入計算, 也不會影響決策結果, 如表 17-2 把沉沒成本

列入決策分析，兩種方案的差異仍為 $6,000，決策為採租用全自動機器較划算。

表 17-2　選擇機器決策分析——包含沉沒成本

	租用半自動機器	租用全自動機器
單位製造成本	$　　7	$　　2
生產量	×10,000	×10,000
製造成本	$70,000	$20,000
半自動機器租金	25,000	25,000
全自動機器租金		44,000
總成本	$95,000	$89,000

此外，還可考慮將機會成本的觀念納入分析，使決策者的思考範圍更為完整，有助於提升決策品質。例如德華公司業務部門，正在考慮要接受哪一個訂單對公司較有利。因此，業務主管與生產部門，共同討論有關汽車零件連座軸承兩個訂單 UP201 與 UF202 的效益分析。

以增量分析的觀點來看，UP201 會增加 $70,000 的收入和 $54,000 的成本；UF202 則會增加 $85,000 的收入及 $70,000 的成本。其分析法可列示如下：

	生產 UP201	生產 UF202
增額收入	$70,000	$85,000
增額成本	54,000	70,000
增額淨利	$16,000	$15,000

由上表中，可以發現生產 UP201 比 UF202 多出 $1,000 的獲利，如果採用機會成本之觀念來分析，結果改變為生產 UP201，則無法生產 UF202，後者的增額利潤是前者的機會成本。如果生產 UP201，必須放棄 UF202 可增加的淨利增加數 $15,000，其分析公式如下：

	生產 UP201
增額收入	$ 70,000
增額支出	(54,000)
機會成本（放棄 UF202）	(15,000)
增額淨利的差異	$　1,000

因為有利潤，所以生產 UP201 比較有利，而且所得結果和前一種分析方法之增額淨利之差相同。由此可見，雖然所採用的分析方法不同，但是兩種方法求出之結果相同。至於方法之運用，則視決策者需求而定。

17.3　特殊決策的分析

在日常營運中，管理者面臨各種不同的決策，本節將其中較需特殊分析的決策進行討論，內容包括業務部門面臨特殊訂單時所需的分析程序；採購部門或生產部門對所需原物料可思考自行製造或向外購買的各種相關因素；生產部門評估各個生產線的存廢問題；以及生產部門針對某一產品是否要繼續加工，這些決策需要作成本與效益分析。

17.3.1　特殊訂單

所謂特殊訂單 (Special Order) 係屬某訂單的售價因顧客要求而較一般售價為低，業務經理面臨此情況時，需要一些與生產該訂單有關的會計資料。首先，要瞭解該產品單位成本的組成要素，哪些屬於固定成本，哪些屬於變動成本；同時，要考慮該產品在目前與未來的市場銷售狀況，尤其在銷售情況好時，管理者應思考機會成本的問題，以及因接受此訂單造成對其他訂單售價的影響。

王明偉是德華公司的業務部經理，負責與顧客洽談訂單的售價與條件。有一家汽車公司向他訂一個特殊訂單，要其提供齒輪模具型號 A23 的產品 30,000 單位，每單位價格 $300。面對此一特殊訂單決策，王明偉需要仔細地分析。目前公司有一生產線正好有閒置機器，而且暫時沒有其他訂單業務。根據會計部門所提供之歷史資料發現 A23 模具之單位成本如表 17-3。

表 17-3　齒輪模具 A23 之單位成本會計資料

直接原料成本	$180
直接人工成本	20
變動製造費用	55
分攤之固定製造費用	40
變動銷管費用	45
固定銷管費用	30
總單位成本	$370

如果依照一般財務會計之分析法，會產生下列結果：

特殊訂單之單位價格	$ 300
單位成本	(370)
接受訂單之單位損失	$ (70)

　　根據初步的結果分析看來會拒絕此訂單；但是其中固定成本屬於沉沒成本，即分攤之固定製造費用 $40 和固定銷管費用 $30，這兩項費用與此短期決策不相關。

　　王明偉曾自行進修學習過管理會計觀念，所以並沒有僅依據上述的分析即作決定。他知道只有變動成本才會對短期決策具有攸關性，而且此訂單不需要付給經銷商佣金，使得變動銷管費用每單位可以節省 $30 元，所以變動銷管費用成為 $15 元。經過重新分析後之結果如下：

特殊訂單價格		$ 300
直接原料成本	$180	
直接人工成本	20	
變動製造費用	55	
變動銷管費用	15	
特殊訂單之變動成本		(270)
特殊訂單之單位利潤		$ 30

如果接受訂單，可以增加之利潤為 $900,000 (= 30,000 × $30)。

上述分析是假設德華公司有閒置的機器，所以不必考慮機會成本；如果沒

有閒置機器，則分析結果會改變。

假設德華公司無閒置機器的情況下，如果接受此一訂單，必須放棄一部分生產連座軸承 UP202 之產能，其獲利為 $1,000,000，則此數字成為接受特殊訂單之機會成本。因此，當此訂單接受後之成本與效益如下：

接受可增加之利潤	$　900,000
接受之機會成本	(1,000,000)
接受訂單之利潤（損失）	$　(100,000)

由上例可以看出，如果無閒置產能，應該拒絕此一訂單，以免造成 $100,000 的損失。換言之，當公司面臨無閒置產能的情況，則需要把機會成本列入考慮。

17.3.2　自製或外購

德華公司目前又面臨了另外一個問題，生產一項模具產品所需的模具粗胚，本來是由自己生產，但是另一家廠商青天公司願意以每單位 $40 的價格賣出，使得管理階層面臨是否向青天公司購買的決策。由會計部門得知自行製造之成本分析如表 17–4。本來王經理想向青天公司購買，但分析為自行製造之成本 $50 和買價 $40 相比，似乎每單位可節省 $10。經過深入分析之後，才發現並非全部成本都具攸關性，可將全部成本 $50 區分為可避免成本 $32 和不可避免成本 $18，其中不可避免之單位固定成本部分，無論採用自製或外購，皆是會發生的，所以重新分析後之結果如表 17–5。

表 17–4　自行製造粗胚之單位總成本

變動成本：	
直接原料	$20
直接人工	6
變動製造費用：	
固定成本	5
監工薪水	5

折　舊	14
單位總成本	$50

表 17–5　　向外購買粗胚之單位總成本

	單位成本	購買粗胚節省之成本
變動成本：		
直接原料	$20	$20
直接人工	6	6
變動製造費用	5	5
固定成本：		
監工薪水	5	1
折　舊	14	0
單位總成本	$50	$32
不可避免之單位固定成本		$18
購買粗胚之單位成本		40
向外購買粗胚之單位總成本		$58

由表 17–5 之分析，可以看出停止生產粗胚時，可以省下所有的變動成本，但是只能省下 $1 的單位固定成本，因為可以減少一位監工的薪資。所以分析結果看出外購之單位總成本為 $58，比自製之單位總成本 $50 還多出 $8，這是因為每單位不可避免成本高達 $18 的緣故。

此外，就表 17–5 的資料，也可從另一方面來分析。亦即僅比較自製所必須支付成本 $32，與向外購買粗胚之實際支付成本 $40。所得的結果與上面相同，自製仍可節省 $8。讀者可依自己的分析方式，來決定計算的過程。

17.3.3　增加或放棄產品線、部門

德華公司目前所有的生產線有機電零件、汽機車零件、建築五金零件等三類。其中建築五金零件受到營建業不景氣的影響，使得現有的產能無法完全利用，也造成去年該部門之損益表中（表 17–6）顯示出虧損 $120,000。因此，管理階層考慮是否要結束該生產線。但是結束該生產線並不能省去全部的成

本，且可能造成其他訂單的流失，所以需要考量所有攸關成本與效益，分析結果如表 17–7 所示。

表 17–6　德華公司的建築五金生產線 2003 年損益表

收　　入		$ 700,000
減：變動費用：		
原　　料	$250,000	
直接人工	200,000	
變動製造費用	170,000	(620,000)
邊際貢獻		$ 80,000
減：固定費用：		
折　　舊	$ 80,000	
監工費用	40,000	
保險費	20,000	
租金費用	30,000	
分攤之製造成本	30,000	(200,000)
損　　失		$(120,000)

表 17–7　德華公司的建築五金生產線之攸關成本與效益

	(A)繼續經營	(B)結束營業	差　　額
第 1 部分：			
收　　入	$ 700,000	$　　　0	$ 700,000
減：變動費用：			
原　　料	250,000	0	250,000
直接人工	200,000	0	200,000
變動製造費用	170,000	0	170,000
邊際貢獻	$ 80,000	$　　　0	$ 80,000
減：固定費用：			
折　　舊	80,000	70,000	10,000
監工費用	40,000	0	40,000
保險費	20,000	20,000	0
租金費用	30,000	20,000	10,000
分攤之製造費用	30,000	30,000	0
總固定費用	$ 200,000	$ 140,000	$ 60,000

利潤（損失）	$(120,000)	$(140,000)	$ (20,000)
第 II 部分： 結束生產線所造成其 他訂單收入之減少	$ 40,000	$ 0	$ 40,000

在表 17-7 上，分為兩部分的計算，第 I 部分為與該生產線有關的收入和費用，第 II 部分則為結束此生產線對其他部門所可能造成的影響。可將這兩部分的資料分別計算，再將各個結果作整體考量。

從表 17-7 可以發現，因為部分固定費用是不可避免的，所以繼續經營反而比較有利；如果停止生產線，會失去邊際貢獻 $80,000 以及節省 $60,000 的可避免費用。所以繼續經營則有 $80,000 之邊際貢獻足以彌補 $60,000 之可避免費用，所產生的 $20,000 可說是對不可避免成本的貢獻，其計算公式如下：

建築五金生產線之邊際貢獻	$80,000
可避免之固定費用	60,000
對不可避免之固定成本的貢獻	$20,000

另外，由表 17-7 中第 II 部分可以發現，停止建築五金生產線可能造成其他訂單流失 $40,000，這變成停止生產線的一項機會成本。所以合併考慮後發現，繼續經營對德華公司而言，可以增加 $60,000 (= $20,000 + $40,000) 的利潤。

◗ 17.3.4　銷售或繼續加工

有些產品完成生產過程中的基本步驟，即可銷售給顧客；但也可考慮再繼續加工，以提高產品品質或增加產品功能，使產品的附加價值增加。在這種情形下，管理者的考慮重點在於比較繼續加工所增加的收入，與繼續加工所需再投入的成本，亦即增量收入與增量成本的比較。若對增加利潤有幫助，則可繼續加工；若使公司利潤反而下降，則要選擇不加工即出售，以免造成不必要的損失。

德華公司的手工具零件生產部門主管，與營業部門經理商量是否需要把手工具零件再經過電鍍的程序。現在德華公司有 2,000 單位的手工具零件，每單位的成本為 $600，每單位的售價為 $900。如果經過電鍍程序，則每單位售價可提高至 $1,200，同時也需投入電鍍費用 $700,000。在此，以增量分析的方式來計算，其過程如下：

增量收入 ($1,200 − $900) × 2,000	$ 600,000
增量成本	(700,000)
增量利潤（損失）	$(100,000)

由上式分析得知，雖然電鍍程序可提高單位售價，但不足支付所需投入的額外成本，所以德華公司決定不採用電鍍程序。

17.4　稀有資源對攸關性決策的影響

在前面所討論的內容中，皆未考慮稀有資源對攸關性決策的影響，所以分析方式在於單位成本與總成本方面，主要以產出量為計算基礎。亦即，為易於說明計算過程，先假設所有的資源是沒有限制的。實際上，任何組織在營運上所需的資源，有些是有限制的，例如空間、機器產能、原料供應量等等。因此，攸關性決策的分析，除了要考慮到產品的單位邊際貢獻與總貢獻外，還要考慮哪一種方案可使稀有資源的效率發揮到最高。

德華公司的一條生產線專門製造汽車零件和機車零件，其基本資料在表 17-8 上，汽車零件的單價 $300，單位變動成本 $200，單位邊際貢獻 $100；機車零件的單價 $120，單位變動成本 $70，單位邊際貢獻 $50。若未考慮稀有資源問題時，汽車零件所產生的單位邊際貢獻較高，理論上獲利狀況較好。但是德華公司的這條生產線每個月的產能最多為 500 機器小時，因此管理階層需要將此稀有資源因素納入分析模式，使這有限的資源能發揮最高的效率。

表 17-8　每單位產品的邊際貢獻

	汽車零件	機車零件
單位售價	$300	$120
單位變動成本:		
直接原料	$100	$ 35
直接人工	20	10
變動製造費用	50	20
變動銷管費用	30	5
單位變動成本	$200	$ 70
單位邊際貢獻	$100	$ 50

表 17-9 列示汽車零件與機車零件在每機器小時的邊際貢獻，汽車零件的單位邊際貢獻 $100，每個零件需要 0.5 機器小時，每機器小時的邊際貢獻為 $200。相對地，機車零件雖然單位邊際貢獻較低，但每個零件所需的機器小時較少，所得的每機器小時的邊際貢獻 $400，較汽車零件為高，正好為其二倍。

表 17-9　每機器小時的邊際貢獻

	汽車零件	機車零件
單位邊際貢獻	$100	$ 50
每個零件所需的時數	0.5	0.125
每機器小時的邊際貢獻	$200	$400

另外，表 17-10 則是就既有的 500 機器小時所能產生的各個零件的總邊際貢獻為分析重點。比較二者的總邊際貢獻，汽車零件為 $100,000，機車零件為 $200,000，所得到的結果與表 17-9 相同。亦即，在有限的 500 機器小時條件下，機車零件所產生的利潤較高，在生產排程時宜優先考慮。

表 17-10　機器小時的邊際貢獻

	汽車零件	機車零件
單位邊際貢獻	$　　100	$　　50
500 機器小時所能生產數	1,000[*]	4,000[**]
總邊際貢獻	$100,000	$200,000

```
* $500 ÷ 0.5 = $1,000
* * $500 ÷ 0.125 = $4,000
```

　　本節所討論的內容為使讀者容易瞭解計算方式，僅假設只有一種稀有資源，但實務上公司會面臨數種稀有資源。因此，管理者可先分析各種稀有資源的限制，再運用線性規劃的方法，以達到成本最小化或利潤最大化的目標。

17.5　不確定情況的決策分析

　　德華公司目前考慮生產鑄件模具或是連座軸承，因為其市場單價有不確定性存在，所以必須作更多的分析。當只有鑄件模具價格具不確定性時，其邊際貢獻也有不確定性。由表 17–11 之敏感度分析可以作為說明。

表 17–11　敏感度分析

原始分析	鑄件模具	連座軸承
(a)預測之單位邊際貢獻	$　4	$　6
(b)可銷售單位	20,000	10,000
(a) × (b)總邊際貢獻	$80,000	$60,000
敏感度分析		
(c)敏感度分析所假設之單位邊際貢獻	$　3	
(d)可銷售單位	20,000	
(c) × (d)總邊際貢獻	$60,000	

　　當鑄件模具單位售價變動造成單位邊際貢獻大於 $3 時，選擇鑄件模具；反之，如果價格可能下跌到邊際貢獻小於 $3 時，則應選擇連座軸承。換言之，若鑄件模具的單位邊際貢獻自 $4 降至 $3，仍不致於影響決策。

　　另一種方式則是使用**期望值** (Expected Value) 的方式，來處理不確定性

之問題，如表 17-12 所示。一個隨機變數的期望值等於所有可能值乘上相對應的機率值，再將其全部加總而得到結果，參考表 17-12 的計算方式，讀者可自行練習。

表 17-12　期望值之應用

鑄件模具		連座軸承	
邊際貢獻之可能值	機率值	邊際貢獻之可能值	機率值
$3	0.2	$4	0.3
$4	0.6	$6	0.4
$5	0.2	$8	0.3
期望值 ($3)(0.2) + ($4)(0.6) + ($5)(0.2) = $4		($4)(0.3) + ($6)(0.4) + ($8)(0.3) = $6	
可銷售單位	20,000		10,000
總邊際貢獻	$80,000		$60,000

17.6　作業基礎成本管理法的應用

到目前為止，本章已討論過多種攸關決策分析的成本與效益，但是如果在新的製造環境，例如在及時生產系統、彈性製造系統等環境下，這些決策分析是否仍有效用，會令人質疑。如果一家公司採用作業基礎成本管理法，又該如何執行決策分析呢？其實不管在任何先進的製造環境之下，決策分析的攸關成本概念仍是最基本的有效工具。只是在作業基礎成本管理法之下，決策者可將成本更正確地分攤給各個作業，所以攸關成本的計算比傳統產品成本制度更精確。以綺妮公司為例，說明作業基礎成本管理法的決策分析與傳統決策分析差異之處。

綺妮公司以生產美味可口的餅乾聞名，該公司的餅乾包裝分為 2 磅和 5 磅兩種餅乾禮盒，其生產資料，如表 17-13 所示。

表 17–13　綺妮公司的生產資料

變動製造費用（每月）：	
電　費	$1,400,000
潤滑油費	240,000
設備維修費	360,000
總變動製造費用	$2,000,000
變動製造費用率＝$2,000,000÷100,000（直接人工小時）＝$20/每小時	
固定製造費用（每月）：	
廠房折舊費	$3,300,000
產品研發費	600,000
監工薪資	1,200,000
物料管理成本	1,600,000
採購成本	500,000
品管費用	600,000
暖機成本	800,000
機器折舊費	400,000
總固定製造費用	$9,000,000
固定製造費用率＝$9,000,000÷100,000（直接人工小時）＝$90/每小時	
製造成本預算（10,000 盒）：	
直接原料成本	$　200,000
直接人工成本（10,000 小時×$30）	300,000
變動製造費用（10,000 小時×$20）	200,000
固定製造費用（10,000 小時×$90）	900,000
總成本	$1,600,000
單位成本：$1,600,000÷10,000（盒）＝$160	

　　綺妮公司於佳節前幾日湧入大量訂單，公司員工需加班趕工，廠長提議有家小型餅乾製造商願意以每盒 $90 的價格幫綺妮公司生產餅乾禮盒，此時公司的主管吩咐財務部門提供決策所需的資料，結果會計課主管以傳統攸關成本分析，發現應該拒絕廠長的提議，其原因是委託小廠製造雖然可免除直接原料成本、直接人工成本和變動製造費用，但是固定製造費用中只有監工薪資 $120,000 和機器折舊 $40,000 可免除，所以公司委外生產可減少

$860,000，但仍需花 $900,000 向小型廠商購買餅乾禮盒，其攸關成本計算如表 17-14 所示。

表 17-14　攸關成本計算

攸關成本（如果向小型廠商購買餅乾禮盒公司可減少的成本）：		
直接原料成本		$200,000
直接人工成本		300,000
變動製造費用		200,000
固定製造費用：		
監工薪資	$120,000	
機器折舊	40,000	160,000
總攸關成本		$860,000
向外購買餅乾禮盒總成本：$90 × 10,000 = $900,000		

因此在主管會報時，會計課主管提出上述的分析結果。然而，成本課主管建議應採用作業基礎成本管理法，計算攸關成本正確度比較高。接著成本課提出一份攸關決策的作業基礎成本分析，如表 17-15。首先，成本課主管將綺妮公司所發生的製造費用視為 11 個作業成本庫，並將其歸類為四種類型：單位相關成本、批次相關成本、產品相關成本、廠務相關成本。其次，定義成本動因，計算每一作業成本庫的費率，結果發現餅乾禮盒所需負擔的製造費用只有 $951,000，而非傳統產品成本系統所得的 $11,000,000。

表 17-15　作業基礎成本分析

作業成本庫		成本動因及費率	生產餅乾禮盒所需的成本
廠務相關成本：			
廠房折舊	$3,300,000		
產品相關成本：			
產品研發	600,000	每一規格 $1,200	$1,200 × 5 = $ 6,000
監工薪資	1,200,000	每監工小時 $75	$75 × 3,000 = $225,000
批次相關成本：			
物料管理成本	1,600,000	每物料管理小時 $16	$16 × 10,000 = $160,000
採購成本	500,000	每張採購單處理成本 $500	$500 × 80 = $ 40,000
品管費用	600,000	每次檢查成本 $600	$600 × 40 = $ 24,000
暖機成本	800,000	每次暖機成本 $800	$800 × 20 = $ 16,000

單位相關成本:			
電　費	1,400,000	每機器小時 $2.8	$2.8 × 100,000 = $280,000
潤滑油費	240,000	每機器小時 $0.48	$0.48 × 100,000 = $ 48,000
設備維修費	360,000	每機器小時 $0.72	$0.72 × 100,000 = $ 72,000
機器折舊費	400,000	每機器小時 $0.8	$0.8 × 100,000 = $ 80,000
	$11,000,000		$951,000
攸關成本 (如果向小型廠商購買餅乾禮盒公司可減少的成本):			
直接原料成本	$　200,000		
直接人工成本	300,000		
製造費用	951,000		
總攸關成本	$ 1,451,000		
向外購買餅乾禮盒總成本: $90 × 10,000 = $900,000			

　　成本課使用作業基礎成本資料計算公司委外生產時可免除的成本為 $1,451,000，比購買餅乾禮盒的成本 $900,000 還多，所以可淨節省 $551,000。根據成本課的分析結果，綺妮公司主管應接受廠長的建議。

　　在傳統產品成本制度和作業基礎成本管理制度之下，所計算的攸關成本為何有如此差異呢？其實這差異的產生，是源自於兩種成本制度對攸關成本的定義不同。傳統產品成本制度將所有固定製造費用以單一成本動因（例如直接人工小時）作為分攤的基礎，所以相較之下，作業基礎成本管理制度依因作業庫而異的成本動因，作為分攤基礎較能反映事實，但是這並不意味利用數量為基礎的產品成本制度之資料計算所得的攸關成本是無效的。

　　由綺妮公司的例子可得知，在作業基礎成本管理制度下，攸關成本分析仍是有效的，而且可提供決策者更正確的攸關成本決策模式。

本章彙總

　　理性的決策者在作決策前，一定會參考各種資訊，希望在多樣化的資訊中，快速又準確地判斷如何選擇哪些重要的資訊，這是決策者所必需具備的能力之一。首先，決策者需判斷哪些資訊具有攸關性。具有決策攸關性的資訊，必須同時符合二項條件：(1)未來性；(2)差異性，所以會計人員的主要任務即是適時的提供這類資訊供管理者參考。

在日常營運中，管理者面臨各種不同的決策，可概分為一般決策和特殊決策兩大類。一般決策發生的頻率較高，但重要性較低；特殊決策發生的次數少但影響層面廣，本書針對較需特殊分析的決策進行討論。特殊決策包括特殊訂單、自製或外購、增減生產線以及產品是否繼續加工等相關決策，以增量分析為工具，將執行決策所得的增量收入與支出的增量成本相比較，若達到預期的效益，方案才能被接受。除了特殊決策的分析外，不確定情況的決策分析對管理者而言也很重要。當決策具有不確定性時，需使用敏感度分析或期望值分析法，才不至於影響決策。

在新製造環境之下，攸關決策分析的正確性更高。以作業基礎成本管理制度的攸關成本計算為例，由於這種成本制度是依因作業庫而異的成本動因為分攤基礎，而非採用傳統成本制度的單一成本動因分攤法，所以攸關成本的計算較傳統方法正確，相較之下作業基礎成本管理制度對管理者的決策助益較大。

))) 名詞解釋 (((

- 期望值 (Expected Value)

  等於所有可能值乘上相對應的機率值，再將其相乘結果全部加總而得到的數值稱之為期望值。

- 增量分析 (Incremental Analysis)

  係指比較各種不同決策方案所造成的增量收入和所發生的增量成本。

- 增量效益 (Incremental Benefit)

  係為增量收入和增量成本的差額。

- 增量成本 (Incremental Cost)

  係指取得增量收入所付出的額外成本，亦稱之為差異成本。

- 增量收入 (Incremental Revenue)

  係指多銷售一項產品或提供一項勞務所增加的收入。

- 機會成本 (Opportunity Cost)

  係指所放棄的方案可能帶來最高的效益。

· 付現成本 (Out-of-pocket Cost)

指需要支付現金的成本，與決策有完全相關性。

· 特殊訂單 (Special Order)

係指某訂單的售價因特殊因素的影響而異於一般訂單，稱之特殊訂單。

作業

一、選擇題

( ) 17.1 下列對增量成本的描述何者不正確？　(A)為取得增量收入所付出的額外成本　(B)亦稱為差異成本　(C)一定是變動成本　(D)屬於攸關成本。

( ) 17.2 下列敘述何者正確？

	付現成本	沉沒成本
(A)	非攸關成本	非攸關成本
(B)	非攸關成本	攸關成本
(C)	攸關成本	攸關成本
(D)	攸關成本	非攸關成本

( ) 17.3 作業基礎成本法下的攸關性決策分析，與傳統製造環境下的攸關性決策分析，最大的不同點在於　(A)作業基礎成本法下，無法進行攸關性決策分析　(B)作業基礎成本法下，攸關成本的概念與傳統製造環境下不同　(C)作業基礎成本法下，攸關性決策分析較傳統製造環境下為正確　(D)以上皆是。

( ) 17.4 下列對機會成本的描述何者正確？

	實際成本	攸關成本
(A)	是	是
(B)	是	不是
(C)	不是	是
(D)	不是	不是

( ) 17.5 嘉華公司 2003 年臺中廠的淨損為 $52,000，因此管理當局擬將臺中廠關閉。根據會計部門提供的資料中發現，2003 年臺中廠的總收入及總費用分別為 $1,200,000 及 $1,252,000。製造費用的總額為 $100,000，其中 $54,000 是不可避免成本。嘉華公司關閉

其臺中廠後，對該公司淨利的影響為 (A)增加 $52,000 (B)減少 $52,000 (C)增加 $2,000 (D)減少 $2,000。

請利用下列資料回答 17.6 題及 17.7 題：

義豐公司 6 月份尚有多餘的產能去生產額外的產品。該公司家常、普遍及豪華型等三種產品，各種產品單位售價與成本的相關資料如下：

	家常型	普遍型	豪華型
售　價	$65	$70	$85
直接原料	23	25	24
直接人工	10	15	20
變動製造費用	8	12	16
固定製造費用	16	5	15
直接人工小時	0.6	0.7	0.7

義豐公司的變動製造費用，是按直接人工成本為基礎來計算；固定製造費用，則是按機器小時為基礎來計算。

( ) 17.6 假設義豐公司的機器及直接人工的多餘產能，均不受其他限制，則這些多餘的產能應用來生產 (A)家常型 (B)普遍型 (C)豪華型 (D)普遍型及豪華型各半。

( ) 17.7 假設義豐公司機器之多餘產能不受限制，但是直接人工小時卻遭到限制，則這些多餘的產能應用來生產 (A)家常型 (B)普遍型 (C)豪華型 (D)普遍型及豪華型各半。

( ) 17.8 大勝公司製造汽車零組件，該零組件 A 每 1 單位的成本如下：

直接原料	$ 4
直接人工	15
變動製造費用	10
固定製造費用	6
	$35

泰壽公司願意以 $35，供應大勝公司 10,000 單位的 A 零組件。假

若大勝公司接受這份外購的合約，則閒置下來的機器設備可以用來生產 B 零組件，因此可以節省的攸關成本為 $65,000。除此之外，原本分配到 A 零組件的固定製造費用每單位 $5 可以完全免除。則大勝公司應該採用何種方案？若採用該方案，所能節省的金額為若干？

	方　案	金　額
(A)	自　製	$30,000
(B)	自　製	$35,000
(C)	外　購	$55,000
(D)	外　購	$85,000

(　) 17.9　南聚公司有一項產品，其單位標準成本如下：

直接原料	$ 5
直接人工	10
製造費用	50
每單位標準成本	$65

製造費用是按每機器小時 $1 來分攤，固定製造費用是已分攤製造費用的 60%，而且不會受到自製或外購決策的影響。假若該產品向外購買，則需花費每單位 $45 的成本。試問在做自製或外購決策時，總攸關單位成本為多少？　(A) $65　(B) $45　(C) $35　(D) $5。

(　) 17.10　遠隆公司正計劃關閉臺南廠，該廠在未計算製造費用前的邊際貢獻為 $40,000，分配到該廠的製造費用為 $60,000，其中的 $15,000 是不可避免的成本。則若關閉該廠，對遠隆公司所造成的稅前利益影響多少？　(A)增加 $5,000　(B)增加 $15,000　(C)增加 $20,000　(D)增加 $25,000。

第18章

資本預算㈠

學習目標:

- 瞭解資本預算決策
- 熟悉現金流量分析
- 明白現值觀念
- 應用各種投資計畫的評估方法
- 分析高科技投資計畫的評估方法

前　言

　　企業的決策大體上可區分為短期決策與長期決策，短期決策的方法與應用在本書第17章已經討論過，本章重點在於討論長期決策。由於長期決策對企業所產生的影響較大，並且一般長期性資產的投資金額高且時間長，所以在投資之前，管理者需要蒐集足夠的資料，再採用客觀的方法來分析。在幾種可行的投資方案中，選擇最符合成本與效益原則的方案，這種決策的過程，即為本章所介紹的資本預算。這些長期性資產，可為有形資產，例如廠房與設備；亦可為無形資產，例如專利權。有時，長期性資產的效益在短期內無法實現，因此在投資評估階段要特別注意。

　　本章先介紹現金流量和錢的時間價值，使讀者瞭解現金流入量與流出量的計算過程，以及貼現的觀念。再討論資本預算的五種方法，即還本期間法、會計報酬率法、淨現值法、內部報酬率法和獲利能力指數。此外，本章還討論在新科技產業投資的特性，以及說明多元決策模式在新製造環境的適用性。由於資本預算所涉及的範圍較廣，本書分兩章來敘述，本章內容為基本介紹，下一章為資本預算的相關考慮。

18.1　資本預算決策

　　企業的支出可依受益期間的長短，區分為收益支出 (Revenue Expenditure) 與資本支出 (Capital Expenditure) 兩種類型。受益期間較短者，係屬於收益支出，亦稱為費用支出。受益的期間為較短的期間，通常以一年為限。收益支出可說是經常性支出，例如廣告費、水電費、運費等，可直接列在損益表上，對企業較沒有長期性的影響。至於資本支出則為長期性支出，大部分此類投資的效益要在一年以後才逐漸出現，例如工廠的建置與自動化設備的安裝。一般而言，資本支出的金額大且短期內不易變更決策，因此在投資之前，需要作審慎的評估，以減少日後的損失。例如，觀光開發公司對於每一個新旅館開發案，要經過各種客觀、審慎的評估程序。

　　資本預算 (Capital Budgeting) 係指資本支出的評估過程，以數量化方式來衡量各項投資方案的成本與效益；依其性質區分，管理者在日常營運中所面臨的資本預算決策有兩種形式： ⑴**接受或拒絕決策 (Acceptance-or-Rejection Decision)** 和⑵**資本分配決策 (Capital Rationing Decision)**。第一種決策所發生的情況是當管理者只能選擇單一方案時，例如新星製造公司面臨建造新廠的地點選擇時，可把數項可行的地點分別列示其成本與效益，再作整體性的評估考量，只能從中選擇一個地方為建廠地點。相對地，資本分配決策則是指管理者可同時選擇幾項投資方案，例如製造商在選擇生產線設備時，先列出幾項可行方案，再就有限的資金額度內，挑選出幾項產生較高效益的投資方案，使資源作有效率的分配。資本分配決策的細節，將在第 19 章討論。

 實務焦點

> **京華城 (http://www.livingmall.com.tw)**
>
> 　　現代購物中心的經營理念已經被定義為「商業中的高科技產業」，結合電子商務虛擬商場 (Virtual-Mall) 的發展概念，整個購物中心應被視為一個完整的事業體，不論是零售商店或是整體行銷，都必須從整體的經營觀念來考量，以「虛實共進」的經營策略，走向實體與虛擬結合的購物中心。京華城讓每一位消費者能在商場有實體享受舒適、愉快的購物樂趣，亦能透過網路即時掌握最新資訊，輕鬆瀏覽豐富的商品及網上購物的服務。
>
> 　　京華城是一座全新的國際級觀光休閒購物中心，地上 12 樓、地下 7 樓之垂直式購物中心，它獨一無二的建築設計、國際水準的軟硬體規劃，勢必成為創新市場的領導者、主導新世紀消費文化的時尚重鎮。經過長年的細密規劃，京華城的發展將不只是開創新的消費生活型態及都會風貌，亦將領先臺灣業界進入科技化管理的時代，更逐步成為帶領臺灣邁向世界舞臺的重要指標。京華城預計每年將會吸引多達三千六百萬川流不息的人潮，成為國際級的重要觀光景點之一，全世界最流行、最頂級的品牌，都將在此與消費者相遇。最貼心完善的顧客服務設施、寬敞具設計感的購物大道、明亮舒適的購物環境、尊重人性的先進科技、引人入勝的娛樂節目等，都將令人流連忘返。
>
> 　　京華城自 1987 年開發至 2001 年完成，前後歷經 15 年，隸屬經建會重大經濟建設計畫，總投資金額新臺幣 240 億元整，美金約 9 億元（依當時匯率換算），結合世界最知名

的購物中心專業顧問，組成一流的經營團隊，提供最卓越的管理服務。

　　購物商場的開發是屬於一種比較長期性的資本支出，事前要先做審慎的環境評估，還需決定購物商場開發的型態和投入資金的規劃。由於購物商場的投資與收益期間通常跨越了許多年度，因此興建新購物商場的決策屬於長期資本預算決策的一種。就京華城而言，一旦決定所要開發的地點，即對市場可行性作分析，然後列出各種可能的商場設備投資案，不同的方案對整個投資計畫的資金投入和預期收益會產生不同的影響。京華城高階主管十分重視決策過程，認為從各種不同的方案中選擇一最佳方案，有賴於使用正確的分析方法，例如京華城使用了會計投資報酬率、淨現值法……等方法，並且對於敏感度分析加以考量。對於每一個投資案，都經過整體的評估，管理階層會從中選擇對公司產生最大效益的方案來進行投資。

18.2　現金流量分析

　　選擇適當的方案以提升企業整體的投資報酬率，是資本預算決策所追求的目標。因此，企業經營者在面臨重大投資案時，必須以審慎且客觀的方法，來作明智的決定。在作資本預算決策時，首先要分析現金流量，以瞭解整體投資方案的期間內所有現金支出與現金收入情形，包括每項現金收支的時間與金額。

　　在資本預算決策過程中，現金流出量包括五項：(1)第一次的投資成本；(2)為此投資案每年所需增加的營運成本；(3)日後機器設備的維修費用；(4)每期所需償還的應付費用；(5)營運所需的周轉金支出。至於現金流入量方面包括五項：(1)由於此投資案每年所增加的收入金額；(2)因該項投資而提高工作效率，所造成的營運成本減少數；(3)折舊費用所導致的所得稅減免金額；(4)投資案結束時所得的殘值收入；(5)營運結束後周轉金收回數。

　　這裏所談的現金流量分析係指增量分析 (Incremental Analysis)，僅針對因投資方案的執行所造成的現金增加或減少數額，而不是總數分析。因此，在

現金流量的計算過程中，所有的數據為現金基礎；如果某些支出或收入項目為應計基礎，需要調整為現金基礎的支出或收入項目。另外，費用的節省數如自動化設備的投入所節省的人工成本，可視為現金流入量。以下所敘述的臺東開發公司投資決策所需之基本資料，用來說明現金流量分析與投資方案評估的計算方法與決策方式。

臺東開發公司正在評估是否將原飯店整修為五星級旅館，因此在決策前，總經理要求會計部門提供相關資料，並且以適當方法作分析。會計部門提供了下列資料：

(1)新的客房與餐廳生財設備投資需要 $80,000,000，使用年限預計為 5 年，最後殘值可出售，其價值估計為 $8,000,000。在兩年半之後，為了維持美觀，要花 $10,000,000 元整修費用。

(2)此開發案一開始要有 $20,000,000 周轉金，5 年後結束營業時可取回全額周轉金。

(3)第 1 年可以增加 $60,000,000 的收入，之後每年的收入可增加 10%。

(4)第 1 年營運成本為 $30,000,000，之後每年的營運成本呈 10% 的比率增加。

(5)目前舊有的生財設備帳面值為 $5,000,000，如果現在將其出售，價格與帳面值相同；如果繼續使用，可再使用 5 年，到那時殘值為零。

(6)除上述資料外，其他收入與費用不變。

為使總經理容易瞭解現金的收入與支出情形，會計經理將其整理於表 18-1 上，現金流入量明確列示在各年度，現金流出量則以括弧方式來表示。由於此旅館翻新計畫的客房與餐廳生財設備預計將使用 5 年，所以在表 18-1 列示出投資年以及未來 5 年的現金流入量與現金流出量。

表 18-1　臺東開發公司：現金流量分析

單位：千元

	投資年	第 1 年	第 2 年	第 3 年	第 4 年	第 5 年
購買生財設備	$(80,000)					
殘　值						$ 8,000
周轉金	(20,000)					20,000
出售舊設備	5,000					
收入增加數		$ 60,000	$ 66,000	$ 72,600	$ 79,860	87,846
成本增加數		(30,000)	(33,000)	(36,300)	(39,930)	(43,923)
裝修費				(10,000)		
現金流量淨額	$(95,000)	$ 30,000	$ 33,000	$ 26,300	$ 39,930	$ 71,923

　　在表 18-1 上，較大量的資金投入在投資年，含購買生財設備與應付營運活動所需的周轉金，再扣除出售舊設備的收入，得到現金流量淨額為負 $95,000,000。以後五個年度，每年度有經常性的收入增加數與成本增加數，由於收入金額超過支出金額，因此每年度現金流量淨額皆為正數。在第 3 年發生裝修費 $10,000,000，所以現金流量淨額較其他年度低；第 5 年為投資結束年度，有殘值的出售和周轉金的回收，使得現金流量淨額較其他年度為高。

18.3　現值觀念

　　資本預算決策屬於長期性的決策，有些公司的投資計畫執行期間為三年以上，在這段期間內有不少與現金流量有關的交易行為發生，因此需要瞭解貨幣的時間價值 (Time Value of Money)。錢的現在價值稱為現值 (Present Value)；錢的未來價值稱為終值 (Future Value)。例如目前一年期定存利率為 2%，現在將 $100 存入銀行，一年後即可得到 $102；換言之，一年後的 $102 折算為現值為 $100。管理者在作資本預算決策時，為使投資方案能客觀評估，要把投資期間的現金流量全部折成現值，包括投資年度與以後各個年度的現金流量，原則上以投資年為現值計算的基礎期間。

一般利息的計算方法，有**單利** (Simple Interest) 和**複利** (Compound Interest) 兩種；差異在複利於計算利息時，使用本金加前期利息之累加數來計算本期的利息，其差異以表 18–2 表示：

表 18–2　單利與複利的計算

		本金	×	利率	=	利息
單利	第一年	$200		8%	=	$16
	第二年	$200		8%	=	$16
	第三年	$200		8%	=	$16
		本金＋前期利息累加	×	利率	=	利息
複利	第一年	$200		8%	=	$16
	第二年	$200 ＋ $16		8%	=	$17.28
	第三年	$200 ＋ $33.28		8%	=	$18.6624

在表 18–2 上列示出兩種計算利息的方式，單利方式所得每年的利息相同皆為 $16；複利方式所得每年的利息不同，呈逐年增加的現象，計算公式可以終值的計算公式來表示，複利終值係數 1.26 可查表得知。

$$F_n = P(1 + r)^n$$

F: 終值　P: 本金　r: 利率　n: 期間

如果以三年代入終值公式，所得結果與表 18–2 相同。

$$F_3 = \$200(1 + 8\%)^3 = \$200(1.260) = \$252$$
$$F_3 = \$200 + \$16 + \$17.28 + \$18.66 = \$251.94 \quad 接近 \$252$$

同樣的，現值的計算公式可以下列方式來表示，首先要找出複利現值係數 0.7936 代入公式。

$$P = F_n\left(\frac{1}{(1 + r)^n}\right)$$

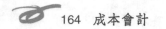

如果三年後的終值為 $252，現值的計算如下：

$$P = \$252\left(\frac{1}{(1 + 8\%)}\right)$$

$$= \$252\left(\frac{1}{1.260}\right)$$

$$= \$252(0.7936)$$

$$\doteq \$200$$

資本投資計畫屬於長期計畫，在投資初期必須投入大量資金，而投資效益則在未來年度中陸續發生。例如興安公司投資 $80,000,000 購買設備，預計使用五年，可以增加每年淨現金收入 $30,000,000，目前市場利率為 10%，並以複利計算利息。計算增加現金收入之現值時，可以使用兩種方法，分別列在表 18–3 中，其中第二種方法只有在每年現金流入或流出量相同時可以使用。

表 18–3　複利現值的計算

(一)逐年計算再予以加總方式：

第 1 年　$30,000,000 \times \left(\dfrac{1}{(1 + 0.1)^1}\right) = \$30,000,000 \times (0.909) = \$\ 27,270,000

第 2 年　$30,000,000 \times \left(\dfrac{1}{(1 + 0.1)^2}\right) = \$30,000,000 \times (0.826) = \$\ 24,780,000

第 3 年　$30,000,000 \times \left(\dfrac{1}{(1 + 0.1)^3}\right) = \$30,000,000 \times (0.751) = \$\ 22,530,000

第 4 年　$30,000,000 \times \left(\dfrac{1}{(1 + 0.1)^4}\right) = \$30,000,000 \times (0.683) = \$\ 20,490,000

第 5 年　$30,000,000 \times \left(\dfrac{1}{(1 + 0.1)^5}\right) = \$30,000,000 \times (0.621) = \$\ 18,630,000

連續 5 年的複利現值之總和　　　　　　　　　　　　　　$113,730,000

(二)採用年金現值表的計算方式：

　　　$30,000,000 \times 3.791 = \$113,730,000

　　在表 18–3 所表示的計算方法，第一種方法採用逐年計算再予以加總，過程比較複雜。最後連續 5 年的複利現值之總和 $113,730,000，與採用年金現值表的方式所得結果相同。這是因為表 18–3 所假設的情況，是每年現金流入量相同。如果每年現金流量不同時，只適合採用第一種方法。

18.4　投資計畫的評估方法

　　管理者面對資本預算決策時，評估投資計畫的方法有五種：(1)還本期間法 (Payback Period Method)；(2)會計報酬率法 (Accounting Rate of Return)；(3)淨現值法 (Net Present Value)；(4)內部報酬率法 (Internal Rate of Return)；(5)獲利能力指數 (Profitability Index)。本節的內容是敘述各種方法的計算方式，同時代入臺東開發公司的例子來說明計算過程。

● 18.4.1　還本期間法

　　用來衡量多久可以回收投資額的方法，稱為還本期間法，可說是本節所介紹的五種方法中，最為簡單的方法。因其計算簡便且易於瞭解，所以為企業評估投資計畫最常使用的方法。一般而言，還本期間愈長表示投資風險愈高，因此管理者在選擇投資計畫時，偏向於選取還本期間最短的計畫。如此，有助於資金流通，很快可再將資金投入另一個計畫。

　　當投資計畫在每期的現金流量皆相同時，計算的方法較簡單，還本期間為投資總額除以每年淨現金流入量或成本節省數所得的結果。例如興安公司投入 $80,000,000 購買機器設備，可使用 5 年，每年可節省成本 $30,000,000，則該設備的還本期間為 2.67 年。在此方法下，只考慮還本期間內的現金流量，超過還本期間的現金流量皆不考慮，這點經常被批評為還本期間法的缺點。

　　有時投資計畫的還本金額每年不同，有些計畫主要集中在前幾年還本；有

些計畫則主要集中在執行計畫期間的後期，管理者的選擇原則一般以早期能還本的計畫為優先。對於這些每年現金流量不同的計畫，如表 18-4 所示，還本期間的計算主要在於未回收金額。當未回收金額為零時，即為還本期間，例如臺東開發公司所投入的臺東飯店客房裝潢費 $95,000,000，以表 18-4 的計算方式，需要 3.14 年才能收回全部的投資額。

表 18-4　還本期間的計算：每年現金流量不同（臺東開發公司）

單位：千元

年　度	現金流入量（流出）	未回收金額
投資年	$(95,000)	$95,000
1	30,000	65,000
2	33,000	32,000
3	26,300	5,700
4	39,930	0
5	71,923	0
還本期間 = 3 + (5,700/39,930) = 3.14（年）		

由於還本期間法的計算過程很簡單，使管理者在很短的時間可對投資計畫作初步的評估，所以該法廣為實務界所使用。一般而言，投資計畫的選擇原則，為回收較快者優先採用，有些企業甚至明文規定超過五年的計畫不予以考慮。雖然還本期間法有其優點，但也有二項缺點：(1)未考慮貨幣的時間價值；(2)未考慮還本期間以後的現金流量。如果把複利現值的觀念納入計算過程，如表 18-5，可解決第一項缺點。

比較表 18-4 與表 18-5，讀者可發現主要差異，在表 18-5 將每年的現金流量折成現值，再計算未回收金額。在第 3 年結束時，未回收金額為 $20,720.70 佔全第 4 年度現金流入量現值 $27,272.19 的 0.76，所以還本期間為 3.76 年，比表 18-4 的 3.14 年為長。

至於還本期間法的第二項缺點，亦是本方法的特色，可採用下面所要介紹幾種方法，來評估投資計畫執行期間內全部的現金流量之金額，以及實現的時間。

表 18–5　還本期間的計算：考慮現值（臺東開發公司）

單位：千元

年　度	現金流入量（流出）	現值係數	現金流入量現值	未回收金額
投資年	$(95,000)			$95,000
1	30,000	0.909	$27,270	67,730
2	33,000	0.826	27,258	40,472
3	26,300	0.751	19,751.3	20,720.7
4	39,930	0.683	27,272.19	0
5	71,923	0.621	44,664.183	0

還本期間 = 3 + ($20,720.7/$27,272.19) = 3.76（年）

18.4.2　會計報酬率法

會計報酬率又稱為資產報酬率或投資報酬率，衡量投入資產所得到的報酬，所採用的公式是每期平均淨利除以投資額，如下所示：

$$會計報酬率 = \frac{平均淨利}{投資額}$$

上述公式的分母，可為投資計畫的原始投資額、原始投資額和殘值的平均數，或所投資資產的每期帳面價值平均數。假設臺東開發公司所投入的 $95,000,000 資產，每年預計得到利潤 $9,000,000。若以原始投資額為分母，得到會計報酬率 9.47%（= $9,000,000/$95,000,000）。投資計畫的選擇標準為報酬率愈高者，宜優先採用。

如果管理者要採用所投入資產的每期帳面價值的平均數為分母，則要注意其所可能產生的後果。由於帳面價值會隨著資產使用年數的增加而遞減，如果每年預期利潤相同，則會計報酬率自然會增加，但這與實際的績效不相關。如表 18–6 所示，每年的預期利潤皆為 $9,000,000，但會計報酬率則由第 1 年 11.25% 升至第 5 年 56.25%，有時可能會造成失真的現象。會計報酬率法的優點是計算簡單，但缺點除上面所述外，該法也未考慮貨幣的時間價值。

表 18-6　會計報酬率

單位：千元

年　度	資產帳面價值的平均數	預期利潤	會計報酬率
1	$80,000	$9,000	11.25%
2	64,000	9,000	14.06%
3	48,000	9,000	18.75%
4	32,000	9,000	28.125%
5	16,000	9,000	56.25%

18.4.3　淨現值法

淨現值法又稱為現值法，係將投資計畫執行期間內，各項現金流入量與現金流出量，以一個適當的折現率（或資金成本）折為現值，再將各項現金流量予以加總，即得到所謂的淨現值，其計算公式如下：

$$\text{NPV} = \frac{C_0}{(1+r)^0} + \frac{C_1}{(1+r)^1} + \frac{C_2}{(1+r)^2} + \cdots + \frac{C_n}{(1+r)^n} = \sum_{t=0}^{n} \frac{C_t}{(1+r)^t}$$

在上述公式中，C_t 代表計畫執行期間各期的現金流量，若 C_t 為正數表示淨現金流入量，若 C_t 為負數表示淨現金流出量。如果所得的淨現值 (NPV) 為正數，表示該計畫可被接受；如果所得的淨現值為負數，則該計畫不值得接受；淨現值的計算請參考表 18-7 的資料，臺東開發公司的臺東飯店開發案得到淨現值 $51,225.13，是個值得投資的開發案。

淨現值法有考慮到貨幣的時間價值，可克服前面所述二種方法的缺點。惟計算過程較複雜，在早期不太受歡迎，現在因為電腦使用普遍，管理者採用此方法在很短的時間內即能得到結果。淨現值高的投資案，宜愈優先採用。此法雖考慮貨幣的時間價值，但當比較數種投資額不同的計畫時，無法以淨現值作客觀的決定。

表 18–7 淨現值

單位：千元

年度		
0	$\$(95,000)/(1+0.1)^0 =$	$(95,000)
1	$30,000 /(1+0.1)^1 =$	27,273
2	$33,000 /(1+0.1)^2 =$	27,273
3	$26,300 /(1+0.1)^3 =$	19,759.6
4	$39,930 /(1+0.1)^4 =$	27,274.59
5	$71,923 /(1+0.1)^5 =$	44,644.941
	淨現值 =	$ 51,225.13

18.4.4 內部報酬率法

內部報酬率是使投資計畫淨現值為零的折現率，投資計畫的選擇原則為高於管理常局所定的最低報酬率者可值得接受；相對的，若所得的折現率低於標準者，應考慮拒絕此計畫。由於各個投資計畫在每期所發生的現金流量可能相同，也可能不同，本節在此分兩種情形來分別敘述：

1. 各期間淨現金流入量相等

在此情形下，內部報酬率 r 的計算較為容易，公式如下：

$$\frac{-C_0}{(1+r)^0} + \frac{C_1}{(1+r)^1} + \frac{C_2}{(1+r)^2} + \cdots + \frac{C_n}{(1+r)^n} = 0$$

其中 $C_1 = C_2 = C_3 = \cdots = C_n$，故上式可改寫為

$$C_0 = C_1 \left[\frac{1}{(1+r)^1} + \frac{1}{(1+r)^2} + \cdots + \frac{1}{(1+r)^n} \right]$$

$$= C_1 \times P_{\overline{n}|r} \quad (P_{\overline{n}|r}：利率為 r，n 年期的年金現值係數)$$

$$P_{\overline{n}|r} = \frac{C_0}{C_1}$$

　　上式中若原始投資額 C_0、各期間的淨現金流入量 C_1 與使用年數 n 為已知，則可由年金現值表查出內部報酬率 r。 假若臺東飯店開發案原始投資額 $95,000,000，在未來的五年內，每年收到淨現金流入量 $26,352,288，則年金現值係數為 3.605， 在年金現值表上找期間為 5 所對應的利率， 所得結果為內部報酬率 12%。如果臺東開發公司對此投資案所投入資金的資金成本為 10%，則此計畫值得接受。

　　有時在年金現值表上無法找到所對應的利率， 可使用插補法 (Interpolation) 來求出近似的內部報酬率。 例如興安公司的投資總額為 $80,000,000， 每期淨現金流入量 $30,000,000， 則其年金現值係數為 2.667 (= $80,000,000 / $30,000,000)。查照年金現值表，五年期年金現值係數 2.667 介於 2.689 和 2.635 之間，表示其折現率介於 25% 與 26% 之間，運用插補法來估計內部報酬率。

	現值係數	現值係數
25% 折現率	2.689	2.689
真實折現率		2.667
26% 折現率	2.635	
折現率差距	0.054	0.022

$$內部報酬率 = 25\% + \frac{0.022}{0.054} \times 10\% = 25.407\%$$

2. 各期間淨現金流入量不相等

　　如同臺東飯店投資案在執行期間，每年的淨現金流入量金額不同，無法採用前面所敘述的方法，需採用試誤法 (Trial and Error) 來計算，即逐次使用不同的折現率，當使現金流量的淨現值為零的折現率，即為內部報酬率。此時可以使用試誤法，如臺東開發公司的例子，利用試誤法計算如表 18-8。

　　內部報酬率法的計算過程較複雜，但可以電腦克服此困難。此法具有淨現值法的優點，而且所得結果為比率，可使用於數種投資方案的評估，選擇較高內部報酬率者。

表 18-8　內部報酬率之計算：試誤法

單位：千元

年度	淨現金流入量	第一次試誤 (24% 折現率)		第二次試誤 (26% 折現率)		第三次試誤 (28% 折現率)	
		現值係數	現值	現值係數	現值	現值係數	現值
0	$(95,000)	1.000	$(95,000)	1.000	$(95,000)	1.000	$(95,000)
1	30,000	0.806	24,180	0.794	23,820	0.781	23,430
2	33,000	0.650	21,450	0.630	20,790	0.610	20,130
3	26,300	0.524	13,781	0.500	13,150	0.477	12,545
4	39,930	0.423	16,890	0.397	15,852	0.373	14,894
5	71,923	0.341	24,526	0.315	22,656	0.291	20,930
淨現值			$ 5,827		$ 1,268		$ (3,071)

然後利用插補法計算如下：

```
        26%              IRR                    28%
          |---------------|----------------------|
  NPV = $1,268                              $(3,071)
          |-------------------------------------|
                       $4,339
```

$$26\% + \frac{\$1,268}{(\$1,268 + \$3,071)} \times 2\% = 26.5845$$

$$或\ 28\% - \frac{\$3,071}{(\$1,268 + \$3,071)} \times 2\% = 26.5845$$

18.4.5　獲利能力指數

　　獲利能力指數又稱為超值現值指數，計算方式為投資計畫執行期間內淨現金流入量總和除以原始投資額（或稱淨投資現值）。利用臺東開發公司的花蓮、宜蘭兩個開發案件例子、在表 18-9 中說明獲利能力指數的計算、兩個的折現率皆為 10%，分別計算各年度現金流量的現值，再代入公式計算。

表 18–9　獲利能力指數的計算

單位：千元

年度	花蓮開發案 淨現金流量	10% 折現值	宜蘭開發案 淨現金流量	10% 折現值
0	$(95,000)	$(95,000)	$(80,000)	$(80,000)
1	30,000	27,273	30,000	27,273
2	33,000	27,273	30,000	24,793
3	26,300	19,760	30,000	22,539
4	39,930	27,275	30,000	20,492
5	71,923	44,645	30,000	18,622

獲利能力指數：

$$\frac{\$27,273 + \$27,273 + \$19,760 + \$27,275 + \$44,645}{\$95,000} = 1.5392 \qquad \frac{\$27,273 + \$24,793 + \$22,539 + \$20,492 + \$18,622}{\$80,000} = 1.4215$$

　　由表 18–9 的資料顯示，花蓮開發案的獲利能力指數為 1.5392，宜蘭開發案的獲利能力指數為 1.4215，二者比較之下，選擇指數較高者。基本上，獲利能力指數的計算過程較內部報酬率簡單，且可用於數種投資計畫的選擇決策，為實務界常用的方法之一。

18.5　高科技投資計畫評估

　　在 18.4 節所敘述的五種資本預算方法皆只考慮財務面的評估，但是在新製造環境下，尤其是高科技產業的投資，不僅是財務面考量，有時非財務面因素亦佔有重要角色，例如提高產品良品率以保持市場競爭地位。這些因素有的是有形效益，有的是無形效益，評估者要將各項因素以數字方式表示。

　　由於高科技的自動化投資金額高，例如有些晶圓廠的廠房與設備需耗資二百億元以上。決策者不得不謹慎考量，需要同時考慮有形效益與無形效益。在此情況下，可採用多元決策模式 (Multiple Attributes Decision Making)，乃是

使用一組財務 (數量化) 與非財務 (數量化與非數量化) 多項指標的決策模式。財務指標除包括 18.4 節所討論過的各種比率外，還可加上其他相關因素，如單位成本降低數。非財務指標可包括良品率、存貨成本降低率、總生產力指數等。

　　表 18–10 為多元決策表，決策者依需求列示出各項指標，依經驗法則給予每個指標一個權數，然後依投資計畫在各項指標的可能結果賦予等級。在決定各項指標等級時，要先查對照表，找出合適的等級。再依客觀資料與主觀判斷來決定風險係數，將權數、等級、風險三者相乘所得結果，再予以加總得到方案值 278.5。如果每項指標的最高等級為 5，且風險係數為 1，則極大值為 500（權數 × 最高等級 × 最高風險係數 $= 100 \times 5 \times 1$）。

表 18–10　多元決策表

關鍵因素	(A)權數	(B)等級	(C)風險	小計 (A×B×C)
I 財務指標：				
還本期間	5	4	0.8	16.0
折現還本期間	5	2	0.7	7.0
會計報酬率	10	4	0.7	28.0
淨現值	5	4	0.7	14.0
內部報酬率	10	3	0.7	21.0
獲利能力指數	5	4	0.7	14.0
單位成本降低	10	3	0.9	27.0
投資額	5	3	1.0	15.0
II 非財務指標——數量化：				
品質（良率）	10	4	0.8	32.0
存貨成本降低率	5	3	0.9	13.5
總生產力指數	5	5	0.8	20.0
勞動生產力指數	3	5	0.8	12.0
生產週期縮短	5	3	0.9	13.5
準時交貨率	5	5	0.8	20.0
產能增加	3	5	0.9	13.5

III 非財務指標──非數量化：				
製造彈性	5	4	0.5	10.0
市場地位維持	4	1	0.5	2.0
合　計	100			278.5

極大值 = 100 × 5 = 500

門檻 = 500 × 80% = 400

方案值 = 278.5 < 400 門檻

　　企業可決定一門檻作整體評估，例如企業可將門檻設為極大值的 80%，則當方案值大於極大值的 80% 即可實施該方案。表 18–10 的方案值僅為極大值的 55.7% 小於預先設定的 80%，方案實施與否應再考慮。

本章彙總

　　資本預算決策為長期性的重大決策，在投資期間有不少現金流入和現金流出的交易行為。管理者需要蒐集足夠的資料，採用客觀的方法分析，在眾多投資方案中，選擇最符合成本與效益的方案，此種決策過程稱之為資本預算決策。管理者在作資本預算決策之前，應先分析現金流量，瞭解投資期間的現金流出與流入狀況，並以增量分析方法，分析執行投資方案時，產生的現金是增加或減少。分析現金流量時，會牽涉到現值的觀念。所以現值係指貨幣目前的價值，終值係指貨幣未來的價值。總而言之，現值強調的就是貨幣的時間價值。

　　資本預算決策中所使用的客觀評估方法，一般而言，有(1)還本期間法；(2)會計報酬率法；(3)淨現值法；(4)內部報酬率法；(5)獲利能力指數五種，每種方法於本章內容有詳細的說明。這五種方法有一共通性就是只考慮財務面，但在高科技產業環境之下，不能僅考量財務面，有時非財務面因素亦佔有重要的地位，因其投資金額動則上億元，投資決策不可不謹慎。本章最後所介紹的多元決策模式，乃使用多項財務與非財務的指標，這種決策模式適合高風險、高投資的高科技產業作為投資決策之用。

名詞解釋

· 接受或拒絕決策 (Acceptance-or-Rejection Decision)

　　係指管理者面臨各種選擇方案，但是只能從中選擇一個最適合的方案。

· 會計報酬率法 (Accounting Rate of Return)

　　係指衡量投入資產所得到的報酬，故又稱之為資產報酬率或投資報酬率。

· 資本預算 (Capital Budgeting)

　　係指資本支出的評估過程，以數量化方式衡量各項投資方案的成本與效益。

· 資本支出 (Capital Expenditure)

　　係指企業長期性的支出，此種支出的效益通常在一年以後才逐漸回收。

· 資本分配決策 (Capital Rationing Decision)

　　係指管理者可從眾多方案中，同時選擇幾項投資方案，再依其效益高低決定投資金額。

· 終值 (Future Value)

　　貨幣在未來時點的價值稱為終值。

· 增量分析 (Incremental Analysis)

　　係指針對執行投資方案所造成的現金增減之分析。

· 內部報酬率法 (Internal Rate of Return)

　　係指假設投資計畫淨現值為零的折現率，稱之為內部報酬率。

· 多元決策模式 (Multiple Attributes Decision Making)

　　乃是一種使用財務與非財務多項指標的決策模式。

· 淨現值法 (Net Present Value)

　　係指將投資計畫執行期間內所產生的各項現金流入量與現金流出量，以一個適當的折現率折為現值，此方法稱之淨現值法又稱為現值法。

· 還本期間法 (Payback Period Method)

　　用來衡量投資額多久可以回收的方法。

· 現值 (Present Value)

　　貨幣在目前時點的價值稱之現值。

· 獲利能力指數 (Profitability Index)

　　現金流入量的淨值除以現金流出量的淨值之比率。

· 收益支出 (Revenue Expenditure)

　　係指企業支出所產生的受益期間在一年以內，亦稱之為經常性支出。

· 試誤法 (Trial and Error)

　　係指逐次使用不同的折現率，直到現金流量的淨現值趨近於零時，此折現
　　率才是內部報酬率，此種嘗試錯誤的方法稱之。

◇作業

一、選擇題

( )　18.1　在考慮到有關國外風險性投資之資本預算時，可利用以下何種方法決定投資方案，最為簡單？　(A)還本期間法　(B)內部報酬率法　(C)淨現值法　(D)會計報酬率法。

( )　18.2　以每年平均淨利除以投資額，而且沒有考慮貨幣的時間價值的資本預算方法稱為　(A)會計報酬率法　(B)內部報酬率法　(C)還本期間法　(D)淨現值法。

( )　18.3　下列對多元決策模式的描述，何者最合適？　(A)適用於高科技設備的投資　(B)不可依經驗法則決定每一指標的權數　(C)是一種使用數量化指標的資本預算決策模式　(D)以上皆是。

( )　18.4　會計報酬率法　(A)與內部報酬率法相同　(B)較重視淨利而非現金流量　(C)考慮貨幣時間價值　(D)以上皆非。

( )　18.5　在資本預算決策中，下列何者不須列入考量？　(A)評估年度的經濟預測　(B)已經支出的現金　(C)日後成本節省數　(D)稅率。

( )　18.6　國星公司購買一部耐用年限 7 年的機器,並使用直線法提列折舊,無殘值。此機器預估每年可獲得 $80,000 之稅後淨現金流入。在 12% 的預期報酬率之下，　國星公司得出此項投資的淨現值為 $20,000，　請問該機器的成本為　(A) $385,120　(B) $385,000　(C) $345,104　(D) $485,120。

( )　18.7　大洋公司在 2002 年底有一部成本 $120,000，帳面價值 $50,000，估計殘值 $20,000 的機器。2003 年初大洋公司，打算另外購買一部耐用年限 5 年，市價 $120,000，估計殘值 $20,000 的新機器。則大洋公司 2003 年初購置新機器方案的沉沒成本為　(A) $50,000　(B) $120,000　(C) $20,000　(D) $70,000。

( )　18.8　下列何者不是淨現值法的優點？　(A)考慮貨幣時間價值　(B)考慮

整個經濟年限的現金流量 (C)折現率客觀決定 (D)適用於不規則的現金流量。

( ) 18.9 和光公司計畫購置一部 $150,000 的機器，預計耐用年限 5 年，殘值 $10,000，而且預計報酬率設定為 15%。該機器未來 5 年將會分別產生 $60,000、$50,000、$40,000、$30,000 及 $20,000 的現金流入。在不考慮所得稅，且現金流入於年底發生。此項投資的還本期間為 (A) 2.5 年 (B) 3.0 年 (C) 4.0 年 (D) 3.5 年。

( ) 18.10 沿用 18.9 的資料，和光公司之機器設備投資的淨現值為 (A)$(1,649) (B) $(3,580) (C) $4,023 (D) $9,237。

二、問答題

18.11 何謂資本預算？請說明資本預算所強調的重點為何。

18.12 試述何謂現金流量分析？其與應計基礎會計的相關性為何？

18.13 簡述資本預算的決策過程中，哪些現金流量需納入考量？

18.14 何謂還本期間法？請說明該方法主要的缺點及優點。

18.15 何謂會計報酬率法？請簡述該方法主要的缺點和優點。

18.16 簡述淨現值法。

18.17 請說明內部報酬率法。

18.18 請評論「資本預算分析，只考慮數量性資訊」的觀點。

18.19 如果您是一家高科技公司的會計主管，請問您會用何種方法評估投資計畫？

18.20 何謂獲利能力指數？該方法的用途為何？

三、練習題

18.21 永綠公司擬以 $36,000 購買一部新機器，在未來 4 年該項投資每年可為該公司增加 $12,000 的現金流入。

試求： 1. 計算永綠公司此項投資的還本期間。

2. 在 10% 資金成本的基礎下，計算永綠公司此項投資的還本期間。

18.22 東陽健身俱樂部打算自國外引進一部最新的健身器材,以擴充服務項目。此健身器材的成本為 $800,000。預計未來的 7 年內將可產生以下的現金流入:

年　度	金　額
1	$ 80,000
2	100,000
3	250,000
4	300,000
5	140,000
6	100,000
7	50,000

試求: 假設東陽健身俱樂部要求 5 年的還本期間, 請問該公司是否應購買此健身器材? 請解釋之。

18.23 右岸蛋糕公司擬投資一組自動化的生產設備, 根據會計部門所蒐集的資料發現, 該項投資的成本為 $800,000, 未來 5 年的預計淨利分別為 $120,000、$130,000、$110,000、$100,000 及 $110,000。

試求: 計算右岸蛋糕公司此項投資的會計報酬率。

18.24 英洋公司現正考慮投資一項投資金額為 $540,000 的計畫, 預計該計畫有 6 年的經濟效益, 且每年年底會有 $130,000 的稅後淨現金流入。假設英洋公司要求的最低報酬率為 12%。

試求: 利用淨現值法評估英洋公司是否應投資此項計畫。

18.25 達明公司擬投資一項金額 $800,000 的計畫, 預計該項計畫有 4 年的經濟效益。假設前三年的稅後淨現金流入分別為 $400,000、$300,000 及 $200,000。

試求: 若達明公司要求的投資報酬率為 12%, 計算該計畫第 4 年的稅後淨現金流入。

18.26 力星公司研擬中壢廠之自動化生產線的投資計畫，從評估報告中發現此項投資的成本為 $880,000。此生產線的耐用年限為 10 年，估計殘值為 $80,000，以直線法提列折舊；此外，評估報告中亦顯示，力星公司因為此項投資每年將可節省 $140,000 的現金支出。假設該公司要求 8% 的投資報酬率，且適用 25% 之稅率。

試求： 1. 此項投資每年之稅後淨現金流入。

2. 此項投資的淨現值。

3. 此項投資的還本期間。

18.27 中巨公司正考慮進口一部價值 $1,800,000 的新機器，以製造一種新型的鋼珠筆。預計此新型鋼珠筆的售價及成本分別為 $25 及 $13。未來 6 年的預計銷售量分別為 40,000、60,000、90,000、80,000、20,000 及 10,000。

試求： 假設中巨公司的資金成本率為 15%，為計算簡單起見暫不考慮所得稅，計算此投資的淨現值。

18.28 百威公司準備增設一個存貨管理系統，該系統的成本為 $550,000，估計可使用 5 年，殘值 $30,000。下表列示系統增設後未來 5 年的人工成本節省數額：

年 度	金 額
1	$ 80,000
2	150,000
3	200,000
4	160,000
5	90,000

試求： 1. 假設百威公司的預計報酬率為 8%，計算此項系統增設方案的淨現值。

2. 百威公司是否應投資此系統?

18.29 新民公司購置一部成本 $99,300 的機器，預計此項投資能在未來 5 年內，

於每年底產生 $28,250 之稅後淨現金流入。

試求：請計算在此投資在不發生損失的情況下，新民公司所能支付的最大資金成本率？

18.30 百佳公司計畫投資價值 $250,000 的電腦系統，預計可於未來 10 年內每年節省 $47,929。此項投資於 10 年後無任何的殘值，而且該公司的預期報酬率為 10%。

試求：1.計算此項投資的內部報酬率。

2.根據上小題的答案，百佳公司是否應該投資此電腦系統？

18.31 由於舊巴士的維修成本過高，高速公司打算予以重置。根據廠商的報價資料顯示，舊巴士將可賣得 $90,000，而新巴士的成本為 $1,500,000，耐用年限 12 年，估計殘值 $100,000。與舊巴士相較，新巴士每年將可增加 $180,000 的收益。高速公司採用 12% 之折現率評估此項投資。

試求：1.獲利能力指數。

2.高速公司是否應該購買新巴士？

四、進階題

18.32 勤美律師事務所準備購置一套新的電腦總機系統，以取代現有的人工總機轉接方式。此系統的有關資訊如下所示：

原始硬體和軟體成本	$100,000
估計耐用年限	5 年
估計殘值	0
每年節省之人工成本	$30,000
每年之折舊額	$20,000

勤美律師事務所的合夥人會議決定，假如此項投資方案的還本期間少於 3 年，且內部報酬率大於 12% 時，即接受該方案。

試求：利用上述資料，計算

1. 此方案的還本期間，該還本期間是否符合合夥人會議的要求？
2. 在既定的還本期間條件限制之下，計算勤美對於此電腦系統所願意支付的最高金額。
3. 此方案之內部報酬率是否符合事務所的要求？

18.33 佳億公司有一部 3 年前以 $112,000 買入的機器，該機器尚可使用 5 年，帳面價值為 $70,000。根據維修部門的資料顯示，該機器在 2 年後需要做一次大修，估計維修費用是 $20,000。該機器目前的處分價值是 $20,000，5 年後是 $8,000。

佳億公司計畫以市價 $100,000，向萬星公司購入一部新機器取代舊機器。此新機器預估於未來 5 年內，每年將可替佳億公司節省 $22,000 的現金支出。此新機器 5 年後的殘值為 $10,000。佳億公司要求之報酬率為 12%。

試求： 1. 假設佳億公司所要求的最低報酬率為 12%，請利用淨現值法評估是否應購置新機器。
2. 假設佳億公司所要求的最低報酬率為 12%，請利用獲利能力指數評估是否應購置新機器。
3. 假設佳億公司所要求的還本期間為 3 年，請利用還本期間法評估是否應購置新機器。

18.34 正安冰淇淋公司的管理階層，現正為購入美國或英國品牌的冰淇淋製造機器而煩惱。已知美國廠商的報價為 $300,000，耐用年限 10 年；英國廠商的報價為 $650,000，耐用年限 15 年。上述兩種機器於耐用年限結束後，無任何的使用價值。美國及英國兩品牌的機器，每年分別可創造 $50,000 及 $80,000 的稅後淨現金流入。

試求： 請依下列方法分析正安公司應選擇美國或英國廠商。
1. 內部報酬率法。
2. 淨現值法（假設資金成本為 14%）。

18.35 亞能公司計畫買進一部成本 $60,000 的機器，該機器可使用 5 年，無估計殘值。預估此機器將使亞能公司每年增加 $80,000 的銷售金額。
亞能公司產品的邊際貢獻率是 25%；此外，新機器在 1 至 5 年將分別增加 $3,800、$4,200、$3,900、$4,500 及 $3,600 的成本。
試求：利用上述資料，計算亞能公司此項投資的
　　　1. 還本期間。
　　　2. 淨現值。
　　　3. 獲利能力指數。

18.36 新瑞公司正考慮以起運點交貨的方式,自美國紐約進口一部訂價 $38,000 的新機器。因此，新瑞公司尚需負擔 $2,000 的運費。新機器預計可使用 6 年，且無殘值。假設新瑞公司要求此項投資的最低報酬率為 14%，日後每年之稅後現金節省金額如下：

年　度	金　額
1	$18,000
2	20,000
3	14,000
4	12,000
5	8,000
6	9,000

試求：假設新瑞公司採用直線法提列折舊費用，請利用上述資料計算此項投資的
　　　1. 淨現值。
　　　2. 還本期間。
　　　3. 還本期間（考慮現值）。
　　　4. 會計報酬率。
　　　5. 獲利能力指數。

18.37 高手職棒聯盟為了票房的考量，準備興建一座巨蛋球場，預估成本為

$50,000 萬元，估計耐用年限 20 年，估計殘值 3,000 萬元，採直線法提列折舊。預計每年將有 5,000 萬元的稅後現金流入。

試求：利用上述資料，計算高手職棒聯盟此項投資的

    1. 還本期間。

    2. 會計報酬率。

    3. 淨現值（依 8% 的報酬率）。

    4. 內部報酬率。

    5. 獲利能力指數（依 8% 的報酬率）。

第*19*章

資本預算㈡

學習目標

- 認識資本投資決策
- 明白所得稅對現金流量的影響
- 熟悉投資方案的選擇
- 瞭解資本分配的方法
- 知道資本投資決策的其他考量

前　言

　　組織內的管理者為達到企業既定目標，需要選擇最好的標的物，使公司賺取最高的利潤。因此，管理階層在面臨投資決策時，需要思考下列四種問題：⑴此項投資活動值得投入資源嗎？⑵哪些資產可用於此項投資活動？⑶在可用於投資活動的各項資產中，哪一項資產是最值得投資？⑷在數項可值得投資的方案中，哪一項最值得投資？

　　任何一項投資方案是否值得執行，評估的重點在於成本與效益分析。對於資本預算決策而言，先從財務面開始評估，有時也會衡量非財務面但可數量化的效益。一旦投資方案決定後，管理者要投入哪些資產來完成投資計畫，成為很重要的問題。在作此決策之前，管理者需要蒐集相關資訊，如投資額、預估使用期限、殘值、所需投入的原料和人工、營運成本、產能、維修情況、預期收入等。有時為謹慎評估投資方案起見，管理者要考慮量化與質化雙方面的因素，以便找出各種可用於此項投資活動的資產。

19.1　資本投資決策

　　在選擇最適用資產的決策中，可採用第 18 章所討論過的資本預算評估方法，例如還本期間法、會計報酬率法、淨值法等，對於高度自動化投資方案的評估，可採用多元決策模式。決策者運用各種方法來評估每項資產，依其對公司所產生的效益高低來排列優先順序，選擇方式大多採用各種方法所得結果後，再作整體的考量。理想上，決策者偏向於選擇還本期間短、獲利能力高的資產作優先投資。

　　例如，東方公司管理階層考慮是否投資設立員工餐廳，來提供員工餐飲服務，此項投資方案的成本是餐廳的設置成本與營運成本，效益為餐飲收入與員工餐飲的方便性。如果餐飲收入足夠支付所有費用，則東方公司可決定投資建置員工餐廳：如果餐飲收入不夠支付所有費用，則東方公司要從非財務面因素考量，可能以員工用餐便利性為主。

　　當管理者面臨多項投資方案的決策時，要先評估這些投資方案在彼此之間有無關係存在。有些投資計畫相關性很高或同質性很高，此時決策者要從多項的投資方案中選擇效益最高者，或是將有限的資源分配到幾項效益較高的投資方案。相對地、如果投資方案彼此間為獨立的，此時決策者針對每項投資方案單獨審核，評估標準為預期效益要達到公司既定目標，才值得考慮投入資金。

　　在資本決策過程中，會計部門需提供管理者各種相關的資訊，決策者除了評估各個方案的成本與效益外，仍要以公司整體效益為考量。管理階層對新產品和新投資案皆仔細地評估，有計劃地審慎執行各項投資案，使公司的獲利能力呈穩定地成長。

 實務焦點

敦陽科技（http://ecommerce.taipeitimes.com/Industry/Sti/index_html_c）

　　敦陽科技股份有限公司 (Stark Technology Inc.) 成立於 1993 年，現今已成為股票上市公司，係國內高階資訊產品之主要通路經營商，代理國外知名大廠 SUN、IBM、Microsoft、Oracle、Foundry、iPlanet、Tarantella、TIBCO、ISS、RSA 等電腦軟硬體產品，為客戶提供加值型服務，並以直接銷售予使用單位為主。目前主要營業項目為電腦主機及其週邊設備、零件、電腦書籍之經銷，電腦軟體、硬體之設計與銷售，以及電腦主機及其週邊維護、公司電腦化之設計。

　　有別於一般經營專賣店之通路商或僅代理少數硬體或軟體之經銷商，敦陽科技係以整體性的規劃將各項資訊產品引進客戶端，　提供客戶電腦化所需的高階工作站及伺服器主機，搭配週邊、網路產品、資料庫系統及專業套裝軟體協助客戶整合內部系統，以提升整體競爭力，並提供客戶持續性的售後諮詢及維修等專業服務，是國內少數能提供完整解決方案的資訊服務業者。

　　為提供客戶最直接與迅速的服務，近幾年來不斷地積極培養技術領域之專業工程師，且所培養之系統工程師除經驗豐富外，其人數甚較原廠 SUN 與 IBM 在臺之系統工程師為多。公司目前擁有 80 餘位工程師分佈在全省 8 個服務據點，除可提供客戶較原廠更迅速的支援外，亦經由與原廠舉行市場行銷會議與各項新產品研討會，取得最新產品之技術與應用，提供客戶專業之諮詢及維修服務，並以其專業之技術來推展新客戶及新市場。

由於資訊科技日新月異，公司長遠的方向，將以**整體解決方案提供者 (Total Solution Provider)** 的市場定位，提供企業資訊系統軟硬體整合及開發，增加客戶運用資訊科技，提升經營創新能力為發展之目標。敦陽科技成立初期以開放式主從架構切入市場，並以經銷代理 SUN 工作站及伺服器為主。由於公司經營團隊皆為深耕工作站銷售市場長達 10 年以上之經驗人才，在累積多年之技術與經驗下，目前已是 SUN 及 IBM 等工作站及伺服器之重要代理商，且提供軟體、網路規劃及週邊產品等服務。目前累積客戶已達 1,500 家，深受國內各大廠商之肯定。

如何利用現有產能與資源，以生產出可供銷售的產品數量，為公司獲取最大利潤，是成本會計的重要工作之一。為使公司的獲利能力呈穩定性成長，敦陽科技在新產品企劃期或新投資案規劃期，會計部門即蒐集各種相關資料，提供管理階層作資本分配決策之參考。尤其在投資方案選擇方面，以創造公司整體最高效益為原則。

19.2 所得稅法對現金流量的影響

在第 18 章的內容中，為簡單說明起見，皆未將所得稅對現金流量的影響予以考慮，但事實上所得稅法中稅率的改變，對現金流入量或現金流出量皆會有所影響。例如中興公司本月份有現金銷貨收入 \$1,000,000，在稅率為 25% 的情況下，稅後現金流入量為 \$750,000 (= \$1,000,000 − \$1,000,000 × 25%)；另外，郵電費 \$50,000，其稅後現金流出量為 \$37,500 (= \$50,000 − \$50,000 × 25%)。當計算現金收入或現金費用支出的實質現金流量時，要記得扣除所得稅部分，以得到稅後的現金流量。

非現金支出費用對現金流量亦有所影響，折舊費用可說是此種費用的典型代表，在損益計算時要列入利潤的計算而扣抵所得稅，抵稅部分可說是現金流量的增加，此現象稱之為**折舊稅盾 (Depreciation Tax Shield)**。表 19–1 列示不扣除折舊費用與扣除折舊費用的兩種損益表，損益表 A 的所得稅為 \$250,000，損益表 B 的所得稅為 \$150,000，兩者所相距的 \$100,000，即為折舊省稅效果。

也就是說，稅前折舊費用為 $400,000，扣除因折舊費用所造成的所得稅款減少 $100,000，得到稅後實質折舊費用 $300,000。

表 19-1 折舊稅盾的計算

不扣除折舊費用		扣除折舊費用	
損益表 A		損益表 B	
銷　貨	$2,000,000	銷　貨	$2,000,000
銷貨成本	(700,000)	銷貨成本	(700,000)
銷貨毛利	$1,300,000	銷貨毛利	$1,300,000
折舊以外的費用	(300,000)	折舊以外的費用	(300,000)
折舊費用	0	折舊費用	(400,000)
稅前淨利	$1,000,000	稅前淨利	$ 600,000
所得稅 (25%)	(250,000)	所得稅 (25%)	(150,000)
稅後純益	$ 750,000	稅後純益	$ 450,000

$300,000

*稅後實質折舊費用＝折舊費用－折舊省稅效果
　　　　　　　　　＝$400,000 － $400,000 × 25% = $400,000 － $100,000
　　　　　　　　　＝$300,000
**折舊費用對現金流量的影響＝$250,000 － $150,000
　　　　　　　　　　　　　＝$100,000

所得稅率改變對淨現金流量所產生的影響，在表 19-2 可看出，當稅率提高時，稅後淨現金流量會減少，投資期間的淨現值也不同；當稅率為 30% 時，淨現值為 $2,276；當稅率為 50% 時，淨現值則為 $(38,027)。

表 19-2 不同稅率的各情況稅後淨現金流量

	情況一 (30%)	情況二 (40%)	情況三 (50%)
稅前現金流量	$ 45,000	$ 45,000	$ 45,000
折舊費用	(20,000)	(20,000)	(20,000)
稅前淨利	$ 25,000	$ 25,000	$ 25,000
所得稅	(7,500)	(10,000)	(12,500)
淨　利	$ 17,500	$ 15,000	$ 12,500
折舊費用	20,000	20,000	20,000

| 稅後淨現金流量 | $ 37,500 | $ 35,000 | $ 32,500 |
| 15 年期間的淨現值 | $ 2,276 | $(17,875) | $(38,027) |

除了所得稅法對現金流量產生影響外，有些政府所頒佈的獎勵條例，如「促進產業升級條例」，包括租稅扣抵 (Tax Deduction) 和租稅抵減 (Tax Credit) 兩種獎勵措施。租稅扣抵係指因非現金支出費用的增加，可節省的所得稅費用，最常見的例子為採用加速折舊法來計算折舊費用，使投資期間內前幾年的折舊多提列，可減少所得稅支出，因而造成淨現金流量的增加，如表 19-1 的資料。

相對地，租稅抵減是指直接減少租稅款，亦即每一元的抵減額可減少租稅款一元。例如中興公司向國外廠商購入環保設備 $1,000,000，依照政府的獎勵條例，此項設備可享有 15% 的投資抵減。因此，中興公司在購買此環保設備的年度，可享有所得稅款減免 $150,000，若當年度應納稅額不足抵減時，得以在以後四年度的應納稅額中抵減。

19.3　投資方案的選擇

在第 18 章所討論的五種資本預算方法，用來評估某一投資方案，雖然五種方法的計算方式不同，但所得的結果大致相同。例如，甲投資案的淨現值為正數，獲利能力指數大於 1，同時內部報酬率所得的折現率高於資金成本，則三種評估方法所得的結果會相同，表示甲投資案可被接受。當決策者面臨二種或二種以上的投資方案，但只能選擇其一，同樣可用淨現值法、獲利能力指數、內部報酬率法來評估，所得結果較高者值得被投資。為使讀者瞭解這三種方法的運用，分別用於三種不同的情況：(1)投資期間相同、每期現金流量相同但投資金額不同的兩個投資案；(2)投資期間不同、每期現金流量不同且投資金額也不同的兩個投資案；(3)投資期間相同、每期現金流量不同但投資金額相同的兩個投資案。以下內容為三種不同情況的分析方式。

◑ 19.3.1　投資期間相同、每期現金流量相同、投資金額不同

聯邦電子公司為生產 12 吋晶圓的主力廠商，該公司的訂單應接不暇。高階主管為了擴充營運而面臨兩個方案的選擇，甲方案是蓋新的晶圓廠，以增加現有產品的產能；乙方案是添購新機器，以生產高階記憶體。兩方案的基本資料如表 19–3。

表 19–3　基本資料

	甲方案	乙方案
投資金額	$2,000,000	$200,000
每年稅後現金流量	320,000	40,000
資產使用年限	12 年	12 年
平均資金成本	9%	9%

高階主管要求會計部門對甲、乙兩方案進行評估，以作為決策之參考。表 19–4 則為該公司會計部門所提出的評估報告。

表 19–4　方案評估結果

甲方案：蓋新晶圓廠												
時　間	0	1	2	3	4	5	6	7	8	9	10	11	12
現金流入量（千元）		+320	+320	+320	+320	+320	+320	+320	+320	+320	+320	+320	+320
現金流出量（千元）(2,000)													

每年 $320,000 的年金現值　　　　　$2,291,424
($320,000 × 7.1607)

減：原始投資金額　　　　　　　　　2,000,000

淨現值 (NPV)　　　　　　　　　　$　291,424

獲利指數 (PI) = $2,291,424 ÷ $2,000,000 = 1.145712

內部報酬率因子 = $2,000,000 ÷ $320,000 = 6.25（12 年的年金因子）

經過詳細計算內部報酬率 (IRR) 約為 11.81%

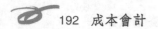

```
乙方案: 添購新機器
時　間　　　　　0   1   2   3   4   5   6   7   8   9   10  11  12
現金流入量（千元）　+40 +40 +40 +40 +40 +40 +40 +40 +40 +40 +40 +40
現金流出量（千元）(200)
每年 $40,000 的年金現值　　　　　$286,428
($40,000 × 7.1607)
減: 原始投資金額　　　　　　　　 200,000
淨現值 (NPV)　　　　　　　　　 $ 86,428
獲利指數 (PI) = $286,428 ÷ $200,000 = 1.43
內部報酬率因子 = $200,000 ÷ $40,000 = 5（12 年的年金因子）
經過詳細計算內部報酬率 (IRR) 約為 16.94%
```

從表 19–4 中可得知，若聯邦電子公司重視投資方案的淨現值，則會選擇甲方案，因為其淨現值較高; 若聯邦電子公司強調投資方案的獲利指數 (PI) 或內部報酬率 (IRR)，則會選擇乙方案，因為乙方案的獲利指數和內部報酬率皆高於甲方案。不同方案象徵著不同的企業政策，所以高階管理者不能只憑投資方案的衡量指標來選擇方案，必須依其需要與配合公司策略來選擇最佳的投資方案。

19.3.2　投資期間不同、每期現金流量不同、投資金額不同

假設聯邦電子公司決定採購新型機器，接著高階主管又面臨購買哪一種機器的決策。目前該公司有兩個投資方案，其基本資料如下:

	A 型機器	B 型機器
投資金額	$1,800,000	$2,700,000
每年稅後淨現金流量	$654,000	$705,000
機器耐用年限	5 年	8 年
平均資金成本	9%	9%

公司會計部門接到這兩個投資方案的相關資料之後，利用多種衡量指標進

行評估，其結果如表 19–5 所示。

　　從表 19–5 中可得知，若以淨現值為選擇指標，聯邦電子公司會購買 B 型機器；但若以獲利指數或內部報酬率為選擇指標，該公司則會認為 A 型機器才是最佳的選擇。雖然 A 型機器的內部報酬率高於 B 型機器，但若以此作為選擇的標準，可能會因再投資的假設而造成決策錯誤。因為內部報酬率是假設 A 型機器每年所產生的 $654,000 現金流入量，皆可再投資於其他方案，而且可賺得 23.88% 的報酬率。對於公司而言，要找到這麼高報酬率的投資是不容易的，所以內部報酬率容易矇蔽高階主管的慧眼。淨現值的假設前提，是將現金流入量以平均資金成本率 9% 進行再投資，這假設比內部報酬率合理。

表 19–5　方案評估結果

A 型機器

時　間	0	1	2	3	4	5
現金流入量（千元）		+654	+654	+654	+654	+654
現金流出量（千元）	(1,800)					

現金流入的年金現值　　　　　　　　$2,543,864
($654,000 × 3.8897)
減：原始投資成本　　　　　　　　　1,800,000
淨現值 (NPV)　　　　　　　　　　$　743,864
獲利指數 (PI) = $2,543,864 ÷ $1,800,000 = 1.41
內部報酬率因子 = $1,800,000 ÷ $654,000 = 2.7523
經過詳細計算內部報酬率約為 23.88%

B 型機器

時　間	0	1	2	3	4	5	6	7	8
現金流入量（千元）		+705	+705	+705	+705	+705	+705	+705	+705
現金流出量（千元）	(2,700)								

現金流入量的年金現值　　　　　　　$3,902,034
($705,000 × 5.5348)
減：原始投資金額　　　　　　　　　2,700,000
淨現值 (NPV)　　　　　　　　　　$1,202,034
獲利指數 (PI) = $3,902,034 ÷ $2,700,000 = 1.45
內部報酬率因子 = $2,700,000 ÷ $705,000 = 3.8298
經過詳細計算內部報酬率約為 20.06%

　　當淨現值法與內部報酬率法衡量兩個投資期間不同的方案而發生結果衝突時，可用現金流量差異數之現值作為判斷的標準。以聯邦電子公司為例，首先計算出二方案每年現金流量的差異（詳見表 19-5）。B 型機器的投資金額比 A 型機器高，故以 B 型機器作為比較的基礎。此時主要衡量這項投資各個方案的效益，稱之為差異方案評估。先計算 B 型機器的投資方案，結果如果是正的淨現值，則選擇購買 B 型機器，因為額外的投資得到額外現金流量的補償；如果是負的淨現值，則選擇購買 A 型機器。由表 19-6 可得知，聯邦電子公司應選擇購買 B 型機器。

表 19-6　差異方案評估

投資期間	A 型機器	B 型機器	差異金額 （B 型機器－A 型機器）
0	−1,800,000	−2,700,000	− 900,000
1	+ 654,000	+ 705,000	+ 51,000
2	+ 654,000	+ 705,000	+ 51,000
3	+ 654,000	+ 705,000	+ 51,000
4	+ 654,000	+ 705,000	+ 51,000
5	+ 654,000	+ 705,000	+ 51,000
6	0	+ 705,000	+ 705,000
7	0	+ 705,000	+ 705,000
8	0	+ 705,000	+ 705,000
第 1 年到第 5 年現金流量差異金額之折現值 ($51,000 × 3.8897)			$　198,375
第 6 年到第 8 年現金流量差異金額之折現值 [$705,000 × (5.5348 − 3.8897)]			1,159,796
總現值和			$1,358,171
減：原始投資金額差異數			(900,000)
差異方案之淨現值			$　458,171

19.3.3　投資期間相同、每期現金流量不同、投資金額相同

假設聯邦電子公司決定購買 B 型機器之後、生產部門和行銷部門對於新機器的規格及用途爭議不休。生產部門認為新機器應該用於生產製造一般性產品，以減少目前機器設備的負荷量；行銷部門則認為新機器應該用於生產公司自行研發的特殊產品，以擴充公司目前的產品線。高階主管將這兩部門所提供的資料交由會計部門評估，其基本資料如表 19-7：

表 19-7　基本資料

	一般產品	特殊產品
投資金額	$2,700,000	$2,700,000
產品壽命年限	5 年	5 年
淨現金流量：		
第 1 年	$1,095,000	0
第 2 年	1,095,000	0
第 3 年	1,095,000	0
第 4 年	1,095,000	0
第 5 年	1,095,000	$7,464,000
平均資金成本	9%	9%

會計部門利用衡量指標計算之後，提出表 19-8 之分析報告。

表 19-8　方案評估結果

一般產品	
現金流入量的年金現值	$ 4,259,222
($1,095,000 × 3.8897)	
減：原始投資	(2,700,000)
淨現值	$ 1,559,222
獲利指數 = $4,259,222 ÷ $2,700,000 = 1.58	
內部報酬率因子 = $2,700,000 ÷ $1,095,000 = 2.47	
內部報酬率約為 30%	

```
特殊產品
第 5 年現金流入量的年金現值              $ 4,850,854
($7,464,000 × 0.6499)
減：原始投資                            (2,700,000)
淨現值                                $ 2,150,854
獲利指數 = $4,850,854 ÷ $2,700,000 = 1.80
內部報酬率因子 = $2,700,000 ÷ $7,464,000 = 0.36
內部報酬率約為 23%
```

由表 19–8 可發現，生產特殊品有較高的淨現值和獲利能力，但是生產正常產品有較高的內部報酬率。行銷部門為了爭取高階主管的認同，特別作了兩方案的現金流量差異數之現值分析，如表 19–9 所示。

表 19–9　差異方案評估

投資期間	一般產品	特殊產品	差異金額 （一般產品 – 特殊產品）
0	(2,700,000)	(2,700,000)	0
1	1,095,000	0	+1,095,000
2	1,095,000	0	+1,095,000
3	1,095,000	0	+1,095,000
4	1,095,000	0	+1,095,000
5	1,095,000	7,464,000	–6,369,000
第 1 年到第 4 年的現金流量差異金額之現值 ($1,095,000 × 3.2397)			$ 3,547,472
第 5 年的現金流量差異金額之現值 ($ –6,369,000 × 0.6499)			(4,139,213)
差異方案之淨現值			$ (591,741)

由表 19–9 可得知，此差異方案是以一般產品為基礎，計算出的現金流量差異金額淨現值為負數，所以應該選擇生產特殊產品。如果您是聯邦電子公司的高階主管，您該如何作決策？本章建議您考慮現金流入量的再投資報酬率。首先計算使兩方案淨現金流入量的折現率，然後選擇再投資報酬高於此折現率的投資方案。以聯邦電子公司為例，使一般產品和特殊產品淨現金流入量相等

的折現率約為 15%（詳見表 19-10），所以該公司再投資的報酬若大於 15%，則選擇生產一般產品，若再投資報酬率小於 15%，則應選擇特殊產品。

表 19-10　兩方案淨現值相等時的折現率

一般產品的淨現值 = 年金現值因子 × \$1,095,000 − \$2,700,000

特殊產品的淨現值 = 複利現值因子 × \$7,464,000 − \$2,700,000

假設一般產品和特殊產品的淨現值相等：

年金現值因子 × \$1,095,000 = 複利現值因子 × \$7,464,000

$$\frac{年金現值因子}{複利現值因子} = \frac{\$7,464,000}{\$1,095,000} = 6.8164$$

利用試誤法得到年金現值因子介於 3.433 和 3.274 之間，複利現值因子則介於 0.519 和 0.476 之間，所以折現率約為 15%。

19.4　資本分配決策

以前所討論的資本預算決策，皆假設企業有足夠的資金，只要經過嚴密的資本預算方法評估之後，就是值得投資的方案，企業都可以實際去執行。但事實上，大部分企業的投資資金皆有一定的限額，管理階層必須要有詳盡周密的資金規劃，使每一元投資資金發揮最大的效用。所謂資本分配決策 (Capital Rationing Decision) 係指企業管理者同時面臨淨現值皆為正數的多項投資方案，但礙於企業的投資資金有限，無法實行全部的投資方案，只能從中挑選最佳的投資方案來執行。

資本分配決策的基本準則，就是找出一組投資方案組合，該組合內所有方案的投資總額不超過現有的投資資金，而且總淨現值為各種組合中最高者。本節將介紹二種資本分配的方法：一種純粹以淨現值總和為資金分配的依據，另一種方法則是以獲利指數作為資金分配的依據。

19.4.1 淨現值分配法

中華公司正在考慮增添幾項新設備以增加其產品的種類，目前可運用的資金為 $300,000,000。經過該公司管理人員的分析，提出了五個可行方案，各項方案所需的投資總額和所得的淨現值如表 19–11 所示。

表 19–11　可行的投資方案

投資方案	投資總額	淨現值
A	$150,000,000	$ 9,600,000
B	60,000,000	6,000,000
C	90,000,000	10,500,000
D	120,000,000	12,500,000
E	75,000,000	6,800,000

由表 19–11 得知每一項投資方案的淨現值皆為正數，為可投資的方案。如果中華公司五個方案都採行，總共需要資金 $495,000,000，超過了該公司目前可運用的資金 $300,000,000。因此，管理者只從中挑出了幾項方案，在有限的資金範圍內，找出投資組合的最高總淨現值者。表 19–12 列出其可行的各種組合，其中可以同時投資 C、D、E 三方案，其淨現值最高。

表 19–12　投資組合分析

投資組合	投資總額	總淨現值
A、B、C	$300,000,000	$26,100,000
A、B、E	285,000,000	22,400,000
B、C、D	270,000,000	29,000,000
B、C、E	225,000,000	23,300,000
C、D、E	285,000,000	29,800,000

19.4.2　獲利指數分配法

若以獲利指數作為資金分配的標準，其計算步驟如下：

(1)計算各項互相獨立計畫的獲利指數。

(2)各項計畫依獲利指數的大小排列。

(3)由獲利指數大者往下選，直到預算用完為止。

如果尚有剩餘資金，則必須另外尋找其他替代投資組合，使所有計畫的淨現值總和最大。以王牌創業投資公司為例，說明獲利指數分配法的應用。

王牌創業投資公司，在本年度準備投資資金總額 $600,000，其資金成本為稅後 14%。現在該公司有 6 個投資方案，各投資方案所需投資資金數額和其估計淨現值如表 19–13。

表 19–13　基本資料

投資方案	需要投資金額	估計淨現值
A	$200,000	$ 25,000
B	250,000	20,000
C	150,000	6,000
D	300,000	22,000
E	190,000	(19,000)
F	100,000	7,000

獲利指數的公式為：

$$獲利指數 = \frac{未來各年淨現金淨流入量之現值}{淨投資現值} \times 100\%$$

根據上述的公式，計算各投資方案的獲利指數如表 19–14 所示。

表 19-14   獲利指數一覽表

投資方案	獲利指數	排序
A	1.125	1
B	1.08	2
C	1.04	5
D	1.073	3
E	–	6
F	1.07	4

第二步驟將各項計畫依獲利指數大小排列，如表 19-15 所示。

表 19-15   依獲利指數排列的投資方案

投資方案	需要投資金額	估計淨現值
A	$200,000	$ 25,000
B	250,000	20,000
D	300,000	22,000
F	100,000	7,000
C	150,000	6,000
E	190,000	(19,000)

接著，由獲利指數高的投資方案先選，直到預算用盡為止。從表 19-15 可知，王牌創投公司應該選擇 A、B、F 這項組合，因為 A、B、D 的投資總額超過該公司的預算，但是 A、B、F 組合只用掉 $550,000 投資金額，投資預算尚有剩餘，所以必須再找其他投資組合，才可使投資資金 $600,000 發揮最大的效用。此時，可考慮選擇淨現值總和最高的投資組合，如表 19-16 所示。

表 19-16   投資組合分析

投資組合	投資總額	淨現值和
A、B、C	$600,000	$51,000
A、B、F	550,000	52,000
A、C、F	450,000	38,000
A、D、F	600,000	53,000
B、C、F	500,000	33,000
C、D、F	550,000	34,000

由表 19–16 可得知，王牌創投公司應選 A、D、F 這項投資組合，因為該組合既滿足該公司準備的投資金額限制，又是所有組合中淨現值和最高者。

19.5　資本投資決策的其他考量

評估投資計畫時，所有的收入和支出資料，皆來自於管理階層的估計。隨著計畫存續時間的增加，估計錯誤的風險也會隨之提高，所以評估投資計畫時，也要考慮估計風險。除了投資前謹慎的評估外，在計畫執行期間，仍需繼續評估計畫的執行績效，只要績效符合原先的預期標準則可繼續原計畫；若是績效不符合原先的預期，則必須採取中止原計畫或修改原計畫的補救措施。本節將介紹投資計畫風險的衡量技術以及評估投資計畫的執行績效，並且介紹中止原計畫所必須考慮的放棄價值觀念。

19.5.1　衡量投資計畫風險的技術

投資計畫不僅金額龐大，更要面對未來不確定的風險，一旦投資錯誤，其影響層面廣大。但是在評估投資計畫的時點，很難預測實行計畫時可能會面臨的種種情況，本小節即將介紹二種被用來處理風險情況下資本預算的數量分析法。第一種是非常普遍的分析工具，即敏感度分析。所謂敏感度分析 (Sensitivity Analysis) 即指在其他條件不變的情況下，當某項投入因素發生變化時，投資方案的淨現值或內部報酬率等，隨之改變的程度。以中華公司為例，說明敏感度分析的應用。

中華公司考慮投資 G 方案，其相關資料如表 19–17。該公司會計部門提出三種敏感度分析供管理階層參考。

表 19-17　基本資料

投資成本	$ 200,000
每年淨現金流入量	40,000
折現率	9%
耐用年限	12 年
G 方案的淨現值：	
12 年淨現金流量折現值 ($40,000×7.1607)	$ 286,428
投資成本	(200,000)
淨現值	$　86,428

第一種敏感度分析是以折現率為主，其計算方式如表 19-18。

表 19-18　折現率範圍

現金流量×年金現值因子 = 投資成本
$40,000×年金現值因子 = $200,000
年金現值因子 = 5
查年金現值表可得知其內部報酬率約為 17%。

只要中華公司的資金成本小於 17%，G 方案即可投資；但是資金成本越接近 17% 時，此 G 方案被採行的可能性就越低。

第二種敏感分析是以現金流量為主。其計算過程請參考表 19-19。

表 19-19　現金流量範圍

現金流量×年金現值因子 = 投資成本
現金流量×7.1607 = $200,000
現金流量 = $27,930

由現金流量範圍來看，只要方案實際淨現金流量不低於 $27,930，都是可接受的。

第三種敏感度分析是以設備耐用年限為主，其計算過程如表 19-20 所示。由設備耐用年限來看，只要投資方案所產生的現金流量期間少於 7 年，此方案就不會被接受。

表 19–20　設備耐用年限範圍

現金流量 × 年金現值因子 = 投資成本
$40,000 × 年金現值因子 = $200,000
年金現值因子 = 5
查年金現值表可發現，折現率為 9%，年金現值因子為 5 的對應期間約 7 年。

　　第二種投資計畫風險的衡量工具是三點估計法 (Three-point Estimates Approach)。所謂三點估計法又稱情節分析法 (Scenario Analysis)，係指對所有現金流量的項目作出最悲觀的預測、最可能的預測以及最樂觀的預測。仍以中華公司為例，說明三點估計法的運用，計算方法如表 19–21 所示。

表 19–21　三點估計法

	G 方案		
	最悲觀	最可能	最樂觀
現金流量	$30,000	$40,000	$60,000
年金現值因子	7.1607	7.1607	7.1607
現金流量現值	$214,821	$286,428	$429,642
投資成本	$(200,000)	$(200,000)	$(200,000)
淨現值	$14,821	$86,428	$229,642
是否接受此方案	是	是	是

　　管理階層根據該公司所採用的資本預算評估方法，算出三組數值。中華公司是使用淨現值法算出三組淨現值，表 19–21 顯示 G 方案可以接受。但是，如果悲觀現金流量顯示應拒絕該方案，另兩組現金流量顯示可接受該方案，此時管理階層應加入額外的考量，例如公司是否願意承受預估錯誤的風險？是否願接受較低的報酬率？經過仔細的評估之後，管理階層依其經驗作出最佳的決策。

19.5.2　評估進行中的投資計畫

　　假設中華公司正在進行 H 專案投資計畫，其原始投資為 $1,000,000，預期每年現金流入量會增加 $500,000，現金流出量也會增加 $200,000，耐用期限為

5 年，折現率為 10%，在不考慮稅的情況下，該投資方案的淨現值如下：

$$NPV = (\$500,000 - \$200,000) \times 3.7908 - \$1,000,000$$
$$= \$1,137,240 - \$1,000,000$$
$$= \underline{\underline{\$137,240}}$$

假設該公司在第一年底對此計畫再作評估時，發生下列兩種情況：

（情況一）

第一年底實際現金流入量只有 $200,000 比預期的 $500,000 少，但該公司評估未來四年的績效可以達到預期結果，所以中華公司仍可能繼續該計畫。

$$NPV = (\$500,000 - \$200,000) \times 3.1699$$
$$= \underline{\underline{\$950,970}}$$

（情況二）

第一年底實際現金流入量只有 $100,000，與預期相距甚遠，而且公司在短期內無法消除此差異，則淨現值結果如下：

$$NPV = (\$100,000 - \$200,000) \times 3.1699$$
$$= \underline{\underline{\$(316,990)}}$$

在此種情況下，管理階層可能會考慮中止此項計畫，以免影響公司整體績效。

19.5.3　放棄價值

如果投資計畫實施後，並未達到預期的獲利，或者受到不可預測因素的影響，有時在計畫進行中即予以放棄，可能比依照原計畫全程完成所產生的結果來得好。當考慮放棄時點之後所有的淨現金流量，折現至該時點的現值，只要小於放棄價值時，則該計畫應予以中止。以中華公司為例，說明放棄價值在資

本預算上的應用。 表 19-22 為中華公司考慮投資 M 方案的現金流量及放棄價
值。

表 19-22　現金流量與放棄價值

期間 (t)	現金流量	第 t 期的放棄價值
0	$(7,200)	$7,200
1	3,000	4,500
2	2,815	2,850
3	2,625	0
假設 M 方案的資金成本為 10%。		

M 方案的預期淨現值為 $(175)，若 M 方案的放棄價值為零，中華公司應
拒絕之，因為該方案的淨現值為負值。

$$NPV = \$(7,200) + \$3,000/(1.1) + \$2,815/(1.1)^2 + \$2,625/(1.1)^3$$
$$= \underline{\$(175)}$$

M 方案執行一年後，因未達預期目標，該公司管理階層有意中止 M 方案，
會計部門對此進行評估（詳見表 19-23），發現一年後就放棄 M 方案，淨現值
是 $(382)，而且往後兩年的現金流量現值大於放棄價值，所以不宜貿然中止 M
方案，應尋找其他改進方案使 M 方案在未來期間可以達到預期目標。

表 19-23　M 方案評估（一年之後）

一年後 M 方案的淨現值：
$$NPV = \$(7,200) + \$3,000/(1.1) + \$4,500/(1.1)$$
$$= \$(382)$$
放棄時點以後的現金流量現值：
$$NPV = \$2,815/(1.1) + \$2,625/(1.1)^2$$
$$= \$2,559 + \$2,169$$
$$= \$4,728$$
因為 $4,728 大於一年後放棄價值 $4,500，所以不宜放棄 M 方案。

M 方案執行二年之後，受不可控制因素影響，該公司管理階層再度開會討

論中止 M 方案，此時會計部門提出表 19–24 的數據資料，顯示二年後 M 方案的淨現值為 $208，而且未來現金流量折現也小於放棄價值，所以中華公司決定中止 M 方案。

表 19–24　M 方案評估（二年之後）

二年後 M 方案的淨現值：

$$NPV = \$(7,200) + \$3,000/(1.1) + \$2,815/(1.1)^2 + \$2,850/(1.1)^2$$
$$= \$208$$

放棄時點以後的現金流量現值：

$$NPV = \$2,625/(1.1)$$
$$= \$2,386$$

因為 $2,386 小於二年後放棄價值 $2,850，所以應中止 M 方案。

本章彙總

　　評估一項投資活動是否值得投入，其重點在於成本與效益分析，並同時考量組織整體效益。本書第 18 章曾討論過多種資本預算評估方法，但皆不考慮所得稅對現金流量的影響，本章進一步探討所得稅在資本預算決策中的角色。所得稅稅率改變，會影響現金流量，所以計算現金收入或現金支出實質現金流量時，要記得扣除所得稅，是以稅後現金流量代入評估公式。此外，折舊費用等非現金支出費用所產生折舊稅盾的現象，可視為現金流量的增加量。

　　前章所討論的資本預算決策，大都假設企業有足夠的資金，只要經過資本預算方法評估後，認為值得投資的計畫都可以實際執行。但實際上大部分企業的資金有限，當決策者面臨二種或二種以上的投資方案，只能從中選擇一種時，可同時用淨現值法、獲利能力指數以及內部報酬率評估。本書分別以三種情況，說明如何從兩個投資方案中選擇其一。第一種情況是投資期間相同、每期現金流量亦相同、但是投資金額不同；第二種情況是投資期間相同、每期現金流量不同，而且投資金額也不同；第三種情況是投資期間相同、每期現金流量不同，但投資金額相同。當淨現值法與內部報酬率法之結果互相衝突時，可用差異方案評估法作為判斷的依據。

　　當管理者面臨資本分配決策時，謹記一原則：「找出一組投資方案組合，該組合內所有方案的投資總額不超過現有的投資資金，而且淨現值總和為各組合中最高者。」本章介

紹二種資本分配方法，一為淨現值分配法，一為獲利指數分配法。

　　資本預算決策屬於長期性決策，計畫的執行時間較長，所以風險也相對提高，在評估投資方案時，應將這些風險併入考量。衡量投資計畫風險的技術很多種，本章介紹二種常用的衡量方法，一為敏感度分析，一為三點估計法。除了投資前謹慎的評估外，在計畫執行期間仍需繼續評估計畫的執行績效，在各個評估階段，管理者會面臨三項選擇方案：⑴繼續原計畫；⑵中止原計畫；⑶修改原計畫。其中以中止原計畫的影響層面最大，所以管理者在作決策前需考慮放棄價值，當考慮放棄投資方案時點之後所有的淨現金流量，折現至該時點的現值和小於放棄價值時，則該中止原計畫。

名詞解釋

- 資本分配決策 (Capital Rationing Decision)

　　係指企業管理者面臨淨現值為正數的多項投資方案，在有限的資金之下，從中挑選最佳投資方案的決策。

- 折舊稅盾 (Depreciation Tax Shield)

　　係指計算損益時，折舊費用列入利潤的計算而扣抵所得稅，抵稅部分可說是現金流量的增加，此現象稱之。

- 敏感度分析 (Sensitivity Analysis)

　　係指在其他條件不變的情況下，當某項投入變數發生變化時，產出結果隨之改變的程度。

- 租稅抵減 (Tax Credit)

　　係指費用支出後，可直接減少租稅款。

- 租稅扣抵 (Tax Deduction)

　　係指因非現金支出費用的增加，而節省所得稅費用。

- 三點估計法 (Three-point Estimates Approach)

　　又稱情節分析法，係指對所有現金流量的項目計算最悲觀、最可能、最樂觀三組數字。

作業

一、選擇題

( ) 19.1 假設霖洋公司適用 25% 的所得稅率，則 $10,000 的折舊費用對現金流量的影響為　(A) $10,000　(B) $7,000　(C) $2,500　(D)無影響。

( ) 19.2 中華公司計畫以 $250,000 購入機器一部，此機器可於未來 5 年每年減少 $70,000 的營運成本。該公司採用直線法攤提折舊，無殘值。假設該公司適用 25% 的稅率，則該機器的還本期間為　(A) 5.10 年　(B) 3.43 年　(C) 4.51 年　(D) 3.85 年。

( ) 19.3 重慶公司計畫購買一部價值 $400,000 的新機器，預計在未來 5 年內，將會每年產生 $100,000 的稅前現金流入。該公司採用直線法攤提折舊，無殘值。假設該公司適用 25% 的稅率，請問該機器的還本期間為　(A) 4.0 年　(B) 4.21 年　(C) 3.7 年　(D) 2.9 年。

( ) 19.4 將所有現金流量的項目作出最悲觀、最可能及最樂觀預測的方法，稱為　(A)敏感度分析法　(B)情節分析法　(C)投資組合分析法　(D)差異分析法。

( ) 19.5 下列對租稅扣抵及租稅抵減的描述，何者正確？　(A)租稅扣抵可直接減少租稅費用　(B)租稅抵減可造成非現金支出費用的增加　(C)兩者均可減少租稅負債，但租稅抵減的效用較大　(D)兩者皆包括折舊稅盾的計算。

( ) 19.6 三點估計法不包括下列哪一點的預測？　(A)最悲觀的預測　(B)最好的預測　(C)最可能的預測　(D)最樂觀的預測。

( ) 19.7 下列哪一種技術，可用於衡量投資計畫的風險？　(A)敏感度分析法　(B)投資組合分析法　(C)獲利指數分配法　(D)資本分配法。

( ) 19.8 利用放棄價值的觀念於資本預算決策時，何時應停止資本預算計畫？　(A)盈餘出現虧損時　(B)淨現值出現負數時　(C)放棄價值出

現負數時　(D)淨現值小於放棄價值時。

（　）19.9　衡量在其他條件不變的情況之下，當某項投入變數發生變化對結果改變之程度的技術，稱為　(A)敏感度分析法　(B)三點分析法　(C)變動分析法　(D)結果分析法。

（　）19.10　大利公司適用 25% 的所得稅稅率，以下係某資本預算方案對其 2002 年淨利的影響數：

主要成本的減少數　$90,000
營業費用的減少數　80,000
折舊費用的增加數　40,000

此方案對 2002 年現金流量的影響數為　(A) $97,500　(B)$130,000　(C) $137,500　(D)以上皆非。

二、問答題

19.11　如果您是企業經營者，面臨投資決策時應考慮哪些問題？

19.12　何謂「折舊稅盾」，請簡述之。

19.13　簡述資本分配決策。

19.14　試問淨現值法與內部報酬率法衡量兩個投資期間不同的方案時，兩種方法所得的結果相互矛盾、無法作決策時，應採用哪一種投資評估方法？

19.15　試以獲利能力指數作為資金分配標準，說明處理過程。

19.16　評估資本投資決策時，除應考慮投資報酬外，尚須考慮何種因素？

19.17　當投資計畫充滿不確定性時，應採用何種評估方法？

19.18　簡述敏感度分析。

19.19　請說明「三點估計法」。

19.20　假設您是決策者，應何時放棄資本支出計畫？

三、練習題

19.21　青山公司以 $100,000 購買一新設備，該設備的使用年限為 4 年，無殘值。

新設備每年年底可替青山公司節省 $50,000 的稅前淨現金流入，且該公司適用 25% 的所得稅稅率。

試求： 1.假設青山公司採用直線法提列折舊，請計算每年的淨稅後現金流入金額。

2.假設青山公司採用年數合計法提列折舊，請計算每年的淨稅後現金流入金額。

19.22 鎂德公司於 2002 年初，以 $180,000 購買一新機器，新機器的相關資料如下：

使用年限	4 年
折舊方法	直線法
殘　值	$0
所得稅稅率	25%
每年年底稅後的淨現金流入：	
2002 年	$126,000
2003 年	57,000
2004 年	75,000
2005 年	60,000

試求： 請計算每年稅前淨現金流量。

19.23 正欣公司正考慮引進一種新的生產方法，新方法需投入 $100,000 購買新設備。新設備的使用年限為 10 年，無殘值，且採用直線法提列折舊。新生產方法的應用，每年可減少 $42,500 的加工成本。

試求： 假設正欣公司適用 25% 的所得稅稅率，計算此計畫

1.每年的稅後淨現金流量。

2.還本期間。

3.淨現值（稅後資金成本率為 18%）。

4.獲利能力指數。

19.24 興德公司擬購買一新機器以擴充生產線，新設備的相關資料如下：

成　本	$420,000
使用年限	7 年
折舊方法	直線法
殘　值	無
每年年底的稅前淨現金流入	$140,000
最低稅後報酬率	16%
所得稅稅率	25%

試求：　1.計算每年的稅後淨現金流量。

2.計算新設備的還本期間。

3.計算新設備的淨現值。

4.計算新設備的獲利能力指數。

19.25　光德公司是龍元公司在美國的轉投資事業，光德公司 2002 年初為了提高產能，擬購買一新機器，新機器的相關資料如下：

投資成本	$150,000
使用年限	3 年
折舊方法	直線法
殘　值	$6,000
每年年底的稅前淨現金流入：	
2002 年	$ 60,000
2003 年	90,000
2004 年	120,000
最低稅後報酬率	10%
所得稅稅率	40%

試求：　1.計算每年的稅後淨現金流量。

2.計算新機器的還本期間。

3.計算新機器的淨現值。

4.計算新機器的獲利能力指數。

19.26　美味西點正考慮從事自動化生產線的投資，新的生產線需投資 $540,000

購買新設備。新設備的使用年限為 15 年，無殘值，且採用直線法提列折舊。自動化生產線每年的預計損益表如下：

銷貨收入	$ 448,000
銷貨成本	(250,000)
營業費用	(50,000)
折舊費用	(36,000)
所得稅費用 (25%)	(28,000)
淨　利	$　84,000

除了折舊費用以外，上述的其他損益項目均會造成現金的流進（出），且假設所有的現金流量均於年底發生。

試求：　1.計算每年的稅後淨現金流量。

　　　　2.計算新設備的還本期間。

　　　　3.計算新設備的淨現值（稅後資本成本率為 12%）。

　　　　4.計算新設備的獲利能力指數。

四、進階題

19.27　臺風公司正考慮增添哪些設備以提高其生產力，經過評估各個投資方案之後，每一種可行方案的淨現值如下：

投資方案	投資金額	淨現值
甲	$1,050,000	$67,200
乙	420,000	42,000
丙	630,000	73,500
丁	840,000	87,500
戊	525,000	47,600

試求：　假設臺風公司現僅有 $2,100,000 的預算來進行投資，請列出最佳的投資組合。

19.28　信太公司目前有 $800,000 可以進行投資，各種不同方案的相關資料如下：

投資方案	淨現金投資額	淨現金流入額
A	$300,000	$303,000
B	350,000	427,000
C	200,000	270,000
D	270,000	353,700
E	320,000	409,600

試求：請利用獲利能力指數分配法，列出最佳的投資組合。

19.29 東源公司為了提高獲利能力，因此擬從事一整廠整線自動化的投資，與此投資相關的資料如下：

投資金額	$600,000
使用年限	4 年
殘　值	$100,000
折舊方法	年數合計法
每年年底稅前付現成本節省數	$280,000

東源公司希望此項投資的還本期間不可大於 3 年，且預期最低的稅後投資報酬率為 16%。假設該公司適用 30% 的所得稅稅率。

試求： 1.利用還本期間法評估東源公司是否應從事此項投資。

2.利用淨現值法評估東源公司是否應從事此項投資。

19.30 致仁公司計畫於 2004 年初投資 $60,000，來翻修尚餘 3 年使用年限的機器， 該機器以直線法提列折舊， 無殘值。 機器翻修之後， 每年可產生 $26,000 的稅後淨現金流入。假設致仁公司的稅後最低報酬率為 10%，且適用 30% 的所得稅稅率。

試求： 1.計算此項翻修計畫的還本期間。

2.計算此項翻修計畫的淨現值。

3.計算此項翻修計畫的獲利能力指數。

4.計算此項翻修計畫的內部報酬率。

19.31 沿用 19.30 的資料，惟 $26,000 係每年可產生的稅前淨現金流入，而不是稅後淨現金流入。

試求： 1.計算此項翻修計畫每年的稅後淨現金流量。

2.計算此項翻修計畫的還本期間。

3.計算此項翻修計畫的淨現值。

4.計算此項翻修計畫的獲利能力指數。

5.計算此項翻修計畫的內部報酬率。

19.32 沿用 19.30 的資料，惟 $26,000 係每年的稅前淨利，而不是稅後淨現金流入。

試求： 1.計算此項翻修計畫每年的稅後淨現金流量。

2.計算此項翻修計畫的還本期間。

3.計算此項翻修計畫的淨現值。

4.計算此項翻修計畫的獲利能力指數。

5.計算此項翻修計畫的內部報酬率。

19.33 仁信公司的國外轉投資事業是精誠公司，由於精誠公司所設置的地點為高所得稅率的國家，所以投資方案需要經過詳細的分析。以下是精誠公司新設備投資的相關資料：

設備成本	$360,000
使用年限	5 年
折舊方法	年數合計法
殘　值	無
所得稅稅率	52%
最低稅前報酬率	25%
每年稅前淨利：	
第 1 年	$ 60,000
第 2 年	100,000
第 3 年	140,000
第 4 年	120,000
第 5 年	80,000

試求：　1.計算每年的稅後淨現金流量。

2.計算新設備的還本期間。

3.計算新設備的淨現值。

4.計算新設備的獲利能力指數。

19.34 大元公司擬購入一自動化設備，其相關資訊如下：

1.　設備成本　　　　　$500,000

使用年限　　　　 5 年

折舊方法　　　　 直線法（無殘值）

適用稅率　　　　　 ？

2.稅後資金成本率：12%

3.各年度折舊前和稅前淨利：

第 1 年	第 2 年	第 3 年	第 4 年	第 5 年
$150,000	$240,000	$240,000	$250,000	$120,000

第 1 年折舊後和稅後的現金流入為 $125,000。

試求：　1.請計算自動化設備投資的還本期間。

2.請計算自動化設備投資的淨現值。

3.請計算自動化設備投資的獲利能力指數。

19.35 建華公司為了增強競爭力，有意投資 $1,000,000 於電腦化機器設備之購置。此設備預計可使用 10 年，採直線法提列折舊，無殘值。試以三點估計法來判斷公司是否應進行此投資方案。假設稅後資金成本率 10%，所得稅率 25%。稅前淨利在三種不同情況下分別是：最悲觀為 $125,000，最可能為 $135,000，最樂觀為 $160,000。

19.36 神輝實業公司目前計畫投資新方案，根據淨現值法分析得知，應拒絕此項投資。請試著利用下述資料，來評估此方案之可行性。

期間 (t)	現金流量	第 t 期的放棄價值
0	$(800,000)	$800,000
1	240,000	500,000
2	300,000	280,000
3	270,000	190,000
4	24,000	0

假設神輝實業公司的資金成本為 10%。

第*20*章

責任會計

學習目標

- 清楚分權化的特性
- 認識各種責任中心
- 熟悉績效報告的編製
- 瞭解作業基礎管理法的應用
- 編製部門別損益表

前　言

　　任何組織在草創之期，由於規模較小且事情較單純，大多採用集權化的管理方式，所有事情幾乎由高階主管掌控。隨著組織的擴展，日常營運活動逐漸複雜，高階主管已經無法適時有效率地管理組織。因此，需要把組織劃分為若干個單位，由各單位主管分層負責，共同達成整體的目標，這也就是所謂的分權化管理方式。本章重點在於說明分權化組織的特性，敘述責任中心的型態，並且舉例說明如何編列責任中心的績效報告。此外，還將作業基礎管理法應用到責任中心，最後說明如何編製部門別損益表。

20.1　分權化的特性

　　集權化（Centralization）和分權化（Decentralization）為組織的兩種型態，在集權化的組織下，所有決定權集中於一、二位主管，一般員工沒有決策權。所以集權化的管理較合適於組織較小、營運活動較單純、組織變化不大且發展較慢的情況。集權化的好處是管理有效率，溝通管道快且順暢；相對的，也可能因為權力集中於少數主管身上，會造成專制獨裁的結果，如果領導者發生問題，很可能促使組織面臨危機。

　　在分權化的組織型態下，沒有一位主管可掌握全部的營運活動，應是各個單位分層負責，將組織整體目標劃分為各個子目標，藉著各單位的目標達成來共同提高組織的效益。例如一家飲料製造廠商，業務範圍包括生產和銷售兩部分，因此生產部門致力於以製造低成本高品質產品的目標，銷售部門則努力於銷售利潤高的產品，以達到企業既定目標，亦即利潤最大化。一般而言，組織愈龐大且業務日益複雜，分權化的管理模式會較集權化的管理模式有效益。

　　目前我國的上市公司中，非家族型態者偏向於採用分權化管理；至於家族型態的企業，有些中級以上主管，主要由家族人員擔任，聽命於家族的大家長，可說是集權化的管理。然而，中級以下的主管，較有專業化分層負責，趨向於

分權化管理。各個組織可考慮其需求與特性，再決定所採用的管理方式。

　　如表 20–1 所示，分權化適用於組織結構較複雜的情況，各個單位營運活動性質相異，每日的變化較多，為使組織運作有效率，可使各單位分層負責，共同達成既定目標。在分權化的模式下，各階層主管的管理幅度不會超過一定範圍，使主管的壓力不致於太大，同時可採用例外管理（Management by Exception）方式，只針對差異較大的部分，進行追蹤與追求改善方案，使管理者的時間運用更有效率。

　　相對地，由於組織結構劃分較多的層次，可能造成各個單位各自為政，有時造成反功能現象，亦即只重視單位利益而忽略整體效益。此外，各部門間溝通所需花費的時間和成本也會隨之增加，會降低組織的工作效率。

表 20–1　分權化的特性

適用情況	優　點	缺　點
・組織架構較複雜者 ・組織大且單位間差異較大者 ・發展速度較快者 ・產品變化較多者 ・權責劃分較明確者	・各單位分層負責，可減輕高階主管的壓力 ・各單位目標明確，有助於目標達成 ・運用例外管理方式，作重點式的管理	・缺乏目標整體化，可能造成單位各自為政 ・需要較長的溝通時間 ・協調方面所耗的時間與成本較高

　　當組織龐大且單位分散在各地，公司要有效地掌控業務狀況，需要發展出一套良好的規劃、控制、報告系統。例如一個跨國性的製造廠商，在各國有不同的銷售據點，且擁有幾個廠房。在每年度最後一季時，各銷售單位要將下年度的銷售計畫向總公司提出，接著生產部門要作排程規劃。在總管理處方面要協調各地的銷售和生產計畫，事前盡力去降低一些不必要的衝突；在計畫執行時要比較實際結果與預期成果，尤其對於較大差異部分，要作重點追蹤；最後在每年度結束時，要對各單位作績效考核，提出客觀證據作為獎勵的參考。這一套完整的作業程序，即是下一節所要介紹的責任中心。

　實務焦點

臺灣電力公司（www.taipower.com.tw）

　　臺灣電力公司於1946年成立，職司臺灣地區電力之開發、生產、輸配及銷售，係國內唯一之綜合電業。在生產結構方面，則從初期的水力發電、火力發電，發展到目前擁有火力、水力、燃汽、抽蓄及核能計70所各型電廠等多元化的電源結構。臺電公司營業區域包括臺、澎、金、馬地區，為同時具有發電、輸電、配電業務之電業，民間發電業者（Independent Power Producer）現階段僅可經營發電業務。臺灣電力公司的組織圖詳列示於次頁：

　　由於企業經營成果主要透過會計資訊呈現給利害關係人，因此會計處理的方式即影響會計資訊之品質。為配合實施責任中心制度，臺電公司各單位依其組織型態與業務特性，歸類為八大系統，各大系統為一級責任中心，系統中各單位則列為二級責任中心，並依其業務特性，得分別設立為成本中心、費用中心或利潤中心。各系統歸類如下：

類　別	一級責任中心	二級責任中心
利潤中心	發電系統	包括發電處*、各水力及火力電廠、電源保護中心、燃料處、調度處及各燃煤儲運場等。
	核能發電系統	包括各核能電廠、核能發電處*、核能安全處、核安會、放射試驗室、核後端處及緊執會。
	輸電系統	包括供電處*及各供電區營運處。
	業務系統	包括業務處*、各區營業處及配工隊。
	電力修護系統	電力修護處*。
成本中心	工程單位系統一	包括核火工處*及其所屬各程處、各水力工程處、核技處及營建處、施工隊。
	工程單位系統二	輸變電工程處*及其所屬各施工處、自動化調度控制委員會。
費用中心	總處及其他單位	總管理處及外屬單位未列入「利潤中心」及「成本中心」單位，依單位別為二級責任中心。

（單位名稱後加 [*] 者暫定為本制度中各系統主管處或主辦處）

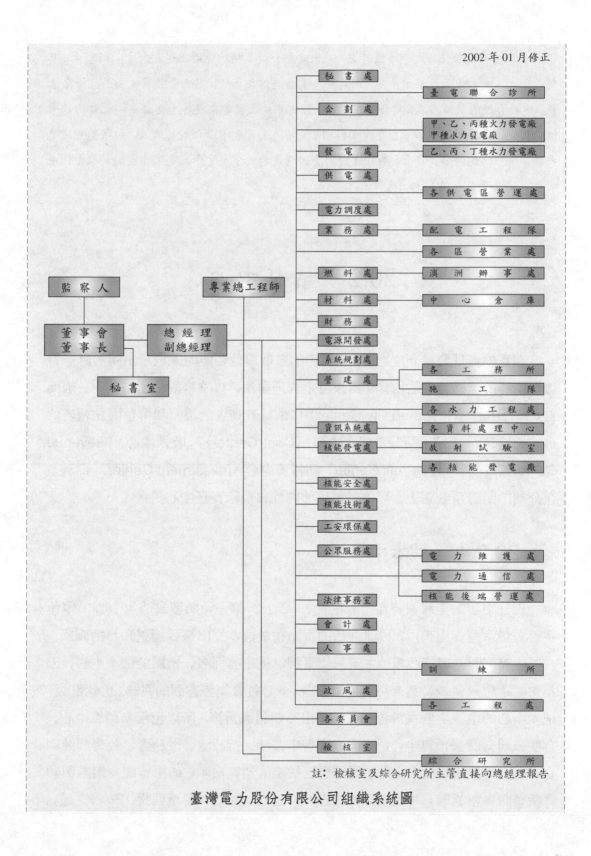

臺灣電力股份有限公司組織系統圖

臺電公司在責任中心制度設計上，是假定全公司之利潤均由上述利潤中心所產生，其餘各中心（成本中心及費用中心）則為配合業務運作之單位，只負責預算支出的控管之責任。透過合理的計價方式，對發電系統售予輸電系統及輸電系統售予業務系統之電力給予價格設定，使各利潤中心產生合理之利潤，並藉此衡量各中心之經營績效。組織劃分清楚之後，在一個邏輯形式獨立，而且實際仍整體運作的大型企業中，建立各系統或各責任中心之「獨立會計系統」是必然的工作。

20.2　責任中心

在實施責任會計制度之前，組織內的各個單位要能明確標示出屬於哪一種責任中心的型態，才能依其性質來訂定管理辦法，以確實評估出績效。一般而言，責任中心（Responsibility Center）可依據管理者的權限和單位財務報表的形式來區分，大體上可分為成本中心（Cost Center）、收入中心（Revenue Center）、利潤中心（Profit Center）和投資中心（Investment Center）四種。在公司的組織系統圖上，可依各單位的特性來標示責任中心。

20.2.1　成本中心

責任中心的型態與特性列示在表 20-2 上，第一種類型為成本中心，單位主管有權掌控支出情形，因此評估的重點在於成本支出是否超過預算的限額。一般生產、服務與行政單位主管只能掌握其支出方面者，皆屬於成本中心，因為這些單位只負責製造產品或提供服務，不必負責銷售方面的業務。也就是說，成本中心的主管主要在於控制成本支出不要超過預算，所以也稱為預算中心。有些公司有四個預算中心，即研究開發事業部、行政處、財務處、教育訓練中心，主管要控制其成本支出不得超過已核定的預算成本，如果實際支出數與預算數有較多差異時，單位主管要負責解釋差異的原因，甚至要提出改善之道。

　　例如售後服務中心有後勤人員與服務人員，兩者皆屬於成本中心的主管。
會計部門主管是要把會計資料分析與整理，以提供決策者資料；倉儲主管是要
掌控貨品的數量與成本，兩者皆為後勤單位。服務部門主要是提供產品售後服
務。

表 20-2　責任中心型態與特性

類　型	特　性
成本中心	主管對成本負責，會受到預算的限制。
收入中心	主管對收入負責，要達到一定的業績目標。
利潤中心	主管對成本和收入雙方面皆要負責，亦即主管對其利潤負責。
投資中心	主管對該單位所投入的資產總值與利潤皆要負責，亦即要賺取一定的投資報酬率。

　　在傳統的製造環境下，有不少製造廠商採用標準成本制度，以歷史成本資
料來計算標準成本作為預算數，再將實際成本發生數與標準成本相比較。過去
的主管較重視實際成本支出數超過預算數者，偏向於把不利差異數降至最低。
此種作法可能會造成只顧及成本支出面，而未考慮產出效率面。

　　在現代的營運環境下，管理者採用例外管理的方式，來找出實際數與預算
數差距較大者。不論對有利差異或不利差異，皆需要進一步調查造成差異的原
因。如果在時間和經費許可的情況下，可以對每一項差異較大的成本項目進行
分析，同時可測試成本之間的相互影響情況。如表 20-3，六項成本中有二項成
本為有利差異，另外四項成本為不利差異，表面上看來似乎沒有相關性；但是
追究其因，也有可能是生產單位主管，以較低的工資僱用技術能力較差的員工，
使原料耗用量增加，製造時間加長而降低生產效率；同時也因為工人技術不熟
練，使得機器容易當機，維修費自然會上漲。

表 20-3　成本差異分析

	預算數	實際數	差異數
直接原料成本	$ 60,000	$ 67,000	$ 7,000　（不利）

直接人工成本	33,000	28,000	(5,000)	有利
文具用品	5,000	6,000	1,000	（不利）
間接人工成本	12,000	10,000	(2,000)	有利
電　費	9,000	10,500	1,500	（不利）
維修費	7,000	8,150	1,150	（不利）
合　計	$126,000	$129,650	$ 3,650	（不利）

　　針對成本差異較異常者進行分析，可協助管理者找出造成差異的原因，特別要注意某項有利差異會造成其他成本不利差異的後果。如表 20–3 所列示的各項成本差異分析，可逐項查出造成差異的原因。

20.2.2　收入中心

　　收入中心的主管要對其單位的收入總額負責，必須致力於達到既定目標。在利潤中心的組織內，營業主任即為收入中心的主管，僅對收入負責，對成本支出則沒有控制力。一般而言，銷售部門可說是典型的收入中心，各階層主管努力於提高單位營業收入。

　　影響收入總額變動的因素，可能為單位售價、銷售數量與產品銷售組合。在企業組織內，有些銷售主管不能決定產品單位售價與產品組合比例，只有致力於提高銷售量，來達到預定營業目標。相對地，如果銷售單位主管有較大的決定權限，有時會以薄利多銷的方式來提高單位銷貨收入總額，但對公司整體利潤而言，有時會產生反功能決策。所以評估收入中心績效時，要先瞭解單位主管的權限，再進一步分析影響績效的原因。基本上，需在客觀與整體的考量下，仔細地評估收入中心的績效。

20.2.3　利潤中心

　　在利潤中心中，單位主管要對其單位所產生的收入和成本負責，終極目的為追求利潤最大化。因此，部門主管要對收入和支出有完全控制權，再以利潤

作為績效評估指標才公平，否則無法達到預期的效果。如果部門主管對影響收入和支出的因素無法掌握，反而會受到其他單位的牽制時，則該部門不可稱之為利潤中心。

　　針對利潤中心的績效評估報告形式，可參考表 20-4 的方式，採用變動成本法的損益表形式，可用來評估部門績效的指標為「可控制的部門貢獻」。至於固定成本不可控制部分，超越部門主管的權限，沒有理由要求部門主管負責。就表 20-4 的資料看來，該部門的績效還不錯，銷貨收入的實際數比預算數高，變動成本的實際數比預算數低，所以產生較預期數高的邊際貢獻。

表 20-4　利潤中心績效評估報告

	預算數	實際數	差異數	
銷貨收入	$ 200,000	$ 210,000	$ 10,000	有利
變動成本	(150,000)	(140,000)	10,000	有利
邊際貢獻	$ 50,000	$ 70,000	$ 20,000	有利
固定成本——可控制部分	(30,000)	(39,000)	(9,000)	(不利)
可控制的部門貢獻	$ 20,000	$ 31,000	$ 11,000	有利
固定成本——不可控制部分	(8,000)	(9,000)	(1,000)	(不利)
部門利潤	$ 12,000	$ 22,000	$ 10,000	有利

　　利潤中心的績效評估報告形式，可隨著各個組織管理者的需求而作調整，部門損益預算表為每個月部門績效評估所參考的書面標準，其報表編排方式為先衡量營業方面的成果，再看服務方面的情況，然後考慮其他收入和營業費用。在這張報表上，可看出各個月份與全年度的預期成果，在每段期間將實際數與預算數相比較，對於有差異者要作進一步的分析，以改善經營績效。

20.2.4　投資中心

　　投資中心主管的責任範圍較利潤中心主管為高，因其除對部門利潤負責外，還要對該部門的投資總額負責，因此資產報酬率經常被用來作為評估投資中心績效的指標。由於投資中心的主管在公司設立時即對投資計畫有控制權，

日後的營運決策也是由同一位主管掌握，所以投資中心主管有權力決定產品的售價、成本、數量以及資產的添購與處置。

當組織的結構愈複雜，分權化的管理模式會較集權化的管理模式有效益；但績效衡量的方式仍十分重要，無論是指標的選定或衡量的期間，皆會產生影響。即使分權化可提高單位績效，高階主管也要注意因分權化所產生的問題，例如各自為政反而造成組織整體績效的下降。因此，高階主管對於組織內責任中心的設置與績效衡量方式的選擇，要依其需求而定。

20.3　績效報告

為了使讀者瞭解責任會計的觀念，以及學習如何編製績效報告（Performance Report）來評估各個責任中心的績效，在此特舉興盛股份有限公司的例子來說明。如圖 20-1 所示，興盛公司是以銷售資訊產品和事務機器為主，其中資訊系統事業部為主要部門，由於銷售範圍較廣，設置臺北、桃園、臺中、高雄四個分公司。各個分公司下設置營業課、維護課、行政課等單位，圖 20-1 的興盛公司組織系統圖，其說明如下：

1. 第一層

最高管理當局為總經理，必須對公司的董事長及全體股東負責，並且對公司的利潤資產之取得等決策有控制權。由於興盛公司係屬大旺集團的一員，所以可將興盛公司視為投資中心。

2. 第二層

資訊系統事業部主管對該部門產品的採購和銷售業務負責，為一利潤中心。如果該部門主管對資產購置有決定權，也可視為投資中心。

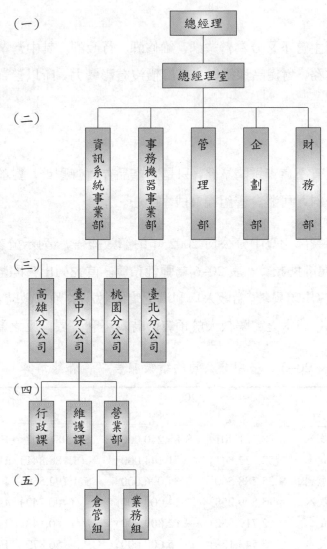

圖 20–1　興盛股份有限公司組織系統圖

3.第三層

　　資訊系統事業部所屬各分公司主管負責電腦與週邊設備的採購與銷售，人員的聘僱及產品的維修等營運上的決策，但是對固定資產的購置沒有決策權，所以是一個利潤中心。

4.第四層

臺中分公司主管下又分為營業課、維修課、行政課。其中營業課課長主要負責產品銷售業務,對貨品採購與產品訂價沒有影響力,所以營業課被視為收入中心。

5.第五層

倉管組的主管不負責採購業務,只是將產品存貨管理好,對於貨品的進出隨時保持正確資料,可將倉管組視為成本中心。

資訊系統事業部之臺中分公司 2002 年的績效報告, 列示於表 20-5 和表 20-6;表 20-5 為靜態預算,表 20-6 為彈性預算。首先列出實際數,接著列示預算數,最後計算出差異數。當收入與利潤之實際數小於預算數時為不利差異,反之為有利差異;成本之實際數大於預算數時為不利差異,反之為有利差異。

表 20-5　臺中分公司的績效報告——靜態預算

項　目	實際數	預算數	差異數	
		2002 年		
銷貨收入	$ 88,221,401	$ 85,240,000	$ 2,981,401	F
銷貨成本	(52,932,841)	(51,144,000)	(1,788,841)	U
銷貨毛利	$ 35,288,560	$ 34,096,000	$ 1,192,560	F
服務收入	13,599,258	14,000,000	(400,742)	U
零件成本	(2,719,852)	(2,800,000)	80,148	F
服務成本	(5,543,128)	(5,600,000)	56,872	F
營業毛利	$ 40,624,838	$ 39,696,000	$ 928,838	F
其他收入	5,137,658	5,000,000	137,658	F
營業費用	(29,112,930)	(28,129,000)	(983,930)	U
本期損益	$ 16,649,566	$ 16,567,000	$ 82,566	F

F: Favorable 有利差異　　　　U: Unfavorable 不利差異

表 20-6　臺中分公司的績效報告──彈性預算

項　目	實際數	預算數	差異數	
2002 年				
銷貨收入	$ 88,221,401	$ 87,797,200	$ 424,201	F
銷貨成本	(52,932,841)	(52,678,320)	(254,521)	U
銷貨毛利	$ 35,288,560	$ 35,118,880	$ 169,680	F
服務收入	13,599,258	13,580,000	19,258	F
零件成本	(2,719,852)	(2,716,000)	(3,852)	U
服務成本	(5,543,128)	(5,432,000)	(111,128)	U
營業毛利	$ 40,624,838	$ 40,550,880	$　73,958	F
其他收入	5,137,658	5,100,000	37,658	F
營業費用	(29,112,930)	(28,140,000)	(972,930)	U
本期損益	$ 16,649,566	$ 17,510,880	$(861,314)	U
F：Favorable 有利差異		U：Unfavorable 不利差異		

在編製績效報告時，常會使用彈性預算而不是靜態預算，因為有些成本會隨著作業水準的增加而改變，如果僅採用靜態預算來做比較，則無法適當地評估責任中心的績效。有關臺中分公司彈性預算之績效報告列示於表 20-6，由於變動銷貨成本與銷貨收入會隨著作業水準增加而增加，銷貨收入預算數增加使差異數減少。公司政策為銷貨售量增加時，服務部門人員要支援銷售部門出貨，會造成服務收入、零件成本、服務成本的預算數減少。因此，本期損益由原來的有利差異而變為不利差異 $861,314。所以使用彈性預算作基準來比較，較可正確評估責任中心的績效。

公司組織是有層級性的，所以績效報告也需要一級一級往上呈報，例如臺中分公司與其他分公司的績效評估報告，必須上呈至資訊系統事業部的副總經理，並成為其績效報告的一部分；資訊系統事業部與其他部門的績效報告也必須上呈總經理，作為總經理決策的參考。表 20-7 列出興盛公司 2002 年績效報告的關聯表。在這應注意的是，事業部副總經理收到分公司績效報告後，可評估自己的績效並幫助其管理每一個責任中心，又可以以此為基礎向總經理說明其績效。每一層級的績效報告詳細程度不同，也就是說總經理收到的績效報告與事業部副總經理收到的報告內容不同，總經理所重視的是各個部門的整體績效，單位主管則是要注意影響單位績效的每一項收入和費用分析。

表 20-7　績效評估報告關聯表

2002 年　　　　　　　　單位：千元

	實際數	預算數	差異數	
資訊系統事業部	$ 3,600,000	$ 3,500,000	$ 100,000	F
事務機器事業部	2,500,000	2,400,000	100,000	F
管理部	(800,000)	(820,000)	20,000	F
企劃部	(1,100,000)	(1,000,000)	(100,000)	U
財務部	(90,000)	(95,000)	5,000	F
合　計	$ 4,110,000	$ 3,985,000	$ 125,000	F
臺北分公司	$ 1,000,000	$ 950,000	$ 50,000	F
桃園分公司	700,000	720,000	(20,000)	U
臺中分公司	1,500,000	1,480,000	20,000	F
高雄分公司	400,000	350,000	50,000	F
合　計	$ 3,600,000	$ 3,500,000	$ 100,000	F
營業課	$ 3,000,000	$ 2,980,000	$ 20,000	F
維護課	(500,000)	(498,000)	(2,000)	U
行政課	(1,000,000)	(1,002,000)	2,000	F
合　計	$ 1,500,000	$ 1,480,000	$ 20,000	F
業務組	$ 3,500,000	$ 3,490,000	$ 10,000	F
倉管組	(500,000)	(510,000)	10,000	F
合　計	$ 3,000,000	$ 2,980,000	$ 20,000	F
人事費	$ (400,000)	$ (410,000)	$ 10,000	F
折舊費	(100,000)	(100,000)	0	
合　計	$ (500,000)	$ (510,000)	$ 10,000	F

F：Favorable 有利差異　　　　U：Unfavorable 不利差異

20.4 作業基礎管理法的應用

作業基礎管理法是採用多重的分攤基礎,來控制各項成本的支出,在本書上冊第 12 章曾討論過。運用兩階段成本分攤方法,先把所發生的全部資源成本,藉著第一階段的成本動因,把資源成本分攤到不同的作業中心,再藉著第二階段的成本動因,把每個作業中心的成本分攤至各項產品上。在本章內,可將每個責任中心視為一個作業中心,例如圖 20–1 上的興盛公司組織系統圖,臺中分公司下有行政課、維護課、營業課,可將這三課視為三個責任中心或作業中心。

假設臺中分公司要將三月份的員工福利費、辦公室租金和水電費分攤至三個課,首先要選定分攤基礎。在表 20–8 上,員工人數是員工福利費的分攤基

表 20–8 作業基礎管理法在責任中心的應用

成　本	責任中心	分攤基礎	比　例	分攤金額
員工福利費	行政課	20（人數）	10%	$ 30,000
$300,000	維護課	80	40%	120,000
	營業課	100	50%	150,000
		200	100%	$300,000
辦公室租金	行政課	120（坪數）	20%	$120,000
$600,000	維護課	120	20%	120,000
	營業課	360	60%	360,000
		600	100%	$600,000
水電費	行政課	80,000（上班時數）	20%	$160,000
$800,000	維護課	140,000	35%	280,000
	營業課	180,000	45%	360,000
		400,000	100%	$800,000

礎，使用面積坪數為辦公室租金的分攤基礎，員工上班時數為水電費的分攤基礎。依各項分攤基礎來計算各種成本分配至每個責任中心的比率，再將成本分配到每個責任中心。例如，三月份員工福利費 $300,000，分攤至行政課、維護課、營業課的比率分別為 10%， 40%， 50%， 這三個單位所需分攤的金額為 $30,000，$120,000 和 $150,000。

分攤基礎的選擇可依各組織的情況而定，有些公司是採用預算數為基礎，有些公司是採用實際數為基礎，如果這兩項數目的差距不大，則可採用任何一種。但是有季節性變化或變化幅度較大者，公司若採用預算數為基礎，所得的結果較為客觀。

20.5　部門別損益表

一個組織內的各個單位，也可稱為各個部門（Segment）。有些組織為使各個部門與組織整體的績效明確列示在損益表上，使管理者瞭解組織內各部門的個別績效，以及其對組織整體損益的影響，此種報表稱為部門別損益表（Segmented Income Statement），如表 20–9 所示，為邊際貢獻式的損益表，各個分公司的銷貨收入總和，即為資訊系統事業部的銷貨收入 $19,337,000。

至於成本部分，可直接歸屬至各個部門者，則分別列示在各個分公司底下。由於固定成本有些是各部門可控制的，有些為各部門不可控制的，因此在評估各部門利潤績效時，以部門可控制的邊際利潤為指標。可說是各部門較易接受且合理的績效指標，至於某些成本無法以客觀基礎分攤至各個部門者，除非採用主觀判斷方式來分攤。在此情形下，則將這些成本列在「未分攤成本」底下。除此之外，如果某項成本所產生的效益，對各部門皆有影響且無法以客觀方式分攤，稱為共同成本（Common Cost），例如總經理的薪資。在表 20–9 上，共同成本 $20,000,000 是資訊系統事業部協理的薪資，負責督導每個分公司。

表 20–9　部門別損益表

資訊系統事業部
部門別損益表
2002 年

	事業部	臺北	桃園	臺中	高雄	未分攤成本
銷貨收入	$ 19,337,000	$ 4,320,000	$ 5,400,000	$ 8,750,000	$ 867,000	
變動成本	(15,187,000)	(3,240,000)	(4,590,000)	(7,000,000)	(357,000)	
部門邊際貢獻	$ 4,150,000	$ 1,080,000	$ 810,000	1,750,000	$ 510,000	
部門可控制的固定成本	(220,000)	(30,000)	(10,000)	(50,000)	(30,000)	$(100,000)
部門可控制的邊際利潤	$ 3,930,000	$ 1,050,000	$ 800,000	$ 1,700,000	$ 480,000	$(100,000)
部門不可控制的固定成本	(930,000)	(50,000)	(100,000)	(200,000)	(80,000)	(500,000)
部門利潤	$ 3,000,000	$ 1,000,000	$ 700,000	$ 1,500,000	$ 400,000	$(600,000)
共同成本	(20,000)					
稅前淨利	$ 2,980,000					
所得稅	(745,000)					
稅後淨利	$ 2,235,000					

　　由表 20–9 的部門別損益表上，可將此種報表的特性歸類為三種：(1)邊際貢獻式：損益表編排方式為銷貨收入減變動成本得到邊際貢獻；(2)可控制和不可控制的區分：將固定成本依各個部門主管權限來區分為可控制的固定成本和不可控制的固定成本，符合責任會計原則；(3)部門別列示：損益表上有各個部門的個別績效以及組織整體績效。

本章彙總

　　集權化和分權化為組織的兩種型態，集權化組織的特色在於所有決定權集中於幾位核心高階主管，而分權化組織的權力則分散於各個單位的負責主管。至於何種組織型態是最好的，管理專家曾說過沒有一套管理準則放諸四海皆適用的，所以組織應視其需要而作適度的調整。以臺灣上市的家族企業為例，其組織型態則是集權化和分權化兩者並行。

　　不論是集權或分權的組織，均可實施責任會計制度，但是在分權化組織下較能有效的運作。在實施責任會計之前，應先將組織區分為若干個責任中心。一般而言，責任中心依

據管理者的權限和單位財務報表的形式，可區分為成本中心、收入中心、利潤中心和投資中心等四種類型。成本中心的主管僅對成本負責，所以支出會受到預算的限制；收入中心的主管只對收入負責，所以有業績目標達成的壓力；利潤中心的主管主要對成本和收入負責，換言之，即對單位利潤負責；投資中心的主管主要對該單位所投入的資產總值與利潤負責，亦即該主管須負責使投資中心達到目標投資報酬率。

責任會計是一種由責任中心計算，並且報告成本和收入的制度，每一個責任中心主管只負責他所能控制的成本與收入。彙總每個責任中心績效的報告稱為績效報告，其基本架構是實際數與預算數比較，再列出差異數。績效報告為責任會計的一大特色，作業基礎管理法亦可應用於責任會計中。因為作業基礎管理法強調的是二階段的分攤，所以可將每個責任中心視為一個作業中心。把所發生的全部資源成本藉由第一階段的成本動因，分攤至不同的責任中心，責任會計制度的實施是為了提升組織整體績效，所以在擬定和執行責任會計制度時，應掌握資訊性、控制性和激勵性三個重點。

在責任會計系統內，部門別損益表常被用來作為彙總各個部門績效與整體績效的報表。由於各項成本已依部門主管的權限來分別列示，有助於各部門績效的客觀評估。

名詞解釋

- 集權化（Centralization）

  決策權集中於少數幾位核心主管，其他員工沒有決策權。

- 共同成本（Common Cost）

  某項成本所產生的效益，對各個部門皆有影響，且無法以客觀方式分攤。

- 成本中心（Cost Center）

  責任中心主管只負責成本的發生，無法決定售價，亦不對收入或利潤負責。

- 分權化（Decentralization）

  組織整體目標分割為各個子目標，由各個單位分層負責，藉著各單位目標的達成提高組織效益，所以在分權化組織型態之下，沒有一位主管可掌握全部的營運活動。

- 投資中心（Investment Center）

  責任中心主管的管轄範圍，除了負責利潤中心主管所有的責任外，還要對

營運資金運用，及實體資產投資負責任。

· 例外管理（Management by Exception）

係只針對差異較大的部分，進行追蹤與追求改善方案。

· 績效報告（Performance Report）

責任會計制度下所編製的報告稱之為績效報告，每個責任中心的績效皆彙總在績效報告中。

· 利潤中心（Profit Center）

責任中心主管對該中心的生產和銷售活動都有控制權，則該主管應對收入與成本負責。

· 責任中心（Responsibility Center）

係指分權化的單位，由某一主管人員對其單位既定目標負責。

· 收入中心（Revenue Center）

主管僅對銷售活動負責而不管商品的成本。

· 部門（Segment）

組織內的各個單位。

· 部門別損益表（Segmented Income Statement）

將各個部門和組織整體的績效明確列示在損益表上，使管理者瞭解組織內各部門的個別績效，以及其對組織整體損益的影響。

作業

一、選擇題

（ ）20.1 下列何者不是分權化的優點？ (A)可加重高階主管的壓力 (B)運用例外管理原則 (C)有助於目標的達成 (D)各單位目標明確。

（ ）20.2 下列何者是分權化的缺點？ (A)缺乏目標整體性 (B)溝通時間較長 (C)協調時間與成本較高 (D)以上皆是。

（ ）20.3 下列何種企業不適合實施分權化？ (A)快速發展的企業 (B)產品變化較多的企業 (C)組織架構簡單的企業 (D)組織規模大且部門差異較大的企業。

（ ）20.4 只針對差異較大的部分進行追蹤及改善，使管理者的時間運用更有效率的管理制度，稱為 (A)責任會計 (B)分權化 (C)例外管理 (D)利潤中心。

（ ）20.5 下列何者不是責任中心的型態？ (A)生產中心 (B)成本中心 (C)投資中心 (D)利潤中心。

（ ）20.6 一家實施責任中心制度的企業，其研究發展部門應可歸屬於 (A)研究中心 (B)成本中心 (C)收入中心 (D)利潤中心。

（ ）20.7 下列何者不宜歸屬於成本中心？ (A)學校的訓導處 (B)郵局的儲匯部門 (C)公司的企劃部門 (D)製造業的維修部門。

（ ）20.8 當某部門的主管有權選擇市場及供應商時，此部門可歸屬為 (A)成本中心 (B)收入中心 (C)責任中心 (D)利潤中心。

（ ）20.9 某項成本所產生的效益，對每個部門皆有影響，且無法以客觀方式加以分攤者，稱為 (A)聯合成本 (B)主要成本 (C)共同成本 (D)可分攤成本。

（ ）20.10 在編製部門績效報告時，可以應用下列哪一種制度分攤資訊部門的費用？ (A)例外管理制度 (B)作業基礎成本法 (C)轉撥計價制度 (D)分權化制度。

二、問答題

20.11　試述分權化的特性。

20.12　簡述分權化管理的適用環境。

20.13　請解釋何謂「責任會計」?

20.14　簡述責任中心的種類及其特性。

20.15　試定義「例外管理」。

20.16　試列示分權化之優點與缺點。

20.17　請說明「績效報告」的定義與用途。

20.18　試定義何謂「共同成本」?

20.19　責任中心主管須對可控制成本負責，試問何謂「可控制成本」?

20.20　簡述「部門別損益表」的定義與用途。

三、練習題

20.21　大洋集團有百貨、物流及證券等三個子公司。請就下列大洋集團的不同部門，指出其最適合的責任中心型態。

　　　1. 大洋百貨公司的自營部門，該部門經理有權決定要購入何種商品及購買價格，同時亦有權決定售價。

　　　2. 大洋集團的投資部，人洋集團的投資決策全部由該部門負責。

　　　3. 大洋證券公司的承銷部門。

　　　4. 大洋百貨的會計部門。

　　　5. 大洋百貨的售票部門，專門代售國家音樂廳及劇院之表演、戲劇及音樂活動的門票。

　　　6. 大洋物流的配送部門，自行負責盈虧。

20.22　市立木柵醫院為了改善營運，採用公辦民營的方式，由大新集團接辦，並改名為木柵醫院，且採用責任中心制度。根據木柵醫院的組織架構，木柵醫院可分為門診部、住院部、外科手術部，各部門主管自負盈虧;

人事部及總務部等幾個部門，主管皆只對支出方面負責；同時在院長室中設置開發部負責木柵醫院對外的投資活動。

試求：請就上述木柵醫院的六個不同部門，指出其最適合的責任中心型態。

20.23 請就下列各種情況，指出其最適合的責任中心型態。

1. 保險公司的資訊部門。
2. 飲料製造商的裝瓶廠。
3. 電腦公司的北美分公司，負責該地區電腦的生產及銷售。
4. 臺北市政府的人事室。
5. 菸酒公賣局各地的配銷處。
6. 連鎖咖啡店的各分店。

20.24 請就下列宜蘭藝術學院的不同部門，指出其最適合的責任中心型態。

1. 國劇科。
2. 地方戲曲科中所屬的歌仔戲團，可至校外去表演以賺取收入來自負盈虧。
3. 對外招生的推廣部，有單獨的教學大樓、自聘教師且自行招生與自訂學費。
4. 註冊組。
5. 校友聯絡處，負責學校的募款活動。
6. 公關室，決定是否應於國內各大表演中心設置專櫃販售師生演出的錄音帶或錄影帶，同時亦可接洽國外表演團體來臺演出。

20.25 產品維修部及銷售部，是力華電腦之兩個主要的營業部門。產品維修部不僅負責該公司產品的維修，同時亦可承接企業的電腦維修工作，不管對內對外皆要收費；銷售部門則負責電腦的銷售。此外，力華電腦另設有採購部門負責電腦零件的採購。

力華電腦的總經理聽從管理顧問的建議，擬實施責任中心制度。他認為

產品維修部門是成本中心，銷售部門是利潤中心，而採購部門是成本中心。

試求：總經理的分析是否正確？

20.26 大力電子公司有三部門分別是多媒體事業部、通訊事業部與電腦事業部。公司資料與部門資料如下：

	大力公司	多媒體事業部	通訊事業部	電腦事業部
		公司部門		
服務收入	?	$500	$400	$200
減：變動費用	225	?	?	?
邊際貢獻	?	?	?	?
減：可控制固定費用	?	200	160	75
可控制部門貢獻	$440	$200	?	$ 75
減：其他可控制共定費用	?	?	100	?
部門貢獻	$180	$ 85	?	$ 30
減：共同固定成本	?			
稅前所得	?			
減：所得稅	75			
淨　利	$ 55			

變動費用是以佔銷貨金額百分比計算，多媒體事業部為 20%、通訊事業部 18.75% 與電腦事業部 25%。

試求：完成大力電腦公司部門別損益表。

20.27 大發運輸公司為一家運輸商品的公司，以成本中心之預算作為績效評估標準，該公司之預算如下：

成本項目	預　算
燃　料	$　0.25 每英哩
機　油	0.1 每英哩
齒輪油	0.05 每英哩加 $1,000
零　件	0.06 每英哩加 $1,200
財產稅	1,300

折 舊	2,500
停車費	2,000
監理費用	600
保險費	1,600

年度終了，此一部門共行駛 24,000 英哩，實際發生下列費用：

成本項目	金 額
燃 料	$6,220
機 油	2,515
齒輪油	2,190
零 件	2,705
財產稅	1,410
折 舊	2,500
停車費	2,400
監理費用	730
保險費	1,600

試求：編製大發公司運輸貨品部門績效報告。

20.28 英群公司顯示下列費用分類代碼：

5000	銷貨費用
6000	製造費用
6100	直接原料
6200	直接人工
6300	製造費用
7000	行政費用

帳戶編號	科目名稱	9 月 實際	預算	本 年 實際	預算
5110	廣 告	$125	$135	$833	$810
5120	壞帳費用	37	36	218	216
6310	折舊——機器	45	45	275	280
7110	折舊——辦公設備	17	16	102	96
6200	直接人工	749	751	4,599	4,506

6320	廠房費用	244	244	1,464	1,464
6330	廠房動力	34	33	237	218
6340	間接人工	176	174	1,056	1,044
6100	直接原料	1,319	1,388	8,178	8,328
6350	財產稅——機器	19	21	114	126
7120	財產稅——辦公設備	7	8	42	48
6360	維修費——工廠	47	50	351	320
7130	銷售人員薪資	1,687	1,601	9,122	9,606
5130	銷售佣金	109	111	754	670

試求：製造費用之月與年度績效報告。

20.29 下列為非凡公司績效報告之部分內容：

	實　際	預　算	差　異
生產單位	40,000	40,000	–
直接原料	$ 60,000	$62,000	$(2,000)
直接人工	200,000	?	3,000
主要成本	$260,000	?	1,000
變動製造費用	?	?	?
零　件	$ 20,000	$21,000	?
維修薪資	?	5,000	(800)
動　力	?	2,500	?
總變動成本	?	$28,500	$(1,300)
固定製造費用			
間接人工薪資	$ 18,000	$17,500	?
折　舊	?	8,000	600
保險費	?	?	?
其　他	7,200	?	200
總固定成本	$ 40,300	?	?
總成本中心成本	?	?	$(1,000)

試求：完成非凡公司的績效報告。

20.30 立生公司編製 A 工廠之責任報告如下：

立生公司

A 工廠責任報告

2003 年 7 月份

監督者之責任：張三、李四

	預 算	實 際	差 異	
直接人工	$ 21,000	$ 21,057	$ 57	U
材料：				
鋁合金	80,000	79,520	(480)	F
鈦合金	40,000	41,010	1,010	U
製造費用（變動與固定）	29,000	31,000	2,000	U
分攤總公司之行政費用	5,100	6,050	950	U
總成本	$175,100	$178,637	$3,537	U

試求：以責任會計觀念，評估該公司所編製之績效報告優缺點。

四、進階題

20.31 針對下列各種情況，指出其為成本中心、收入中心、利潤中心或是投資中心。

1. 百貨公司的超級市場部門，部門經理在商品的採購、定價的決定及人員的聘任有充分的決定權。

2. 連鎖便利商店，商品的售價及採購均由總公司決定，店長僅執行總公司所作的任何決策。

3. 電腦製造商的會計部門。

4. 潤景集團的總管理處，該處負責集團中所有的購併及投資活動。

5. 化妝品公司於百貨公司中設立的專櫃。

6. 百貨公司的禮品包裝部門，該部門係採服務性質，依據公司的優惠辦法，凡購買 $1,000 以上的禮品，皆可享有免費的包裝服務。

7. 太陽集團的太陽百貨公司。

8. 物流中心的資訊部門。

9.醫院的門診部門，自行控制成本與收入。

10.航空公司的售票部門。

20.32 日華電子維修部門 5 月份的預計費用如下：

固定成本：

折　舊	$448,000
電　費	95,200
租　金	84,400
薪　資	224,000

變動成本（每一工作小時）：

間接原料	$40.32
薪　資	22.4

維修部門在 5 月份計提供 100,000 工作小時的維修服務，該部門的實際費用如下：

折　舊	$448,000	薪　資	$2,435,860
電　費	100,800	間接原料	4,218,000
租　金	79,800		

試求：編製日華電子維修部門 5 月份的績效報告。

20.33 力強電機之裝配部門，在產能水準為 80% 及 100% 的預算資料如下：

	總　成　本	
	80%	100%
直接原料	$160,000	$200,000
直接人工	90,000	112,500
分攤共同成本	5,000	5,000
間接原料	14,500	17,500
財產稅	3,000	3,000
維修費用	14,000	16,000
電　費	2,800	3,000
保　險	1,750	1,750
折　舊	16,000	16,000

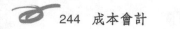

力強電機第一季的產能水準為 90%，該月份的實際成本資料如下：

直接原料	$185,000	維修費用	$14,800
直接人工	102,500	電　費	2,870
分攤共同成本	5,000	保　險	1,750
間接原料	15,500	折　舊	16,000
財產稅	3,000		

試求：編製力強電機裝配部門第一季的績效報告。

20.34 永達企業臺北廠 2 月份的預算如下：

成本項目	固定成本 （按 1,350 機器小時）	變動成本率 （每一機器小時）
間接人工	$ 2,500	$2.25
領　班	1,800	–
間接原料	500	1.2
電　費	150	0.35
維　修	1,950	1.00
保　險	350	–
租　金	3,000	–
員工福利金	500	–
機器折舊	850	–
退休金	900	–
其他費用	1,000	0.20

2 月份臺北廠的實際產能為 1,290 機器小時，實際成本如下：

成本項目	實際成本
間接人工	$5,750
領　班	1,800
間接原料	2,514
電　費	615
維　修	4,150
保　險	350

租　金	2,950
員工福利金	510
機器折舊	845
退休金	910
其他費用	1,420

試求：編製永達企業臺北廠 2 月份的績效報告。

20.35 臺昇公司實施責任中心制度，由制度推行小組中的總經理特別助理編製績效報告。 2003 年臺中分公司的績效報告如下：

	預算數	實際數	差　異	
生產數量	4,200	4,440	240	有利
製造成本：				
直接原料	$27,300	$29,614	$2,314	（不利）
直接人工	$34,650	$36,452	$1,802	（不利）
製造費用：				
間接人工*	$ 6,804	$ 7,503	$ 699	（不利）
間接原料*	2,394	2,200	(194)	有利
維修費*	1,386	1,598	212	（不利）
保　險	480	504	24	（不利）
房　租	1,440	1,440	0	
折　舊	1,200	1,200	0	
分攤共同成本	2,520	2,580	60	（不利）
製造費用總額	$16,224	$17,025	$ 801	（不利）
製造成本總額	$78,174	$83,091	$4,917	（不利）

*變動製造費用

由於臺中分公司才剛成立，根據公司的政策，只能允許臺中分公司有 2% 以下的不利差異。但是，根據總經理特別助理所編製的績效報告，臺中分公司有 $4,917 的不利差異，達實際數的 5.9%。因此，總經理對臺中分公司的營運能力感到不悅，擬汰換臺中分公司的主管。

試求：請評論總經理的決策是否正確。

第 *21* 章

轉撥計價與績效評估

學習目標

- 瞭解產品訂價方法
- 說明轉撥計價的方式
- 分析多國籍企業的轉撥計價
- 認識財務面績效評估
- 敘述非財務面績效評估

前　言

在第 20 章所介紹的四種責任中心，其中以投資中心的營運活動，較另外三種中心為複雜。有些企業同時擁有數個投資中心，甚至業務之間有相關性，此類企業也可稱為集團企業。由於企業間各單位彼此有業務往來，需要轉撥計價方法來決定產品或勞務的價值，有助於投資中心的績效評估。在討論轉撥計價的各種計算方法之前，先敍述幾種產品訂價方法，作為轉撥計價的計算基礎，同時也將說明多國籍企業的部門間產品或勞務流通的計價基礎。

針對投資中心的績效評估部分，將分為財務面指標和非財務面指標兩方面，財務面指標主要係指投資報酬率和剩餘利益；非財務面指標則為一些量化和質化的指標，可依組織的性質來選擇合適的績效評估指標。

21.1　產品訂價方法

產品訂價決策雖然是由業務部門主管作決定，但仍需要蒐集相關成本資料與考慮市場需求情況，才能作合理的決策。隨著交通的進步和資訊的發達，產品在市場的競爭情形愈來愈激烈，因此產品價格會隨各個市場的特性而有所改變。基本上，經濟學上所提出的典型供給需求線，如圖 21-1 所示，供給線與需求線相交的一點，即可決定出單位價格和銷售數量。當需求量大於供給量時，單位價格會因供不應求而上漲；如果供給量高於需求量時，則單位價格會因供多於求而下降。

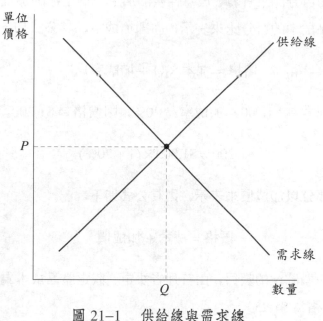

圖 21-1　供給線與需求線

　　產品價格的決定，在二十世紀的初期，由於是**賣方導向**（Producer Oriented），價格由賣方決定，尤其在獨佔或寡佔市場，產品價格一旦決定，在相當長的期間內價格不會改變或持續調漲。相對地，自二十世紀的中期開始，逐漸轉變為買方導向，也可稱為**消費者導向**（Consumer Oriented）產品價格隨著市場的供需決定，且價格要隨著市場的改變而作調整。

　　雖然市場競爭有日益激烈的現象，但管理者對產品的價格訂定，除了要考慮消費者可接受的價格外，　對於產品成本與訂價決策之間的關係亦需仔細衡量。理論上，以成本為基礎的訂價模式，可提供管理者合理的價格基礎，雖然有時會因政策而削價競爭，但為企業永續經營，產品價格宜高於成本和合理利潤的總和。本節將敘述成本加成的訂價計算方式，以及工程方面的招標訂價。

🌙 21.1.1　成本加成訂價法

　　以成本和利潤的總和為訂價基礎，而利潤的計算是以成本為基礎來決定加成的部分，稱為**成本加成訂價法**（Cost-plus Pricing Method）。至於加成部分，

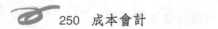

可以產品成本的百分比來計算，或每件產品加上一個定額的加成數來表示，如果加成是以產品成本的百分比來表示，亦即加成率，其公式如下：

$$價格 = 成本 \times (1 + 加成率)$$

假若產品成本為 $1,000，加成率為 20%，則價格為 $1,200。

$$\$1,200 = \$1,000 \times (1 + 20\%)$$

如果加成部分以加成價來表示，則其公式如下：

$$價格 = 成本 + 加成價$$

加成價為一個確定的數目，由管理者決定。假定產品成本為 $1,000，加成數為 $250 則價格為 $1,250。

$$\$1,250 = \$1,000 + \$250$$

為計算方便且有效地管理訂價決策品質，有不少公司偏向採用加成率方式來計算產品價格。通常公司採用成本加成法時，要先確定成本的基礎，大致上可分為下列四種：

⑴變動製造成本，包括直接原料，直接人工和變動製造費用。
⑵全部製造成本，為變動製造成本加上固定製造費用。
⑶全部成本，包括全部製造成本與銷管費用。
⑷全部變動成本，為變動製造成本加上變動銷管費用。

對於某產品的銷售價格為固定，不會因為所採用的成本基礎不同而有所改變。基本上，成本基礎所採用的金額愈低，加成率會愈高，此點可由表 21-1 得知。當某一產品的價格為 $245，以變動製造成本 $175 為基礎時，加成率為 40%；以全部成本 $205 為基礎時，加成率為 20%。由此可推論，對同一個產品而言，成本基礎數愈低，加成率愈高，所得的產品價格相同。在上述的四種成本基礎中，只有全部成本法才符合一般公認會計準則。

表 21-1　成本加成法

直接原料成本	$100
直接人工成本	50
變動製造費用	25
固定製造費用	10
變動銷管費用	15
固定銷管費用	5

$$價格 = 成本基礎 \times (1 + 加成率)$$

(1) $245 = \$175 \times (1 + 40\%)$

(2) $245 = \$185 \times (1 + 32^*\%)$

(3) $245 = \$205 \times (1 + 20^*\%)$

(4) $245 = \$190 \times (1 + 29^*\%)$

* 四捨五入的結果。

 實務焦點

神達電腦股份有限公司（http://mitac.mic.com.tw/）

神達電腦是「聯華神通集團」的一員，成立於 1982 年，在新竹科學園區內設廠，專攻個人桌上型電腦製造及研發，在這二十年當中，神達電腦於全球部署 20 多個據點，為因應公司業務急速發展與健全財務結構，並於 1990 年於臺灣股票市場上市，漸漸發展出全球運籌管理的經營模式。早期主要是從事電腦及其附屬設備軟硬體之設計製造加工，爾後，公司不斷地積極設廠及擴建廠房，並於 1993 年起在歐、美、日本、澳洲、香港、中國大陸等地設立子公司，加速全球產銷資源的整合；公司更於 1993 年獲得 ISO 9001 國際標準品質保證合格認證。

為因應網際網路科技所帶來的震撼，神達電腦把一個工廠切成十五個工廠，分散在全世界各地，當客戶下訂單時，由總公司傳進來，交貨是由全世界各地臨時組裝出來，稱為**接單後生產**（Build to Order）。並把公司流程自動化，所有的資訊都透明化，稱為企業資源規劃（ERP）。期望未來這種庫存低、交貨快、反應快、可以接受市場波動的經營模式，能為神達帶來美好遠景。

垂直及平行整合是聯華神通集團的全球策略，在垂直整合方面，以神達為主軸，搭配

聯成化學科技提供的化學材料做為垂直整合的上游，發展出主機板、元組件之製造、桌上型及筆記型電腦產品。平行整合則由聯強國際之物流及通路，搭配神通電腦之電子商務，發展出結合虛擬及實體的電子商務交易平臺，以最快捷及以客戶需求為導向的服務，發展出所謂的由設計到製造的 D2D (Design to Delivery) 及 Internet-based 之交易模式及售後服務。垂直及平行整合策略，並結合關係企業間的合作，奠定神達在二十一世紀高科技領域中領先的地位。

神達電腦股份有限公司的主要營業項目為電腦及其附屬設備軟硬體等有關產品之開發設計、製造與銷售。主要的產品為高功能個人電腦及工作站，高功能多處理機、筆記型個人電腦、監視器等，產品的銷售遍佈世界各地。

由於個人電腦產業發展快速，不斷創造出可觀的市場機會，而且如今歐美的景氣逐步好轉，神達各項強化營運體質的措施，自研發、生產以至服務已按步就班地付諸實行，所以公司遠景甚為良好。

目前神達電腦掌握全球約百分之十的桌上型電腦生產量，生產及服務據點遍佈世界各國，並已在廣東、上海、北京等地建立據點。神達除了發展桌上型電腦、筆記型電腦、主機板等產品，近年來更將其觸角深入無線通訊及資訊家電領域。這些未來科技產業的投資，將會替神達在變化迅速的科技世界中取得先機。

神達電腦股份有限公司為一個多國籍企業，國內總公司與國外子公司間以及部門間產品的移轉十分頻繁，因此部門間產品移轉的訂價決策，會影響公司產品成本的計算。為因應市場需求多變化和績效評估客觀化，神達公司在近年來主要採用市價作為產品移轉價格的基礎。

「全球運籌管理」結合了製造、經銷兩大體系，提供客戶從產品研發設計、生產製造、全球交貨、乃至售後服務等，一系列完整且迅速的服務機制。經由臺、美地區研發、設計，結合大陸、臺灣生產基地所生產的模組與半成品，配合美、澳、英等地區的 BTO/CTO 組裝中心，形成全球分工製造模式。依據產品的技術層次、生產成本、運輸時效與賦稅方面等，來考量所組成的製造網路系統已能達到及時反應訂單交貨的能力。例如神達可將大陸廣東、臺灣所生產的主機板、半成品 (Bare-Bone)、運送至設於全球各地的 BTO (Build-to-Order)、CTO (Configuration-to-Order) 組裝中心，進行最後組裝，送交客戶手中。

一面可就近將產品運送至各個主要市場，另一方面也可借助上述地區所佈建的經銷體系，進行關鍵零組件的採購、避免可能產生的跌價風險。如此一來，不僅可以有效掌握生產時效，並可降低成本、強化競爭力。

21.1.2　投標訂價法

對一般商品的訂價，可採用成本加成法，由企業內部人員運用成本資料，再考慮合理的報酬率以決定加成率，即可計算出產品的價格，最後只對外公佈售價，不必提供計算的過程。但對於政府單位的工程招標，投標的廠商必須在投標單上列出各項預期支出的成本，將其加總後再加上政府工程招標案所規定或自訂的加成率，例如 15% 為最後的工程訂價，雖然廠商希望提高利潤，但是只有投標價格最低者才能得標。因此，工程公司的主管要在成本、利潤、價格之間找出一個均衡點，以達到可得標又可獲取利潤的雙贏局面。

安迪工程股份有限公司是一個從事機械、儀電與環保工程之公司，其營業性質為承攬工程及整體規劃，常常必須依照不同的案子，提出個別的投標價格。該公司於近日接到一個儀電工程招標案，在提出競標金額之前，總工程師對該工程案作了評估，詳細計算為此工程所需花費之成本，如下表 21-2 所示，經過各項成本計算，最後決定出工程訂價為 $97,750,000。

表 21-2　投標訂價

材料成本：		
內　購	$40,000,000	
外　購	11,000,000	
		$51,000,000
人工成本		25,500,000
工程費用：		
設計費用	$3,400,000	
利息支出	1,700,000	
保險費用	850,000	
雜項費用	2,550,000	8,500,000

總成本	$85,000,000
加成價 (15%)	12,750,000
工程訂價	$97,750,000

上述表 21-2 中，因為投標決策除了成本計算之外，還必須考量許多其他外部及非量化的因素，例如競爭對手之可能報價，合作對象的配合程度，以及顧客可以接受的價格範圍，公司經過各項分析所作出的整體性考量也會直接影響其投標決策。以上述安迪工程公司的例子來說明，當該工程的成本依照所需發生之成本估計及累加之後，仍要考慮下列各項因素，作出最後之投標訂價，這些因素包括：

1.競爭對象

競爭對手的公司型態（國營或民營）與技術能力，以及承接之意願，這些種種會影響其可能報價的提高或降低。

2.合作對象

大型工程案通常需要有合作公司，其技術能力與成本能否勝任，其負載量是否足以應付新工程，也會影響成本與投標訂價。

3.財務調度

因為投標工程必須繳交保證金，不同之合約，其繳款方式及給付工程款方式會有所不同。在考量整體財務調度後，才可以判斷是否參與競標，以及決定出可以接受之標價。

4.負載量

公司已承接之業務會影響可接受工作量的程度，如果有閒置產能時，可以用較低價格去競爭；反之，則會考慮提高價格或放棄投標。

5.預算達成率

如果年度擬達成的業績已達成，則可以要求較高的報酬率來提高訂價；反之，則為了爭取業績而壓低價格。

6.長期考量

對於新的業務之介入，可考慮以先搶到工程為目標，即將虧損的報價也可以接受。或是預期未來之後續工程服務的利潤大，則以較低之報價爭取第一件工程。

安迪工程公司在計算出成本與固定加成價方式之後，所得到的投標訂價，再單獨考慮上述六種因素之後，才提出最符合當時公司利益之投標價格。因此，會產生實際工程報價低於依成本加成法所計算出來的工程訂價的情況。

另外，也有些公司在考慮工程招標案時，為配合公司的業務發展政策和確保得標，只將增額成本的部分列在投標單上，如同採用變動成本為訂價計算基礎。此種作法適用於短期決策，只要投標案所帶來的增額收入超過增額成本即可接受；但是對長期而言，企業為永續經營起見，投標案所訂的價格宜足夠支付全部成本並且有合理的利潤。

21.2　轉撥計價

在集團企業內，有時會有部門之間的貨品銷售或勞務提供，這種貨品或勞務移轉的企業內部訂價，稱為**轉撥計價** (Transfer Pricing)。部門間貨品或勞務之移轉價格會影響到轉出部門和轉入部門的績效，由於轉出部門希望將售價提高以增加部門的利潤；但轉入部門希望將買價降低，使成本下降，讓部門績效提高。因為兩個部門的立場不同，其中會產生衝突，為降低不必要的衝突，需要訂定一套合理的轉撥計價模式。理論上，部門間的移轉價格範圍設立的上下限列示如下：

上限：貨品或勞務在外界市場流通的最低價格。
下限：單位變動成本與單位機會成本的總和。

在移轉價格的範圍內，公司可採用下列幾種方法來計算部門間貨品或勞務移轉價格：

(1)以市價為基礎的移轉價格。

(2)以協議價格為基礎的移轉價格。

(3)以成本為基礎的移轉價格。

(4)轉出部門與轉入部門採用不同的基礎，稱為雙重價格基礎。

在討論上述四種方法的內容之前，要先說明機會成本對轉撥計價的影響。所謂機會成本 (Opportunity Cost) 係指出售部門因放棄銷售給外界單位所遭受的利潤損失，例如某產品的市場單位售價為 $100，單位成本為 $60，部門間移轉價格的設定要依轉出部門是否擁有閒置產能的情況來決定。如果出售部門沒有閒置產能、市場上供不應求，則移轉價格為 $100，即單位成本 $60 加上機會成本 $40；如果出售部門擁有閒置產能，市場上貨品滯銷，則移轉價格即為單位成本 $60。

● 21.2.1　以市場價格為基礎

有些公司內的各個組織特性屬於利潤中心，且產品市場為充分競爭市場，此時市價 (Market Price) 可說是最客觀的基礎。如果轉出部門沒有閒置產能，且該貨品在市場銷售情況良好時，以市價作為移轉價格的基礎，可說是對各個部門皆很公平合理。

雖然市價為轉撥計價的合理基礎，但仍有一些問題存在，分別敘述如下：(1)該項產品為中間產品，在市場上無法找到合適的價格；(2)部門間貨品移轉，不像銷售給外界，所以不需要支出廣告費與配送成本；(3)市場上的價格會有季節性的變化，價格不穩定，無法決定客觀的市價；(4)數量折扣與付現折扣對不同外界購買者有不同的折扣條件，但對內部的部門不易決定折扣條件。

21.2.2　以協議價格為基礎

市價雖然是一個客觀的價格，但在實務上仍有困難存在，因此有些部門採用**協議價格 (Negotiated Transter Price)**。由貨品轉出部門與轉入部門雙方互相協議來決定價格，協議價格可以解決市場價格所面臨的一些問題，尤其是一些產品在市場上沒有流通，無法找到合理市價時；此外，協議價格作為轉撥計價的基礎，需要下列四項要件，較易成功地成為移轉價格：

(1)有外在的中間產品市場。

(2)協議者可分享所有的市場資訊。

(3)雙方皆可自由地向外購買或出售貨品。

(4)高階管理者要給予支持與適度的干涉。

協議價格制度雖可彌補市場價格制度的缺點，但是在執行上也有些缺失，主要是雙方協議的過程較耗時，且容易造成部門衝突，同時談判技巧較好的經理人才較易取得優勢，有時反而造成不公平的現象。為避免部門間不必要的衝突，高階主管需要花費時間在監督談判過程與調解爭執。

21.2.3　以成本為基礎

理論上，以成本為轉撥計價的基礎可說是最簡單的方法之一，但是在計算移轉價格之前，公司管理階層要先決定成本的定義，如同 21.1 節所討論成本加成法的成本基礎，大致上可區分為變動製造成本、全部製造成本、全部成本和全部變動成本四類，每一類型成本所涵蓋的項目不同。此外，成本的衡量是以實際成本或標準成本為準也需要明確訂定，任何一種成本衡量方式各有其優缺點，例如實際成本為實際成本發生數，較為正確且客觀，但是有時受季節性變動的影響；會造成單位成本的不穩定。相對地，標準成本是採用過去歷史資料來推算，較能提供及時資訊，且不受季節性變化的影響；但是標準成本為估計數，如果估計的過程不完善，會造成標準成本與實際成本有很大的落差。有些

公司已將會計系統電腦化，所有的成本資料皆輸入電腦資料庫中，所以可定期的修正標準成本，使標準成本與現時狀況不會有太大的差距。

表 21-3 列示出四種成本基礎的計算方式，各公司可隨內部需求來決定採用哪一種計算方式。有些公司會將銷管費用中屬於公司內貨品或勞務移轉，而節省下來的費用予以刪除。相對地，也有些公司將成本加上加成價來作為移轉價格。

表 21-3　以成本為基礎的移轉價格

直接原料成本	$200
直接人工成本	75
變動製造費用	100
固定製造費用	50
變動銷管費用	45
固定銷管費用	25
變動製造成本： $200 + $75 + $100 = $375	
全部製造成本： $375 + $50 = $425	
全部成本： $425 + $45 + $25 = $495	
全部變動成本： $375 + $45 = $420	

至於公司內部貨品移轉所加的加成價，可依公司的組織型態、銷售政策、貨品銷售等情況而定。如果該產品在市場銷售狀況良好，有供不應求的情形，此時移轉價格會接近市場價格，也就是說轉出部門會得到合理的利潤。

21.2.4　雙重計價基礎

由於各個責任中心績效評估的標準不同，收入中心的衡量標準是評估收入總額的多少，成本中心的評估方式為成本控制程度，至於利潤中心與投資中心的績效衡量方式，以該部門所賺取的利潤為基礎，所以各個責任中心所追求的目標不同。企業內部門之間，貨品或勞務的移轉是常見的事情，為避免部門間不必要的衝突，有些公司採用**雙重計價 (Dual Pricing)** 基礎，亦即轉出部門與

轉入部門，分別採用不同的計價基礎，例如甲部門為收入中心，將貨品出售給屬於成本中心的乙部門。由於甲部門的目標是收入最大化，乙部門的目標是成本最小化，所以甲部門採用市場價格為移轉價格，使該部門績效不會因為銷售給乙部門而下降，乙部門則採用以變動製造成本為基礎的移轉價格，使該部門成本控制良好。

這種部門間貨品或勞務之移轉，各部門採用不同的計價基礎，在理論與實務上是可接受的。但是在部門與公司整體績效評估時，對各部門所採用的基礎要清楚，尤其在公司整體績效評估時，要扣除利潤雙重計算的部分，以免造成公司整體績效評估報告，無法真實表示公司的實際績效。

21.2.5　轉撥計價的會計處理

在本節中討論過幾種移轉價格的計算方式，如果移轉價格高於成本，則有內部利益的產生。根據一般公認會計準則，企業在編製合併財務報表時，部門間的內部利益要予以削除，只有在貨品出售或勞務提供給外界人士時，才能將損失或利潤予以認列。為使讀者瞭解轉出部門，轉入部門與公司整體三部分的會計處理，茲舉民生公司為例來說明。

假設民生公司的臺北廠將貨品銷售給臺中廠，該批貨品的成本為 $5,000，臺北廠以 $6,000 的價格售給臺中廠，就此貨品移轉所產生的分錄，分別敘述如下：

臺北廠

應收帳款——臺中廠	6,000	
內部銷貨收入		6,000
內部銷貨成本	5,000	
存　貨		5,000

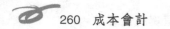

臺中廠

| 存　貨 | 6,000 | |
| 應付帳款——臺北廠 | | 6,000 |

民生公司

| 應付帳款——臺北廠 | 6,000 | |
| 應收帳款——臺中廠 | | 6,000 |

內部銷貨收入	6,000	
內部銷貨成本		5,000
內部銷貨毛利		1,000

| 內部銷貨毛利 | 1,000 | |
| 存　貨 | | 1,000 |

　　各個部門在貨品移轉的時候即作相關分錄，如臺北廠和臺中廠的分錄；但在會計期間結束時，要作沖銷分錄，如上面民生公司的分錄，在沖銷的分錄中，第一個分錄為應收帳款與應付帳款的沖銷；第二個分錄是銷貨收入與銷貨成本的沖銷，差額的部分視為內部銷貨毛利；第三個分錄是將存貨與內部銷貨毛利互抵，使存貨的價值在公司整體的財務報表上，仍保持最初在臺北廠的價值 $5,000，即使目前已成為臺中廠的存貨。

21.3　多國籍企業的轉撥計價

　　近幾年來，集團企業的營業範圍由國內到國外，有些公司甚至到海外設置分公司或工廠，使部門間的轉撥計價演變為多國籍企業的轉撥計價。由於各國的稅率、優惠條件、運費、保險費、貨品出入境管制、外幣與匯率的管制等因

素不同，使多國籍企業的轉撥計價模式較為複雜，管理階層要考慮多方面的因素，才決定移轉價格。如同神達電腦股份有限公司為加速全球資源的整合，自1993 年起在歐洲、美洲、澳洲以及東南亞地區，分別設立子公司，成為一個多國籍企業。

稅率往往是多國籍企業訂定移轉價格的主要考量因素，通常使利潤發生於稅率低的國家，可減輕公司的稅負。所以在不同國籍部門間的移轉價格設定，要注意各個部門所在地國的稅率，當貨品由稅率低的部門移轉至稅率高的部門，應設定高的移轉價格。如表 21-4 所示，由臺灣分公司銷售產品到美國分公司，宜採用較高的移轉價格，可減輕稅負，使公司整體利潤上升。

表 21-4 多國籍企業的轉撥計價

(一)低移轉價格	臺灣（25% 稅率）	美國（40% 稅率）	公司整體
單位銷售價格		$ 5,000	$ 5,000
單位移轉價格	$ 3,000	(3,000)	
單位銷售成本	(2,500)		(2,500)
單位銷售毛利	$ 500	$ 2,000	$ 2,500
單位營業費用	(200)	(800)	(1,000)
稅前淨利	$ 300	$ 1,200	$ 1,500
所得稅	(75)	(480)	(555)
稅後淨利	$ 225	$ 720	$ 945
(二)高移轉價格	臺灣（25% 稅率）	美國（40% 稅率）	公司整體
單位銷售價格		$ 5,000	$ 5,000
單位移轉價格	$ 4,000	(4,000)	
單位銷售成本	(2,500)		(2,500)
單位銷售毛利	$ 1,500	$ 1,000	$ 2,500
單位營業費用	(200)	(800)	(1,000)
稅前淨利	$ 1,300	$ 200	$ 1,500
所得稅	(325)	(80)	(405)
稅後淨利	$ 975	$ 120	$1,095

從表 21-4 得知，因為臺灣的營利事業所得稅率較美國為低，所以當貨品由臺灣移轉至美國，宜採用高移轉價格，對公司整體所造成的利潤較高。例如，

當移轉價格設定為 $3,000 時，公司要繳納所得稅 $555，得到稅後淨利 $945；如果將移轉價格設定為 $4,000 時，則公司需繳納所得稅 $405，得到稅後淨利 $1,095。其中稅後淨利的差額 $150，即是所得稅的差額。由此推論，稅負降低可增加公司的整體利潤。

21.4　財務面績效評估

在本書上冊第 11 章中曾介紹平衡計分卡 (Balanced Scorecard) 的觀念，說明績效評估可從財務面和非財務面的層面來衡量，大體上可分為財務、顧客、創新與改善、處理程序四方面。財務面指標主要與傳統的財務指標相似，重點在於衡量投資報酬率、現金流量、純益率和銷售成長率。本節主要討論財務面指標，在下節討論非財務面指標。

表 21-5 列舉財務指標，分為資本適足性 (Capital Adequacy)、安全性 (Security)、效率性 (Efficiency)、獲利性 (Profitability)、流動性 (Liquidity)、成長性 (Growth) 六方面。資本適足性是測試公司的財務結構，如果股東權益佔總資產的比例愈高，表示企業的自償性愈高，對債權人的保障也愈大。槓桿比率是測量外來資金與自有資金的比率，此比率愈高表示長期償債能力越弱，顯示資本結構越差。

效率性是評估管理的效率，前兩項比率愈高，表示營運管理效率愈差。但是第三項比率為衡量平均每位員工所創造出來的營業收入，此比率愈高表示公司的管理效率愈好，獲利能力良好。

表 21-5　財務指標彙總表

分　類	財務比率
資本適足性 　（Capital Adequacy）	·股東權益 / 總資產
安全性（Security）	·槓桿比率（負債總額 / 股東權益）

效率性（Efficiency）	·營業費用 / 營業收入 ·營業費用 / 資產總額 ·營業收入 / 員工人數
獲利性（Profitability）	·純益率（稅前純益 / 營業收入） ·資產報酬率（稅前純益 / 資產總額） ·剩餘利益（稅前純益 - 投資額×資金成本率） ·股東權益報酬率（稅前純益 / 股東權益）
流動性（Liquidity）	·流動比率（流動資產 / 流動負債） ·速動比率（速動資產 / 流動負債）
成長性（Growth）	·營業收入成長指數 ·資產成長指數

　　獲利性評估的四項指標，所得結果愈高表示獲利情況愈好。有三項指標為比率，分子為稅前純益，有些書是採用稅後純益。本書為避免因稅率不同所造成的影響，建議採用稅前純益，至於剩餘利益則為絕對值，將所得的利潤扣除預期利潤，所得結果愈高表示實際績效較預期績效好。一般在部門間或公司間作獲利能力的比較時，大多數公司會採用純益率和資產報酬率，因為計算簡便且易於作比較。如表 21-6 所示，乙公司的稅前純益雖然高於甲公司，但是甲公司的純益率和資產報酬率比乙公司高很多，表示甲公司的獲利能力較好。

表 21-6　純益率與資產報酬率

	甲公司	乙公司
稅前純益	$ 30,000	$ 100,000
營業收入	200,000	3,000,000
資產總額	150,000	2,500,000
純益率	15%	3%
	$\left(\dfrac{\$30,000}{\$200,000}\right)$	$\left(\dfrac{\$100,000}{\$3,000,000}\right)$
資產報酬率	20%	4%
	$\left(\dfrac{\$30,000}{\$150,000}\right)$	$\left(\dfrac{\$100,000}{\$2,500,000}\right)$

　　至於剩餘利益適用於兩個投資額相同的投資案時，以資產報酬率無法判斷

哪一個方案較好的時候，如表 21-7 的資料。中華公司面臨在南區或北區設置
經銷店的兩個方案，由於兩案的資產總額、資產報酬率皆相同，無法由資產報
酬率的評估結果來作決策，此時可以剩餘利益來評估。因此，宜選擇北區經銷
商案，可得到較高的利潤。

表 21-7　剩餘利益

	南　區	北　區
稅前純益	$550,000	$700,000
資產總額	$5,000,000	$5,000,000
資金成本率	9%	9%
資產報酬率	10%	10%
剩餘利益	$100,000	250,000

　　流動比率與速動比率是用來測試企業流動資產的變現能力，這些比率愈
高，表示公司的短期償債能力愈佳。速動資產為除了存貨以外的流動資產，企
業的成長性主要是以營業收入和資產額的成長指數來評估，如果企業每年度呈
正數的持續穩定成長，表示企業的成長性穩定。

21.5　非財務面績效評估

　　績效評估可從財務面和非財務面來評估，傳統所常用的財務指標主要採用
歷史資料來衡量當期績效。當衡量結果出來時，僅能判斷本期績效的好壞，但
無法即時改善本期不良之處，至多可作為下期績效的參考標準。為有效地及時
改善當期績效，管理階層開始採用非財務面的量化指標，例如良品率、準時送
貨率、製程時間、整備時間、製造循環績效、生產力等。分析非財務面指標，
有助於找出成本動因 (Cost Driver)，當發現製造程序中有異常的產生，可及時
作改善，促使損失降到最低，進而使成本降低或利潤提高。非財務面指標的衡

量不像財務面指標的衡量方式，通常要等一段期間才作衡量；相對地，非財務面指標可隨時衡量，例如製造廠商採用線上監控的方式，找出各項非財務指標可容忍範圍的上、下限，只要超過這可容忍範圍，針對缺失要立刻修正、改善，可達到有效地成本控制。

在競爭激烈的市場，顧客所追求的是高品質、低價位的產品或服務，因此良品率和準時送貨率愈高表示效率愈好。良品率為良品數除以全數產量，準時送貨率即為準時送達顧客的貨品數除以全部貨品銷售數，實務上也有些公司採用不良率、誤時送貨率，此時，比率太高要及時注意，應仔細找出原因。

此外，**製造循環績效** (Manufacturing Cycle Efficiency, MCE) 是將製造時間除以製造時間、等待時間、檢驗時間和運送時間的總和。理論上，製造循環績效愈接近 1.00 愈好，表示主要時間花在製造方面，沒有浪費時間。以青青公司為例，說明製造循環績效的計算方式。從表 21–8 可知道青青公司的製造循環績效只有 0.61，距離 1.00 尚有一段差距，顯然該公司在生產程序方面仍有待改進。雖然在實務上無法達到零浪費，而使得製造循環績效為 1.00，但該績效要愈高愈好。

表 21–8　製造循環績效

青青公司的生產資料如下：

製造時間	@10 分鐘
檢驗時間	@ 3 分鐘
等候時間	@ 1 分鐘
運送時間	@2.5 分鐘

製造循環績效計算如下：

$$\frac{製造時間}{製造時間 + 等待時間 + 檢驗時間 + 運送時間}$$

$$= \frac{10}{10 + 3 + 1 + 2.5} = \frac{10}{16.5} \doteq 0.61$$

本章彙總

　　當組織體內各單位彼此有業務往來時，需要用轉撥計價方式決定產品或勞務的價值，這種情況最常發生在企業集團內。在討論轉撥計價方法之前，本章先介紹幾種常見的產品訂價方法，包括成本加成訂價法、投標訂價法等，作為轉撥計價的計算基礎。

　　理論上，合理的轉撥計價模式，其轉撥價格上限為貨品或勞務在外界市場流通的最低價格；轉撥價格下限則為單位變動成本與單位機會成本的總和。在移轉價格的範圍內，公司可採用四種方法來計算部門間貨品或勞務的移轉價格。第一種方法是以市價為基礎的移轉價格；第二種方法是以協議為基礎的移轉價格；第三種方法則是以成本為基礎的移轉價格；最後一種方法是雙重價格基礎，即指轉出部門與轉入部門採用不同的價格基礎。如果是多國籍企業，管理階層要考慮多方面的因素，才能決定移轉價格，通常稅率是多國籍企業訂定移轉價格的主要考量因素。當產品或勞務從高稅率移轉至低稅率國家，應訂定較低的移轉價格，反之則應設定較高的移轉價格，因為利潤發生於低稅率的國家，可以減輕企業的賦稅。

　　評估組織內各部門績效所採用的衡量方法，可分為財務面和非財務面，本章將財務面指標概分為資本適足性、安全性、效率性、獲利性、流動性、成長性等六大類，主要的財務指標包括投資報酬率、現金流量、純益率和銷售成長率。由於財務指標是採用歷史資料來衡量當期績效，當衡量結果出來時，僅能判斷本期績效的好壞，無法即時改善本期不良之處，所以非財務面的量化指標就顯得很重要。

　　實務上常用的非財務面績效指標，包括良品率、準時送貨率、生產力和製造循環績效。良品率為良品數除以全部產量；　準時送貨率為準時送達顧客的貨品數除以全部貨品銷售數；製造循環績效是將製造時間除以製造時間、等待時間、檢驗時間和運送時間的總和。上述三個常用的非財務性指標，數值愈大則表示績效愈好。

名詞解釋

・**資本適足性 (Capital Adequacy)**
　　係指測試公司財務結構的財務指標。

・**消費者導向 (Consumer Oriented)**
　　產品價格由市場供需決定，賣方依買方的喜好提供產品或勞務。

‧成本加成訂價法 (Cost-plus Pricing Method)

　　係指以產品成本為計算利潤加成數的基礎，再以成本和利潤加成數的總和
　　作為產品訂價的參考。

‧雙重計價 (Dual Pricing)

　　係指產品轉出部門與轉入部門，分別採用不同的計價基礎。

‧效率性 (Efficiency)

　　係指評估管理效率的財務指標。

‧成長性 (Growth)

　　係指由營業收入和資產額的指數，來評估企業的成長穩定性。

‧流動性 (Liquidity)

　　係指測試企業流動資產變現能力的財務指標。

‧製造循環績效 (Manufacturing Cycle Efficiency, MCE)

　　係指衡量製造效率的非財務性指標，其公式為製造時間除以（製造時間 +
　　等待時間 + 檢驗時間 + 運送時間）的四項總和。

‧市價 (Market Price)

　　產品在市場上由供需所決定的價格。

‧協議價格 (Negotiated Transfer Price)

　　係指由產品轉出部門與轉入部門雙方協議所決定出的價格。

‧機會成本 (Opportunity Cost)

　　此處所指的機會成本，係指出售部門因放棄銷售給企業體外單位，而遭受
　　到的利潤損失。

‧賣方導向 (Producer Oriented)

　　產品價格由賣方決定，買方只能被動地接受賣方所提供的產品。

‧獲利性 (Profitability)

　　指衡量平均每位員工所創造出來的營業收入。

‧安全性 (Security)

　　衡量企業是否有足夠的資金來支付負債之能力。

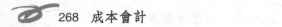

‧**轉撥計價** (Transfer Pricing)

係指企業集團內由一個部門出售產品或提供勞務給另一部門時，所設定該項產品移轉的價格。

◆ 作業

一、選擇題

( )　21.1　下列對產品定價的敘述，何者為非？　(A)在二十世紀初期，產品價格由賣方決定　(B)在二十世紀初期，產品價格常常調降　(C)在二十世紀中期以後，產品價格隨市場的供需決定　(D)在二十世紀中期以後，產品價格常常會隨市場的改變而調整。

( )　21.2　下列對轉撥計價制度的描述，何者為非？　(A)移轉價格的適當與否，會影響部門利潤的計算　(B)部門績效評估制度，有賴於健全的轉撥計價制度　(C)健全的轉撥計價制度，可直接增加企業的利潤　(D)轉撥計價制度的設計，必須考量部門的自主性。

( )　21.3　最適當之部門間移轉價格的上限為　(A)貨品或勞務在外界流通的最低價格　(B)貨品或勞務在外界流通的平均價格　(C)貨品或勞務在外界流通的最高價格　(D)以上皆非。

( )　21.4　最適當之部門間移轉價格的下限為　(A)單位變動成本與單位機會成本總和　(B)單位固定成本與單位機會成本總和　(C)單位變動成本與單位付現成本總和　(D)單位機會成本與單位付現成本總和。

( )　21.5　以市價為基礎之轉撥計價制度的移轉價格，通常會是哪一種情況？　(A)較不被接受　(B)與市價的差額不大　(C)遠遠高於市價　(D)不一定。

( )　21.6　下列何者不是以協議價格為基礎之轉撥計價制度的要件？　(A)有外在的中間產品市場　(B)市場資訊由轉出及轉入部門分享　(C)轉出部門不可任意出售商品給外界　(D)轉入部門可自由地向外購買產品。

( )　21.7　下列對移轉價格的敘述，何者為真？　(A)市價制度容易造成部門間的衝突　(B)協議價格制度十分客觀　(C)成本是最簡單的移轉價格　(D)雙重計價制度是理論上可行的制度，於實務上並不適用。

( ) 21.8 下列何項財務指標不適合作為衡量企業的效率性?　(A)營業成本/營業收入　(B)營業費用/資產總額　(C)營業收入/員工人數　(D)生產數量/員工人數。

( ) 21.9 對多國籍企業而言,下列何者是其轉撥計價制度的主要目的?　(A)衡量部門績效　(B)提高公司利潤　(C)節省部門成本　(D)降低公司總稅賦。

( ) 21.10 下列何者不是協議價格制度的缺點?　(A)浪費時間　(B)導致次佳的產出水準　(C) 造成部門間的衝突　(D)無法降低成本。

二、問答題

21.11 簡述產品價格決定權的轉變。

21.12 請說明何謂「轉撥計價」?

21.13 試列示轉撥計價的會計方法。

21.14 請定義「雙重計價」。

21.15 欣大公司聽取會計師建議,採用市價為轉撥計價的基礎,試推論會計師建議的背景原因。

21.16 請說明訂立合理轉撥價格範圍的原因。

21.17 假設您是公司的財務主管,採用協議價格為轉撥計價基礎時,要注意哪些條件,才較易成功。

21.18 試說明考慮轉撥價格時,是否需要考慮所得稅率?

21.19 請解釋「資本適足性」與「財務槓桿比率」。

21.20 簡述何謂「剩餘利益」?

三、練習題

21.21 普新公司的會計經理根據產量及銷量 20,000 單位為基礎,提供下列的成本資料:

成本項目	單位成本
直接原料	$120
直接人工	50
變動製造費用	40
固定製造費用	10
變動銷管費用	30
固定銷管費用	20

試求：請分別依下列方法，計算普新公司產品的單位售價：

　　1.變動製造成本訂價法（加成 60%）。

　　2.全部製造成本訂價法（加成 50%）。

　　3.全部成本訂價法（加成 20%）。

　　4.全部變動成本訂價法（加成 40%）。

21.22 花仙子公司每季可生產及銷售 5,000 瓶精緻油，每生產一瓶精緻油需投入的直接原料成本 $60、直接人工成本 $10 及變動製造費用 $20。此外，每銷售一瓶精緻油，另需投入的變動銷管費用 $5。該公司每季的固定製造費用及固定銷管費用，分別為 $40,000 及 $30,000。

試求：請分別依下列方法，計算花仙子公司精緻油的單位售價：

　　1.變動製造成本訂價法（加成 40%）。

　　2.全部製造成本訂價法（加成 35%）。

　　3.全部成本訂價法（加成 20%）。

　　4.全部變動成本訂價法（加成 30%）。

21.23 立富公司為了使公司的營運更有效率，達到所有部門都能充分運用產能的境界，因此擬制定轉撥計價政策。目前該公司臺南廠生產所需的零件由高雄廠提供，零件的標準成本如下：

　　　　直接原料　$50
　　　　直接人工　$30/0.5 小時

高雄廠的製造費用分攤率為每一直接人工小時 $40，其中變動的部分為
40%。此外，零件的銷管費用為 $20，其中變動的部分為 60%。

試求：請依下列方式計算零件的移轉價格基礎。

　　1.變動製造成本。

　　2.製造成本。

　　3.全部成本。

　　4.全部變動成本。

21.24 光群集團有新加坡、曼谷及香港三家子公司，每家公司的簡明財務資訊
　　　如下：

	新加坡	曼　谷	香　港
銷貨收入	$300,000	$240,000	$100,000
稅前純益	24,000	24,000	12,000
資產總額	150,000	240,000	50,000

試求：　1.計算光群集團新加坡、曼谷及香港三家子公司的

　　　　　⑴純益率。

　　　　　⑵資產報酬率。

　　　　2.根據上述資料，光群集團中的哪一家子公司營運最成功？

21.25 臺美企業有臺中及高雄兩家分公司，該企業以每家分公司的營運成果來
　　　評估營運績效,根據管理部經理呈給總經理的建議書中發現下列的敘述：
　　　「因為臺中及高雄分公司 2002 年的稅前純益分別為 $3,000 及 $36,000，
　　　高雄分公司的營運績效為臺中分公司的 12 倍。因此，高雄分公司應得到
　　　較多的獎金。」

　　　臺美企業臺中及高雄分公司的簡明財務資訊如下：

	臺中分公司	高雄分公司
銷貨收入	$20,000	$300,000
資產總額	15,000	250,000
負債總額	9,000	50,000

試求：評論管理部經理的看法。

21.26 永興建設於 2003 年第一季成功地推出「雙溪城」專案，銷售成果如下：

銷售金額	$50,000,000
淨　利	10,000,000
投資額	12,500,000
資金成本	10%

試求：計算永興建設「雙溪城」專案的
　　　1.純益率。
　　　2.資產報酬率。
　　　3.剩餘利益。

21.27 健力休閒度假中心，2002 年的純益率及資產報酬率分別為 25% 及 20%。
在 8% 的資金成本率之下，該中心的剩餘利益為 $60,000。
試求：計算健力休閒度假中心 2002 年的
　　　1.銷貨收入。
　　　2.淨利。
　　　3.投資額。

四、進階題

21.28 新洋集團有新揚電子及新陽資訊等兩家製造業；新揚電子的產能已經充
分運用，新陽資訊所需的主機板係由外界供應商提供。
日前，新洋集團擬由新揚電子提供新陽資訊所需的主機板。新洋集團現
正為這兩家公司間的產品移轉價格之訂定方式而煩惱。
根據新揚電子所提供的資料顯示，每個主機板的變動成本為 $150，固定
成本為 $160，出售給外界的售價為 $350。由於新揚電子的產品供不應求，
所以如果要把主機板賣給新陽資訊，則要減少一部分訂單，以免交不出
貨品。

試求：計算新洋集團最佳的移轉價格。

21.29 鈦銳鋁業的每一個生產部門均實施利潤中心制度，同時部門間亦可能存有產品移轉的情事。每個利潤中心的經理有權決定是否移轉產品至其他部門。

鈦銳鋁業的士林廠所生產之鋁線每單位的生產成本為 $64，其中固定製造費用為 $20，固定製造費用每月的預計數為 $400,000。目前，士林廠所生產的鋁線並無對外銷售，且僅提供汐止廠使用。

試求： 1.請問士林廠的經理在下列三種情況之下，是否會製造鋁線，並將之移轉給汐止廠？

(1)移轉價格為 $60。

(2)移轉價格為 $50。

(3)移轉價格為 $40。

2.計算士林廠經理所能接受的最低移轉價格。

21.30 林森紡織計有織布及染整兩個部門，為了衡量績效，該公司的每一個部門均實施利潤中心制度。

織布廠於 2002 年 12 月 20 日將成本 $200,000 的平織布，以 $270,000 的價格移轉至染整廠，2002 年底染整廠尚未出售這些平織布。

試求： 1.作 12 月 20 日織布廠與上述交易相關的分錄。

2.作 12 月 20 日染整廠與上述交易相關的分錄。

3.作 12 月 31 日林森紡織公司與上述交易相關的分錄。

21.31 東平電機為了使公司的營運更有效率，達到所有部門都能充分運用產能的境界，因此擬制定轉撥計價政策，且實施利潤中心制度。臺中廠生產所需的零件由苗栗廠提供，每單位零件的標準成本如下：

直接原料 $80
直接人工 $40/0.25 小時

苗栗廠的製造費用分攤率，為每一直接人工小時 $60。目前，東平電機所制定的移轉價格，係以全部製造成本加成 20%。2002 年 12 月份苗栗廠計移轉 10,000 單位的零件給臺中廠，2002 年 12 月份臺中廠將其中的 8,000 單位投入生產，並製成產品後出售。

試求：　1.作苗栗廠與上述交易相關的分錄。

　　　　2.作臺中廠與上述交易相關的分錄。

　　　　3.作東平電機公司與上述交易相關的分錄。

21.32　大億紡織公司有製造及包裝等兩個生產部門。為了客觀評估部門績效，大億紡織實施利潤中心制度已經多年，部門經理必須為部門的營運績效負責。

大億紡織之製造部門所生產出來的成衣，可以送至包裝部門作整燙包裝或委外包裝；包裝部門可以 $10 的單價承接製造部門的包裝工作，同時亦可以 $15 的單價承接其他成衣公司的訂單。包裝部門的單位變動成本為 $9.5；製造部門的單位變動成本為 $73（不含包裝成本），單位固定成本為 $16，售價為 $108.9。目前，製造及包裝部門的產能分別為 50% 及 100%。

試求：　1.就包裝部門的觀點，包裝部門應承接製造部門或其他成衣公司的訂單。

　　　　2.就大億紡織公司的觀點，包裝部門應承接製造部門或其他成衣公司的訂單。

　　　　3.計算包裝部門及製造部門間最合適的移轉價格。

21.33　帝和實業有紡織及織布等兩個部門，為了評估部門績效，帝和實業實施利潤中心制度。紡織部門所生產單股紗，可外售給帝和實業以外的廠商，亦可賣給織布部門，單價一律均為 $120。織布部門買入單股紗後，再投入其他的原料，可製成胚布出售，單價為 $400。紡織及織布部門每月的正常產能分別為 1,000 單位及 100 單位。單股紗及胚布的成本資料如下：

	單股紗	胚　布	
單位變動成本	$56	$160	（不含單股紗的成本）
單位固定成本（依正常產能）	24	40	

日前，織布部門接到供應商一張特殊報價訂單，訂購 10 單位的胚布，單價為 $272。

試求：　1.假設紡織部門沒有剩餘產能，就織布部門的觀點，是否應承接此特殊訂單。

　　　　2.假設紡織及織布部門均還有剩餘產能，就帝和實業的觀點，織布部門是否應承接此特殊訂單。

21.34 正泰食品臺北廠計有三個生產線，用以生產下列三種不同的產品。為了評估 2002 年度每條生產線的獲利能力，會計部門提供下列的資料：

	乳　酪	果　凍	布　丁
產銷數量	4,000 打	8,000 打	12,000 打
售價／打	$100	$125	$30
直接成本／打	$40	$90	$5
生產時數／打	6 小時	4 小時	5 小時
投資額	$500,000	$800,000	$300,000
間接成本總額	$480,000 （按產銷數量分攤）		

試求：　1.計算每條生產線的純益率。

　　　　2.計算每條生產線的資產報酬率。

　　　　3.假設正泰食品的資金成本為 8%，計算每條生產線的剩餘利益。

　　　　4.假設正泰食品尚有多餘的產能，且產品均可銷售出去，試問正泰食品應將多餘的產能用以生產哪一種產品？

　　　　5.哪一條生產線的經營績效最佳？

21.35 益鋒公司高雄廠的投資額為 $800,000，每年的固定成本為 $100,000，每單位的變動成本為 $8。益鋒公司高雄廠的預計資產報酬率為 20%。

試求：　1.假設每單位售價 $12，計算益鋒公司高雄廠每年至少需出售多少單位，才能達到預計的資產報酬率。

2.假設益鋒公司若將單價訂為 $11.5，則每年可出售 50,000 單位。計算在此情況下的資產報酬率。

3.假設益鋒公司若將單價訂為 $12，則每年可出售 60,000 單位，計算在資金成本率為 10% 下的剩餘利益。

21.36　佳美公司臺北、臺中及高雄分公司的部分財務資料如下：

	臺 北	臺 中	高 雄
銷售數量	4,000	12,000	6,000
單位售價	$140	$60	$140
單位銷貨成本：			
直接原料	$35	$25	$40
直接人工	20	5	20
變動製造費用	34	6	16
固定製造費用	15	2	19
單位變動銷管費用	10	6	18
固定銷管費用總額	$12,000	$5,000	$3,000
投資額	$200,000	$800,000	$300,000

試求：假設資金成本率為 12%，請利用剩餘利益法，評估佳美公司每個分公司的績效。

21.37　元興公司有傳統及自動化兩條生產線，每一條生產線完成每一批訂單的相關資料如下：

	傳　統	自動化
製造時間	29 小時	24 小時
檢驗時間	3 小時	1 小時
等待時間：		
從備料至開始生產	15 小時	1 小時
從生產開始至完成	4 小時	
運送時間	28 小時	4 小時

試求： 1.計算每一條生產線的製造循環績效，並加以評論。

2.假設元興公司擬在自動化生產線實施及時化系統。實施及時化系統之後，製造時間可以減少20%，等待時間可縮短至 0.2 小時，製造循環績效則可提高至 90%。請問運送時間應減少多少%？

第*22*章
銷售與生產的績效分析

學習目標
- 瞭解銷貨毛利的差異分析
- 明白邊際貢獻的差異分析
- 計算營業費用的差異
- 分析直接原料的組合與產出差異
- 認識直接人工的組合與產出差異

前　言

　　績效評估的方法主要是比較預算數和實際數,在本書第13章和第14章曾討論產品成本三要素的直接原料、直接人工和製造費用的差異分析。為使讀者瞭解各項差異的計算方式,在此所採用的例子皆假設公司只生產單一產品,所著重的部分為價格與數量的差異分析。由於實務上大部分的公司皆有多種的產品,公司整體的績效會受到收入和費用雙方面的影響。因此,本章重點在於討論銷售差異分析、營業費用分析、直接原料成本和直接人工成本的產出率與組合差異分析,以及製造過程中的生產力評估。藉著這幾項的評估,可瞭解公司的整體績效,進而可找出改善之道。

22.1　銷貨毛利的差異分析

　　任何營利事業所追求的目標主要為利潤最大化,在每個會計期間結束時,部門主管需要比較利潤的實際績效與預期成果,同時還需要進一步瞭解造成差異的原因,以作為下一個期間績效改善的參考。損益表是用來評估一段期間營運成果的財務報表,依照一般公認會計準則,損益表的編排方式為銷貨毛利的分析架構,在本節將討論各種影響銷貨毛利的因素。此外,損益表可依管理者需求,採用邊際貢獻式的分析架構,其中的各項差異分析,將在下一節討論。

　　銷貨收入減去銷貨成本的餘額即為銷貨毛利,因此任何影響銷貨收入或銷貨成本的因素,對銷貨毛利也會產生影響,如圖22-1所示,銷貨收入會受到價格差異和數量差異的影響,數量差異可再區分為**組合差異 (Mix Variance)** 和純數量差異,同時純數量差異可再進一步細分為市場數量差異和市場佔有率差異,至於銷貨成本的差異分析方面,仍然是產品成本三要素(直接原料、直接人工、製造費用)所產生的各項差異,價格差異與數量差異在第13章和第14章曾經討論過,本章內容在於將數量差異作進一步的分析,探討造成數量差異的原因為效率差異或組合差異。

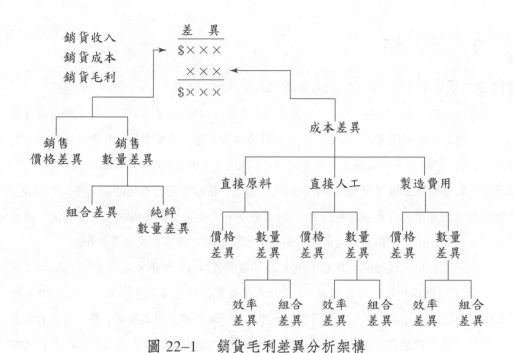

圖 22-1　銷貨毛利差異分析架構

在銷貨毛利差異分析內的各項差異之間，有些差異會互相影響，例如銷售的單價下降，可能促使銷售量提高。相對地，生產數量必須增加，以應付市場需求。因為生產量的增加，使單位成本下降，因此單位毛利也會上升，至於對銷貨毛利的影響，要視降價幅度、成本下降率、銷售量增加率間之綜合結果。如果毛利下降幅度高於銷售量增加幅度，則對公司整體利潤反而有損害；如果毛利下降幅度低於銷售量增加幅度，可達到薄利多銷的效果。

實際上，大部分的公司在同一時期銷售多種產品，如同佳能企業股份有限公司。高階主管擬訂銷售策略時，要先分析各種產品的單位毛利，再決定在使公司利潤整體最大化下應如何訂定產品銷售組合。基本上，單位利潤較高的產品宜先銷售出去；如果多項產品的利潤差不多，則可依市場需求來排定優先順序。

 實務焦點

佳能企業股份有限公司（http://www.abico.com.tw）

佳能企業股份有限公司創立於 1965 年，成立至今已有 30 多年，營業及生產項目有資訊產品、辦公室自動化產品、食品、家庭日用品批發零售、租賃業等。在資訊快速發展的時代，任何企業均希望以快速且有效率的方式，取得最多且最完整的資訊。在這種需求下，使得傳統的單純辦公環境發生衝擊，取而代之的是各種辦公室自動化的高效率工作環境。佳能企業股份有限公司為因應時代的潮流，其經營目的是提供企業與個人最完整的全系列辦公室自動化設備，業務範圍逐漸擴充到企業經營顧問諮詢規劃及銷售服務。

佳能企業初期以代理銷售日本 Canon 計算機聞名， 1972 年率先引進影印機， 並在 1977 年創下影印機銷售量的最高潮，也因此奠定企業良好穩固的經營基礎。更於 1979 年企業成功轉型，邁向事業部化利潤損益分析經營，1984 年購置佳能大樓，整合分散於各區之事業部，使管理體系更具凝聚力；1990 年以引進 Canon 噴墨印表機為起點，佳能也開始邁向電腦產業。該公司為日本 CANON 公司在臺灣地區的總代理，主要商品有傳真機、影印機、印表機等，由日商 CANON 公司及其海外子公司供應。佳能並於 1997 年與力捷集團和日本佳能販賣公司進行策略聯盟， 並且佳能投入數位相機的製造和設立亞洲最大的資訊量販店；在銷售方面佳能引進 Canon 產品於臺灣銷售以外， 並在 1996 年開始銷售 Canon 產品於越南與中國大陸市場。近年來，佳能企業已逐漸降低對日商 CANON 公司的依賴，進行分散貨源的計畫，如自創品牌、委託國內廠商製造 ABICO 傳真機等產品、發展多品牌代理等。

就銷售結構而言，該公司商品係以內銷為主，自 1993 年起逐步拓展外銷。由於貨品來源分散且銷售據點多，佳能公司對各種產品的訂價，依市場需求和競爭情況的分析，來作最佳的決策。為提高公司整體的銷售量，佳能企業的管理階層，運用不同的產品訂價模式，來決定不同市場、不同期間的產品價格，時時令消費者覺得佳能產品有「物美價廉」的特色。

22.1.1　單一產品的銷貨毛利分析

為使讀者容易瞭解銷貨毛利分析的計算程序，先以單一產品為例來說明。假設效率公司在 2003 年僅銷售同一型號的計算機一種產品，在該年度所發生的資料如表 22-1。

表 22-1　單一產品的基本資料

	實際數	預算數	差異數	
單位價格	$270	$300	$(30)	（不利）
單位成本	$200	$180	$20	（不利）
單位毛利	$70	$120	$(50)	（不利）
銷售數量	15,000	10,000	5,000	有利
銷貨收入	$4,050,000	$3,000,000	$1,050,000	有利
銷貨成本	3,000,000	1,800,000	1,200,000	（不利）
銷貨毛利	$1,050,000	$1,200,000	$ (150,000)	（不利）

就效率公司的基本資料來分析，實際的銷貨毛利 $1,050,000 較預計的銷貨毛利 $1,200,000 為低，其中的差異可詳細予以分析。由於在此假設只有單一產品的計算機，所以將分為銷售價格差異、成本差異、銷售數量差異三方面來討論。基本上，銷貨收入的實際數高於預算數的部分，此為有利差異；銷貨成本的實際數高於預算數的部分，為不利差異。因此，銷貨毛利的實際數低於預算數的部分為不利差異。此情形發生於降低價格，增加銷量但是成本控制不良的營運單位。

22.1.2　多種產品的銷貨毛利分析

由於實務上大多數的公司同時銷售數種產品，如同佳能企業銷售多種產品，為提升公司整體的營運績效，要先分析各項產品的獲利情況，再提出適當的銷售組合 (Sales Mix) 方案，以達到利潤最大化目標。理論上，單位利潤高的產品宜盡力銷售出去，也就是說業務人員應將主要力量用來推銷此類產品。

　　在此之前，本書僅以單一產品來說明差異分析。實務上，大多數公司銷售多種產品，因此對銷貨毛利的預算數與實際數之差異進一步分析，以瞭解造成此差異的原因。大體上，銷貨毛利的差異可能由銷售價格差異、產品成本差異與銷售數量差異三種所組成。至於銷售數量差異可再細分為純粹銷售數量差異和銷售組合差異，茲以安德公司為例來說明多種產品的銷貨毛利分析。假設目前該公司有三種類型的噴墨印表機，今年 1 月份的預算與實際資料如表 22–2。

表 22–2　多種產品的基本資料（傳統式損益表）

預算資料

	彩色噴墨		桌上型單色噴墨		輕便型單色噴墨		合　計
銷售數量(臺)	1,000		1,500		900		3,400
	單　價	金　額	單　價	金　額	單　價	金　額	金　額
銷貨收入	$10,000	$10,000,000	$7,000	$10,500,000	$5,000	$4,500,000	$25,000,000
銷貨成本	7,000	7,000,000	5,600	8,400,000	4,250	3,825,000	19,225,000
銷貨毛利	$ 3,000	$ 3,000,000	$1,400	$ 2,100,000	$ 750	$ 675,000	$ 5,775,000

實際資料

	彩色噴墨		桌上型單色噴墨		輕便型單色噴墨		合　計
銷售數量(臺)	1,200		1,800		800		3,800
	單　價	金　額	單　價	金　額	單　價	金　額	金　額
銷貨收入	$9,000	$10,800,000	$7,500	$13,500,000	$4,500	$3,600,000	$27,900,000
銷貨成本	7,000	8,400,000	5,000	9,000,000	4,000	3,200,000	20,600,000
銷貨毛利	$2,000	$ 2,400,000	$2,500	$ 4,500,000	$ 500	$ 400,000	$ 7,300,000

　　將上述 1 月份的預算數與實際數相比，　該月份銷貨毛利的預算數 $5,775,000，而實際數 $7,300,000，產生有利的銷貨毛利差異 $1,525,000，造成此差異的原因分析如下：

1.銷售價格差異

　　當市場行情看好，則實際銷售價格會高於預計銷售價格，這兩種單價的差異數乘上實際銷售數量即可算出銷售價格差異數，其計算程序如表 22–3。

表 22–3　銷售價格差異

產品別	實際銷售量	實際單價 – 預計單價 = 單價差	差異數	
彩色噴墨	1,200	\$9,000 – \$10,000 = \$(1,000)	\$(1,200,000)	（不利）
桌上型單色噴墨	1,800	\$7,500 – \$ 7,000 = \$500	900,000	有利
輕便型單色噴墨	800	\$4,500 – \$ 5,000 = \$(500)	(400,000)	（不利）
小　計			\$ (700,000)	（不利）

由上述資料看來，僅桌上型單色噴墨印表機的實際售價高於預計售價，另外兩種類型的產品皆降價，所以產生不利的銷售價格差異。

2.成本差異

實際單位成本與預計單位成本的差異數乘上實際銷售數量，即可得成本差異數。在本章所討論的範圍為銷貨成本，至於其中所包括的產品成本三要素（直接原料、直接人工、製造費用）的各項差異分析在前面的章節已敘述，就安德公司的成本差異數計算如表 22–4。

表 22–4　成本差異

產品別	實際銷售量	實際單位成本 – 預計單位成本 = 單位成本差	差異數	
彩色噴墨	1,200	\$7,000 – \$7,000 = \$0	\$　　0	
桌上型單色噴墨	1,800	\$5,000 – \$5,600 = \$(600)	(1,080,000)	有利
輕便型單色噴墨	800	\$4,000 – \$4,250 = \$(250)	(200,000)	有利
小　計			\$(1,280,000)	有利

就安德公司 1 月份的資料分析，可看出成本控制良好，其中兩種產品的實際單位成本低於預計單位成本，所以產生有利的成本差異。

3.銷售數量差異

在圖 22–1 的銷貨毛利差異分析架構圖上，可看出銷售數量差異的組成是由**銷售組合差異** (Sales Mix Variance) 和**純粹銷售數量差異** (Pure Sales Volume Variance) 兩個要素。在此逐項說明，銷售數量差異數為各種產品的實際

銷售數量與預計銷售數量的差數，乘上預計單位銷貨毛利的總和，如表 22–5 計算。

表 22–5　銷售數量差異

產品別	預計單位銷貨毛利	實際銷售數量 – 預計銷售數量 = 銷量差	差異數	
彩色噴墨	$3,000	1,200 – 1,000 = 200	$600,000	有利
桌上型單色噴墨	1,400	1,800 – 1,500 = 300	420,000	有利
輕便型單色噴墨	750	800 – 900 = (100)	$(75,000)	(不利)
小　計			$945,000	有利

要進一步瞭解造成銷售數量差異的原因，要分下列兩方面來說明。

(1)銷售組合差異：銷售組合差異係指在銷售數量不改變的情況下，各種產品實際銷售組合和預計銷售組合的差異會造成銷貨毛利的差額。如同安德公司的三種產品中，以彩色噴墨印表機的單位銷貨毛利最高，輕便型單色噴墨印表機的單位銷貨毛利最低，當銷貨毛利較高的產品所銷售的數量高於其他產品，會造成較高的利潤；相對地，當銷貨毛利較低的產品所銷售的數量高於其他產品，則所產生的利潤較差。

個別產品實際銷售數量以實際組合的方式，和實際銷售數量以預計組合的方式，所產生的差額，乘上各項產品預計單位銷貨毛利與加權平均的產品預計單位銷貨毛利 $1,698.5 之差額，即可算出銷售組合差異，其計算過程如表 22–6。

表 22–6　銷售組合差異

產品別	實際銷售數量 實際組合 (1)	實際銷售數量 預計組合 (2)	差額 (1) – (2)	毛利差額	差異數	
彩色噴墨	1,200	1,118	82	($3,000 – $1,698.5*)	$106,723	有利
桌上型單色噴墨	1,800	1,676	124	($1,400 – $1,698.5)	(37,014)	(不利)
輕便型單色噴墨	800	1,006	(206)	($750 – $1,698.5)	195,391	有利
小　計					$265,100	有利

* $5,775,000 ÷ 3,400 = $1,698.5

安德公司的預計銷售組合乘以實際銷售數量之結果為彩色噴墨 1,118 臺

[$= 3,800 \times (1,000/3,400)$]，桌上型單色噴墨 1,676 臺 [$= 3,800 \times (1,500/3,400)$]，輕便型單色噴墨 $1,006 臺 [$= 3,800 \times (900/3,400)$]。在銷售組合不變的情況下，將上述結果乘以預計單位銷貨毛利與加權平均預計單位銷貨毛利 $1,698.5 之差額，即可得到銷售組合差異數，該公司的銷售組合差異計算過程如表 22–6 所示。

　　由上述的計算，可看出安德公司有利的銷貨組合差異。進一步分析得知，毛利高的彩色噴墨印表機實際銷售量較預期銷售量高。

(2)純粹銷售數量差異：純粹銷售數量是指實際銷售數量與預計銷售數量之差異數乘上預計單位銷貨毛利，安德公司的純粹銷售數量計算如下：

$$(3,800 - 3,400) \times \$1,698.5 = \$679,400$$

由於實際銷售數量高於預計銷售數量，所以產生有利的純粹銷售數量差異 $679,400，加上有利的銷售組合差異 $377,141，即可得到有利的銷售數量差異 $945,000，其中因為有四捨五入的關係而產生尾數誤差。

綜合上面各項差異，可將有利的銷貨毛利差異數 $1,525,000 有系統的分析如圖 22–2。

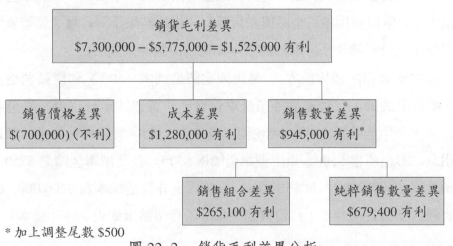

* 加上調整尾數 $500

圖 22–2　銷貨毛利差異分析

在安德公司的例子中，因為彩色噴墨印表機的單位銷售價格降低，而促使更多的人購買，銷售量因此增加。此外，桌上型單色噴墨印表機的單價提高且成本降低，同時銷量也增加，對於銷貨毛利有很大的影響。

22.2　邊際貢獻的差異分析

邊際貢獻 (Contribution Margin) 係指銷貨收入扣除變動成本所得之餘額。邊際貢獻式損益表的表達方式與傳統損益表最大的差異在於，邊際貢獻式損益表將成本區分成變動及固定成本兩大類。在此法下，銷貨收入扣除變動製造費用所得之餘額稱為毛額邊際貢獻 (Gross Contribution Margin)，再把變動非製造成本自毛額邊際貢獻中減除，則可求出某單位的邊際貢獻。另外，固定成本單獨列示，亦即在計算本期損益時，將全部固定成本自邊際貢獻中扣除即可得之。邊際貢獻式損益表將成本分為變動和固定兩大類，有助於提供管理者長短期決策所需的資訊。

分析邊際貢獻金額時，仍可比照銷貨毛利分析計算銷貨價格、成本、銷貨組合及純粹銷貨數量差異，但因邊際貢獻法將固定成本單獨列示，並未包含於單位成本中，所以各項差異金額與銷貨毛利分析的結果不同，為了使讀者明白邊際貢獻差異分析的作法，本節繼續以安德公司為例來說明。

假設安德公司的銷貨成本，是由固定製造成本 (60%) 和變動製造成本 (40%) 組合而成的。三種產品的預計單位變動非製造成本分別為：彩色噴墨 $400，桌上型單色噴墨 $300，輕便型單色噴墨 $350；實際單位變動非製造成本分別為：彩色噴墨 $500，桌上型單色噴墨 $375，輕便型單色噴墨 $250，該公司預計固定非製造成本為 $500,000，實際固定非製造成本為 $200,000。綜合上述資料，安德公司今年 1 月份實際與預計的營業結果如表 22–7。

表 22–7　安德公司的營運資料（邊際貢獻式損益表）

預算資料

	彩色噴墨		桌上型單色噴墨		輕便型單色噴墨		合　計
銷售數量	1,000		1,500		900		3,400
	單　價	金　額	單　價	金　額	單　價	金　額	金　額
銷貨收入	$10,000	$10,000,000	$ 7,000	$10,500,000	$ 5,000	$ 4,500,000	$ 25,000,000
變動成本：							
製造成本	(2,800)	(2,800,000)	(2,240)	(3,360,000)	(1,700)	(1,530,000)	(7,690,000)
非製造成本	(400)	(400,000)	(300)	(450,000)	(350)	(315,000)	(1,165,000)
邊際貢獻	$ 6,800	$ 6,800,000	$ 4,460	$ 6,690,000	$ 2,950	$ 2,655,000	$ 16,145,000
固定成本：							
製造成本							(11,535,000)
非製造成本							500,000
營業淨利							$ 4,110,000

實際資料

	彩色噴墨		桌上型單色噴墨		輕便型單色噴墨		合　計
銷售數量	1,200		1,800		800		3,800
	單　價	金　額	單　價	金　額	單　價	金　額	金　額
銷貨收入	$ 9,000	$10,800,000	$ 7,500	$13,500,000	$ 4,500	$ 3,600,000	$ 27,900,000
變動成本：							
製造成本	(2,800)	(3,360,000)	(2,000)	(3,600,000)	(1,600)	(1,280,000)	(8,240,000)
非製造成本	(500)	(600,000)	(375)	(675,000)	(250)	(200,000)	(1,475,000)
邊際貢獻	$ 5,700	$ 6,840,000	$ 5,125	$ 9,225,000	$ 2,650	$ 2,120,000	$ 18,185,000
固定成本：							
製造成本							(12,360,000)
非製造成本							(200,000)
營業淨利							$ 5,625,000

　　安德公司今年 1 月的營業淨利有 $1,515,000 (= $5,625,000 − $4,110,000) 的有利差異，造成此差異的原因可細分為銷售價格差異、成本差異、銷售組合差異及純粹銷售數量差異，邊際貢獻法下的差異分析公式與銷貨毛利法下的差異分析公式相同，逐一說明如下：

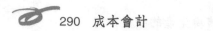

1. 銷售價格差異

預計銷售價格是一種預測值，常受各種因素影響而無法與實際銷售價格相同，所以導致銷售價格的差異，本例的銷售價格差異為 $700,000（不利），其計算過程如表 22-8 所示。

表 22-8　銷售價格差異分析

產品別	實際銷售量	實際單價 − 預計單價 = 單價差	差異數	
彩色噴墨	1,200	$9,000 − $10,000 = $(1,000)	$(1,200,000)	（不利）
桌上型單色噴墨	1,800	$7,500 − $ 7,000 = $500	900,000	有利
輕便型單色噴墨	800	$4,500 − $ 5,000 = $(500)	(400,000)	（不利）
小　計			$ (700,000)	（不利）

比較表 22-3 和表 22-8 可發現邊際貢獻差異分析和銷貨毛利差異分析兩種方法，在銷售價格差異方面得到相同的結果，但是在成本差異方面，兩種方法有很大的差別。

2. 成本差異

本例中，安德公司的變動成本係指包括各種產品的變動製造成本及銷管費用等變動非製造成本。成本差異的計算與銷售價格差異相同，即將實際單位成本減預計單位成本的差額乘以實際銷售量，則可得到成本差異數，安德公司的成本差異分析如表 22-9 所示。

表 22-9　成本差異分析

產品別	實際銷售量	實際單位成本 − 預計單位成本 = 單位成本差	差異數	
彩色噴墨	1,200	$3,300 − $3,200 = $100	$ 120,000	（不利）
桌上型單色噴墨	1,800	$2,375 − $2,540 = $(165)	(297,000)	有利
輕便型單色噴墨	800	$1,850 − $2,050 = $(200)	(160,000)	有利
小　計			$(337,000)	有利

由表 22-9 可知，安德公司在邊際貢獻法下的成本差異數為 $337,000（有利），而這有利差異來自於該公司對變動成本的適當控制，尤其是桌上型單色

噴墨和輕便型單色噴墨這兩種產品的變動成本控制。

　3.銷售數量差異

　　銷售數量差異的計算公式為，實際銷售數量扣除預計銷售數量的差額乘以預計單位邊際貢獻即可得之，安德公司的銷售數量差異如表 22–10 所示。

表 22–10　銷售數量差異分析

產品別	預計單位邊際貢獻	實際銷售數量 − 預計銷售數量 = 銷量差	差異數	
彩色噴墨	$6,800	1,200 − 1,000 = 200	$1,360,000	有利
桌上型單色噴墨	$4,460	1,800 − 1,500 = 300	1,338,000	有利
輕便型單色噴墨	$2,950	800 − 900 = (100)	(295,000)	(不利)
小　計			$2,403,000	有利

　　可進一步將銷售數量差異區分為，銷售組合差異及純粹銷售數量差異，讓管理者能更清楚知道公司發生銷售數量差異的原因。

　⑴銷售組合差異：　安德公司的加權平均預計單位邊際貢獻為 $4,749（= $16,145,000/3,400），　則該公司的銷售組合差異計算過程如表 22–11 所示。

表 22–11　銷售組合差異

產品別	實際銷售數量 實際組合 (1)	實際銷售數量 預計組合 (2)	差額 (1) − (2)	邊際貢獻 差　額	差異數	
彩色噴墨	1,200	1,118	82	($6,800 − $4,749)	$ 168,182	有利
桌上型單色噴墨	1,800	1,676	124	($4,460 − $4,749)	(35,836)	(不利)
輕便型單色噴墨	800	1,006	(206)	($2,950 − $4,749)	370,594	有利
小　計					$ 502,940	有利

　　由表 22–11 可知道，安德公司減少邊際貢獻低的輕便型單色噴墨銷售量，增加邊際貢獻較高的彩色噴墨銷售量,使公司產生 $502,940 的有利銷售數量差異。

　⑵純粹數量差異：純粹數量差異主要衡量銷售組合不變之下，銷售量增減

導致邊際貢獻的影響數。其公式為，**實際總銷售量減預計總銷售量之差額乘以加權平均預計單位邊際貢獻**。安德公司的純粹數量差異如下：

$$(3,800 - 3,400) \times (\$4,749) = \$1,899,600$$

由於實際銷售數量高於預計銷售數量，所以產生有利的銷售組合差異 $1,899,600，加上有利的銷售數量組合 $502,940，即可得到有利的銷售數量差異 $2,403,000，其中因有四捨五入的關係而有尾數誤差 $460。

22.3　營業費用的差異分析

企業的營運成果主要是顯示在損益表上，可比較銷貨收入、銷貨成本、銷貨毛利和營業費用等科目的預算數和實際數，再進行分析未達預定目標的原因，作為改善方案的參考。在前面兩節已討論過銷貨毛利分析和邊際貢獻法下的差異分析，本節重點為與產品成本不相關的營業費用差異分析。

營業費用 (Operating Expense) 屬於**期間成本** (Period Cost)，大致上可區分為銷售費用和管理費用，銷售費用主要與產品銷售量有關，係屬變動成本的性質；管理費用則是定期發生的成本，與營運活動較無直接關係，係屬固定成本的性質，其中有些成本為**任意成本** (Discretionary Cost) ，隨時會依管理者的決策而改變。

由於營業費用可依與營運活動水準的關係區分為固定成本和變動成本，營業費用差異分析的架構，如圖 22–3 所示。**彈性預算** (Flexible Budget) 為依實際營運活動水準所編製的預算，亦即實際營運活動水準下應有的支出。**靜態預算** (Static Budget) 為依預定的單一營運活動水準所編製的預算：

圖 22-3　營業費用差異分析架構

　　實際數與彈性預算數之間的差異，稱為**支出差異** (Spending Variance) 又稱為**預算差異** (Budget Variance)，亦即實際營運水準下的實際支出數與應有支出數間的差額。彈性預算數與靜態預算數之間的差異稱為**數量差異** (Volume Variance)，是由於實際營運水準與預計營運水準不同所造成。假設安德公司本月份的營業費用實際數為 $2,700,000，預算數為 $2,500,000，不利差異數為 $200,000。在表 22-12 中，將不利的營業費用差異數 $200,000 予以詳細分析，假設變動成本為銷貨收入的 6%，每個月固定成木預算數為 $1,000,000。

表 22-12　營業費用差異分析

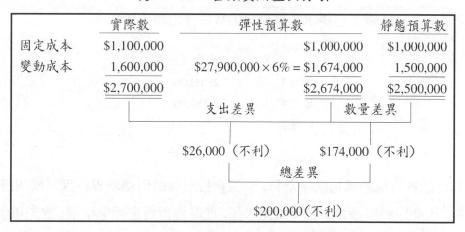

　　由表 22-12 可知，不利的支出差異數 $26,000，是因為不利的固定成本差異數 $100,000 和有利的變動成本差異數 $74,000 的綜合結果，數量差異為不利的變動成本差異數 $174,000 所造成。因此，營業費用的總差異數為不利的 $200,000。

22.4　直接原料的組合差異與產出差異

在製造的過程中，有不少種產品的生產程序中，需要投入數種原料才能完成一種產品，假如安德公司所生產的黑色墨水需要投入 A、B、C 三種原料，目前該公司的標準產出率為每 1,000 公克的原料投入，會得到一罐 800 公克的產品，產出率為 80%。黑色墨水產品的原料成本資料如下：

	標準用量（公克）	每公克成本	總成本
A 原料	400	$0.3	$120
B 原料	500	0.4	200
C 原料	100	1.3	130
	1,000		$450

由此可推算出每公克的產品成本為 $0.5 (＝$450 ÷ 900)。 假設安德公司在本月份生產 5,000 罐黑色墨水，其原料的實際使用量如下：

	實際用量（公克）
A 原料	2,400,000
B 原料	2,250,000
C 原料	550,000
	5,200,000

為使讀者容易瞭解這兩種差異，假設直接原料的價格差異在採購部門已計算出來，因此原料單價是以標準成本入帳，此時僅需考慮標準單價、實際單價、實際組合、標準用量與標準組合，圖 22–4 為組合差異、產出差異和效率差異的關係。

圖 22-4　組合差異與產出差異架構

　　直接原料組合差異係由於所投入各項原料組成比例的變動所產生，尤其是產品由多種原料投入所產生，組合比例依生產部門的經驗來判斷，實際組合和標準組合的差異數乘上實際用量，可得到原料組合差異 (Direct Material Mix Variance)；實際用量和標準用量的差異數乘上標準組合，即可得原料產出差異 (Direct Material Yield Variance)。如果將安德公司黑色墨水原料實際用量依標準組合來分配，各項原料的使用量如下：

A 原料　　　5,200,000 × 40% = 2,080,000　（公克）

B 原料　　　5,200,000 × 50% = 2,600,000　（公克）

C 原料　　　5,200,000 × 10% = 　520,000　（公克）

將資料代入直接原料組合差異的計算公式，可得到表 22-13。

表 22-13　直接原料組合差異（一）

原料	（實際用量、實際組合）×標準單位成本	（實際用量、標準組合）×標準單位成本
A	2,400,000 × $0.3 = $ 720,000	2,080,000 × $0.3 = $ 624,000
B	2,250,000 × $0.4 = 900,000	2,600,000 × $0.4 = 1,040,000
C	550,000 × $1.3 = 715,000	520,000 × $1.3 = 676,000
	$2,335,000	$2,340,000

組合差異 $(5,000) 有利

由表 22-13 可看出直接原料組合差異為有利的差異 $5,000，分析其因為單價最高的 C 原料實際使用量超過預定使用量，但是 B 原料的用量有較大量的減少，未發生採用成本較高的原料來替代成本較低的原料的效用，所以最後產生有利的直接原料組合差異。

在表 22-13 的計算方式為原料成本總和比較法，若要比較各種原料的組合差異，則需採用表 22-14 的方法，其計算過程與銷售組合差異的計算方式相似，表 22-14 所得的結果與表 22-13 所得的結果完全相同。

表 22-14　直接原料組合差異（二）

原料	實際用量 實際組合 (1)		實際用量 標準組合 (2)		(1) - (2) 差　額		個別原料的 標準單位成本 - 平均標準 單位成本		差異數
A	2,400,000	–	2,080,000	=	320,000	×	($0.3 – $0.45)	=	$(48,000)
B	2,250,000	–	2,600,000	=	(350,000)	×	($0.4 – $0.45)	=	17,500
C	550,000	–	520,000	=	30,000	×	($1.3 – $0.45)	=	25,500
									$(5,000)
									有利

直接原料產出差異，是比較實際用量依標準組合所需投入的原料成本和標準用量依標準組合所需投入的原料成本。因此，需要先換算出安德公司在本月份生產 5,000 罐黑色墨水（重量為 4,000,000 公克）所需投入的原料數量為 5,000,000 (= 4,000,000 ÷ 0.8) 公克，依標準組合比例，其標準投入量為：

A 原料　　5,000,000 × 0.4 = 2,000,000 （公克）

B 原料　　5,000,000 × 0.5 = 2,500,000 （公克）

C 原料　　5,000,000 × 0.1 =　500,000 （公克）

因此，直接原料產出差異計算於表 22-15。由於實際用量高於標準用量，因此產生不利的差異 $90,000，主要為每一種原料的使用量皆超過標準用量。

表 22–15　直接原料產出差異

原料	（實際用量、標準組合） × 標準單位成本	（標準用量、標準組合） × 標準單位成本
A	2,080,000 × $0.3 = $ 624,000	2,000,000 × $0.3 = $ 600,000
B	2,600,000 × $0.4 = 1,040,000	2,500,000 × $0.4 = 1,000,000
C	520,000 × $1.3 = 676,000	500,000 × $1.3 = 650,000
	$2,340,000	$2,250,000

$90,000（不利）

在表 22–15 所產生的差異數，　也可將實際原料投入量換算為應有的產出量，再與實際產出量相比較，可得到下列的計算：

（實際投入量所得的標準產出量 – 實際產出量）× 每單位產出的標準成本

$(5,200,000 \times 80\% - 800 \times 5,000) \times (\$450 \div 800)$

$= (4,160,000 - 4,000,000) \times \$0.5625$

$= \$90,000$（不利）

在本節中得知，安德公司直接原料的組合差異為有利的 $5,000，產出差異為不利的 $90,000，綜合這兩種差異可得到效率差異為不利的 $85,000。此種情形可能為投入原料的組合比例改變，造成生產過程的耗量增加，促使生產效率反而下降。

22.5　直接人工的組合和產出

一種產品的製造過程中，需要投入各種不同的人力，如同安德公司彩色噴墨印表機製造中需要作業員、工程師、測試員三種工作人員，在每個工令單上

列示所需投入的人力成本，假若本月份每臺印表機的標準人工成本資料如下:

⑴作業員　　0.5 小時 × @ \$360 = \$180

　工程師　　0.5 小時 × @ \$500 = 　250

　測試員　　0.2 小時 × @ \$250 = 　　50

　標準人工組合下的單位成本　\$480

　每人每小時的平均成本 \$400 (= \$480 ÷ 1.2)

⑵本月份生產 1,200 臺彩色噴墨印表機需要投入 1,440 個標準人工小時，實際上投入作業員 650 小時，工程師 550 小時，測試員 250 小時，共 1,450 小時。

　　為使讀者容易瞭解直接人工效率差異，不考慮任何工資率差異，安德公司彩色噴墨印表機的本月份直接人工效率差異為表 22–16。

表 22–16　直接人工效率差異

人　工	實際時數 × 標準單位成本	實際產出所允許的標準時數 × 標準單位成本
作業員	650 × \$360 = \$234,000	600 × \$360 = \$216,000
工程師	550 × \$500 = 　275,000	600 × \$500 = 　300,000
測試員	250 × \$250 = 　　62,500	240 × \$250 = 　　60,000
	\$571,500	\$576,000

$\$(4,500)$ 有利

　　如同原料效率差異處理一樣，直接人工效率差異可細分為組合與產出差異，組合差異的計算在表 22–17，產出差異的計算在表 22–18。

表 22-17 直接人工組合差異

人 工	（實際時數、實際組合） ×標準單位成本	（實際時數、標準組合）[*] ×標準單位成本
作業員	$650 \times \$360 = \$234,000$	$604 \times \$360 = \$217,440$
工程師	$550 \times \$500 = 275,000$	$604 \times \$500 = 302,000$
測試員	$250 \times \$250 = \underline{62,500}$	$242 \times \$250 = \underline{60,500}$
	$\$571,500$	$\$579,940$

$$* \ 1,450 \times \frac{5}{12} = 604$$
$$1,450 \times \frac{5}{12} = 604$$
$$1,450 \times \frac{2}{12} = 242$$

$(8,440)$ 有利

表 22-18 直接人工產出差異

人 工	（實際時數、標準組合） ×標準單位成本	（實際產出所允許的標準時數） ×標準單位成本
作業員	$604 \times \$360 = \$217,440$	$600 \times \$360 = \$216,000$
工程師	$604 \times \$500 = 302,000$	$600 \times \$500 = 300,000$
測試員	$242 \times \$250 = \underline{60,500}$	$240 \times \$250 = \underline{60,000}$
	$\$579,940$	$\$576,000$

$3,940$（不利）

綜合表 22-16、表 22-17、表 22-18，可知安德公司本月份彩色噴墨印表機生產線所投入的直接人工效率差異為有利的 $4,500，可區分為組合差異有利的 $8,440，和產出差異不利的 $3,940。

本章彙總

預算係管理人員期望各單位應達成之數量化目標,並透過差異分析探討實際結果不同於預期結果的原因。為了讓讀者對差異分析有全盤的瞭解,本章將差異分析分為五部分:(1)銷貨毛利差異分析;(2)邊際貢獻差異分析;(3)營業費用差異分析;(4)直接原料差異分析;(5)直接人工差異分析。

銷貨毛利分析可細分為銷售價格差異、成本差異、銷售組合差異及純粹銷售數量差異。銷貨毛利分析常被用來解釋銷貨毛利發生變動的原因。邊際貢獻差異分析的公式和銷貨毛利分析類似，只是邊際貢獻分析將成本細分為固定和變動兩大類，更有助於管理者判斷，行銷業務的成功與否，以及作為增減獲利能力決策的依據。

營業費用又可稱之為非製造費用，其具有二種性質：(1)定期的正常營運所需，包括行銷費用、管理費用等；(2)投入與產出之間很難界定其因果關係，由於沒有明確的因果關係。解釋此類成本的差異時，需特別謹慎。通常營業費用的差異可分為支出差異和數量差異兩種，支出差異如同價格差異；數量差異則為彈性預算與靜態預算之差額，需注意的是營業費用的數量差異僅限於變動成本。

直接原料和直接人工，是生產成本中重要的組成之一。直接原料和直接人工的效率差異區分為組合差異及產出差異。組合差異係指原料及人工的組合比例不同於實際投入標準產出時，對成本的影響；產出差異為實際產出不同於實際投入標準產出時，對成本的影響。從本章所介紹的差異分析，可發現各項差異可能息息相關，所以管理者對差異分析要作整體的考慮。

名詞解釋

- **邊際貢獻 (Contribution Margin)**
  係指銷貨收入減變動成本之差額。
- **原料組合差異 (Direct Material Mix Variance)**
  係指實際組合和標準組合的差異數，乘以實際用量所得之總合。
- **原料產出差異 (Direct Material Yield Variance)**
  實際用量和標準用量的差額，乘上標準組合即可得之。
- **任意成本 (Discretionary Cost)**
  係指會隨管理者決策而改變的管理費用。
- **毛額邊際貢獻 (Gross Contribution Margin)**
  係指銷貨收入扣除變動製造費用所得之餘額。
- **營業費用 (Operating Expense)**
  屬於期間成本，大致上可區分為銷售費用和管理費用。

- 純粹銷售數量差異 (Pure Sales Volume Variance)

  係指各種產品的實際銷售數量與預計銷售數量之差額，乘以預計單位銷貨毛利。

- 銷售組合差異 (Sales Mix Variance)

  係指銷售數量不改變的情況下，實際銷售組合和預計銷售組合的差異。

- 支出差異 (Spending Variance)

  亦即實際營運水準下的實際支出數與應有支出數間的差額，支出差異又可稱作預算差異。

- 數量差異 (Volume Variance)

  彈性預算數與靜態預算數之間的差異。

◇ 作業

一、選擇題

( ) 22.1 下列何者不是銷貨毛利變動的原因? (A)銷售數量的改變 (B)銷售價格的改變 (C)銷售組合的改變 (D)銷售方式的改變。

( ) 22.2 下列敘述何者為非? (A)如果實際售價大於預計售價,會產生有利的銷售價格差異 (B)如果實際銷售數量小於預計銷售數量,會產生有利的銷售數量差異 (C)如果實際售價小於預計售價,會產生不利的銷售價格差異 (D)以上皆非。

( ) 22.3 下列與營業費用差異分析相關的敘述,何者為真? (A)實際數與彈性預算數的差額稱為數量差異 (B)實際數與靜態預算數的差額稱為支出差異 (C)實際數與彈性預算數的差額稱為預算差異 (D)彈性預算數與靜態預算數的差額稱為支出差異。

( ) 22.4 銷售毛利差異是由下列何者所組成? (A)銷售價格差異及成本差異 (B)銷售價格差異、銷售組合差異及成本差異 (C)銷售價格差異、銷售數量差異及市場佔有率差異 (D)銷售價格差異、銷售數量差異及成本差異。

( ) 22.5 銷售數量差異是由下列何者所組成? (A)銷售組合差異及市場數量差異 (B)銷售組合差異及純粹銷售數量差異 (C)市場數量差異及純粹銷售數量差異 (D)銷售價格差異及銷售組合差異。

( ) 22.6 下列對營業費用的描述何者不正確? (A)可區分為銷售費用與管理費用 (B)不會隨管理者的決策而改變的成本稱為任意成本 (C)營業費用中的管理費用與營運活動較無直接關係 (D)營業費用中的銷售費用與營運活動較有直接關係。

( ) 22.7 有關邊際貢獻法下的差異分析,何者為非? (A)固定費用單獨列示 (B)將成本分為變動及固定兩大類 (C)可用以判斷行銷業務的成功與否 (D)係將製造成本自銷貨收入中減除,求出毛利。

（　）22.8　由於所投入各項原料組成比例變動所產生的差異稱為　(A)價格差異　(B)產出差異　(C)效率差異　(D)組合差異。

（　）22.9　下列何者不是銷售價格差異發生的原因？　(A)經濟環境的改變　(B)價格政策的改變　(C)競爭者價格的改變　(D)產量的改變。

（　）22.10　實際組合和標準組合的差異乘上實際用量可得到　(A)組合差異　(B)效率差異　(C)產出差異　(D)價格差異。

二、問答題

22.11　試說明銷貨收入受何種差異影響。

22.12　試區分銷貨收入數量差異的組成。

22.13　試說明銷貨收入純粹數量差異的組成。

22.14　試說明銷貨成本數量差異的組成。

22.15　試解釋銷貨組合差異。

22.16　試定義「純粹銷售數量差異」。

22.17　試說明邊際貢獻式損益表如何區分成本。

22.18　試定義「彈性預算」。

22.19　試定義「靜態預算」。

22.20　簡述何謂預算差異。

三、練習題

22.21　加工絲是新大紡織新竹廠唯一的產品，該廠 2003 年與產銷相關的資料如下：

	預計數	實際數
單　價	$ 90	$ 96
成　本	50	60
銷售數量（公斤）	3,000	2,600

試求：計算銷售價格差異、銷售數量差異、成本差異及總差異。

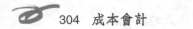

22.22 下列資訊係摘錄自東揚實業 2002 年及 2003 年的會計記錄：

	2002 年	2003 年
銷售數量	2,800 箱	2,750 箱
銷售金額	$1,064,000	$1,034,000
銷售成本	(616,000)	(541,750)
銷貨毛利	$ 448,000	$ 492,250

試求： 請以毛利分析法分析 2003 年銷貨毛利增加 $44,250 的原因。

22.23 旭日公司產銷甲及乙兩種產品，下列為 3 月份的產銷資料：

	預 計 數		實 際 數	
	甲產品	乙產品	甲產品	乙產品
銷售數量	60,000	90,000	36,000	114,000
單 價	$100	$120	$110	$118
成 本	(60)	(65)	(62)	(60)
毛 利	$ 40	$ 55	$ 48	$ 58

試求： 1.銷售價格差異。

2.成本差異。

3.銷售數量差異，並將之細分成銷售組合差異及純粹銷售數量差異。

22.24 新眾電腦製造並銷售標準型及豪華型兩種產品， 2002 年及 2003 年的產銷相關資料如下：

	2002 年		2003 年	
	標準型	豪華型	標準型	豪華型
銷售數量	5,000	2,500	7,200	2,400
單位售價	$40.00	$80.00	$44.00	$88.00
單位成本	$24.00	$32.00	$24.20	$41.36

試求： 請以毛利分析法分析 2003 年銷貨毛利的增減數。

22.25 美升企業每月的營業費用預算為 $150,000，其中固定部分佔 40%，變動營業費用為銷貨收入的 5%。2003 年 2 月份的實際營業費用為 $162,000，實際銷貨收入為 $2,008,800。

試求：根據上述資料計算營業費用的

　　　1. 支出差異。

　　　2. 數量差異。

22.26 治勝化學將甲及乙兩種化學液體混合加工製造成一種混合物丙，每投入 1,250 加侖的甲及乙可製造出 1,000 加侖的丙。 相關的標準成本資料如下：

原料	標準投入量	標準單價	標準成本
甲	875 加侖	$1/ 每加侖	$ 875
乙	375 加侖	$3/ 每加侖	1,125
	1,250 加侖		$2,000

5 月份， 治勝公司計投入 30,000 加侖的甲及 20,000 加侖的乙， 產出 36,000 加侖的丙。

試求：計算原料的組合及產出差異。

22.27 沿用 22.26 的基本資料， 治勝化學同時亦雇用甲及乙兩種不同工資率的作業員。每生產 1,000 加侖的丙須投入的標準人工成本資料如下：

類型	標準投入量	標準工資	標準成本
甲	100 小時	$10	$1,000
乙	50 小時	5	250
	150 小時		$1,250

5 月份，治勝公司的甲級與乙級作業員分別投入 4,500 與 3,000 個人工小時。

試求：計算人工的組合及產出差異。

四、進階題

22.28 建新高爾夫球用品公司銷售鐵桿及木桿兩種高爾夫球桿。2002 年鐵桿及木桿的銷售數量各為 8,000 支；售價分別為 $4,000 及 $2,000；成本則分別為 $3,000 及 $1,500。

由於建新公司 2003 年的行銷策略十分成功,當年度鐵桿及木桿的銷售數量分別提高為 12,000 及 20,000 支；售價則提高到 $5,000 及 $3,000；但是成本卻分別提高為 $4,500 及 $2,500。

試求：計算建新公司 2003 年的銷售價格差異、成本差異、銷售組合差異及純粹銷售數量差異。

22.29 臺景公司銷售豪華型、普通型及經濟型等三種產品。由於 2003 年的毛利呈衰退的現象，該公司的主管希望能從以下的資料中找出原因。

	2002 年			2003 年		
	豪華型	普通型	經濟型	豪華型	普通型	經濟型
銷售數量	200	500	300	180	530	360
單位售價	$180	$60	$30	$183	$57	$26.25
單位成本	102	45	24	105	45	24.30
單位毛利	78	15	6	78	12	1.95

試求：請以毛利分析法分析 2003 年銷貨毛利減少的原因。

22.30 力大公司銷售特級、高級、中級及普級四種產品。由業務部門所提供的資料中顯示 2003 年的銷售數量從 360,000 單位減少到 355,700 單位，因此總經理十分緊張，擔心此現象會影響公司的營運。

但是由會計經理所提供的資料卻顯示，該公司 2002 年的預計毛利為 $6,012,000，實際毛利則提高為 $6,974,200。根據會計經理的分析，毛利增加的原因係由銷售價格差異、成本差異、銷售組合差異及純粹銷售數量差異所組成。因此，銷售數量的輕微衰退並不會影響公司的獲利能力。

以下係力大公司部分的成本資訊：

1.預計數:

產 品	特 級	高 級	中 級	普 級	總 計
數 量	72,000	108,000	36,000	180,000	396,000
售價/每單位	$150	$80	$60	$20	
成本/每單位	114	65	50	12	
毛利/每單位	36	15	10	8	
毛利/小計	$2,592,000	$1,620,000	$360,000	$1,440,000	$6,012,000

2.實際數:

產 品	特 級	高 級	中 級	普 級	總 計
數 量	86,400	65,600	56,900	146,800	355,700
售價/每單位	$165	$90	$55	$19	
成本/每單位	125	55	49	13	
毛利/每單位	40	35	6	6	
毛利/小計	$3,456,000	$2,296,000	$341,400	$880,800	$6,974,200

試求: 請根據上述資料計算力大公司的

1.銷售價格差異。

2.成本差異。

3.銷售組合差異。

4.純粹銷售數量差異。

22.31 中華食品公司的餅乾係由巧克力、砂糖及麵粉等三種原料所組成,由於製造過程中會有損耗,每一大箱餅乾(500磅)需投入525磅的原料。2002年一共產出840箱的餅乾。其他的相關資料如下:

1.每箱的標準成本資料:

	磅 數	單位成本
巧克力	105	$19
砂 糖	105	30
麵 粉	315	16

2. 2002 年的實際成本資料：

	總投入磅數	單位成本
巧克力	90,000	$20
砂　糖	62,000	33
麵　粉	288,000	14

試求：利用上述資料計算原料的

　　1.價格差異。

　　2.組合差異。

　　3.產出差異。

22.32 泰勝化學公司在生產的過程中需投入 A、B 及 C 三種原料，且會產生 20% 的正常損失，亦即每投入 125 加侖的原料可產出一單位（100 加侖）的製成品。2003 年 7 月份一共投入了 52,220 加侖的原料，產出 400 單位的製成品。

每產出一單位的製成品需投入 A、B 及 C 各 20、60 及 45 加侖；每種原料的標準成本分別為 $2.00、$0.75 及 $1.00。以下是 2002 年 7 月份的部分實際成本資料：

	總投入加侖數	單位成本
A	8,480	$2.05
B	25,200	0.70
C	18,540	0.90
	52,220	$3.65

試求：利用上述資料計算原料的

　　1.價格差異。

　　2.組合差異。

　　3.產出差異。

22.33 正華公司的裝配部門每裝配 5 輛自行車需投入第一級、第二級及第三級的人工各 4、8 及 8 個人工小時；每一級人工的工資分別為 $120、$80 及 $60。

2002 年 1 月份一共裝配了 500 輛自行車，總共投入第一級、第二級及第三級人工各 350、775 及 950 個人工小時；每一級人工的總工資率分別為 $49,000、$69,750 及 $66,500。

試求：根據上述資料計算人工成本的

　　　1. 工資率差異。

　　　2. 組合差異。

　　　3. 產出差異。

22.34 生洋公司的生產過程中，總共需投入 A、B、C 及 D 等四種不同組合的人工。每一個製成品的人工組合如下：

	小時數	工資率／每小時
A	0.24	$ 80
B	0.12	120
C	0.18	100
D	0.06	200
小　計	0.60	$500

2003 年 9 月份總共投入 3,060 小時，產出 5,000 個製成品。實際的人工成本資料如下：

	小時數	工資率／每小時
A	1,260	$ 82
B	610	116
C	925	104
D	265	220
小　計	3,060	$522

試求：根據上述資料計算人工成本的

1. 工資率差異。
2. 組合差異。
3. 產出差異。

第23章

存貨控制

學習目標

- 明白存貨管理
- 熟悉經濟訂購量的應用
- 瞭解及時存貨系統
- 認識物流中心
- 練習物流中心的會計處理

前　言

對企業而言,存貨可被視為資產,也可被視為損失,主要是以可被銷售性為判定標準。因此,各式貨品的庫存數量,要依市場需求與生產狀況來決定,存貨不宜過多以免造成積壓而發生損失;相對地,存貨不宜過少而發生缺貨,影響以後的信譽。要想降低倉儲成本和缺貨損失,存貨控制成為一個重要的課題。

在競爭激烈的市場,需求帶動生產成為一個必然的趨勢,為順應潮流需要,現代採購方式與傳統模式有很大的差異,所以事前的規劃工作日益重要。及時存貨系統也因此而受到世界各國企業的採用,目的在於降低存貨成本。另外,在土地有限的地區,物流中心成為有效率處理存貨的方式,有關物流中心的會計處理也成為一個重要的課題。

23.1　存貨管理

在消費者導向的市場,企業需要隨時分析貨品需求狀況,事先預測好商品種類、數量與銷售時機,使企業營運有效率。在此情況下,存貨管理的重要性提高,因為供不應求產生缺貨會造成客人的流失;貨品過剩則會造成資金的積壓,缺貨和積貨對企業而言皆是不利的情形。存貨管理的目的便是在合理成本的要求下,持有適當的存貨,以滿足客戶需求。也就是以有效率的方法管理庫存商品,以降低存貨成本進而減少營運資金。

23.1.1　存貨成本

在資產負債表上的存貨科目,依行業特性的不同,所包括的項目也不同,買賣業僅有一項商品存貨科目;製造業則有原料、在製品、製成品三種存貨科目。所謂存貨成本(Inventory Cost)包括產品成本、訂貨成本、儲存成本以及缺貨成本。買賣業的產品成本係指購買價格加上運費減去折扣部分,製造業的

產品成本則包括直接原料成本、直接人工成本、製造費用三要素。

當企業處於確定的環境當中，亦即在特定期間內（通常為一年），市場上對於某項物品或某種產品需求已知的情況下，會有兩項和存貨有關的成本。如果存貨是向外購得的物品或商品，這些和存貨相關的成本便稱為訂貨成本與儲存成本。如果存貨是自製的物品或商品，這些與存貨相關的成本則稱為設定成本與儲存成本。

訂貨成本（Ordering Cost）為訂購貨品所支付的相關成本，涵蓋與供應商的聯絡和書面憑證處理成本，以及貨品驗收成本；該項成本與訂購次數有關，次數多則訂貨成本愈高。儲存成本（Carrying Cost）係屬倉儲成本，係指持有存貨的成本。包括倉庫內所發生的貨品處理成本，倉儲單位的租金或折舊費用、保險費、存貨的損壞與過時損失、資金積壓等。設定成本（Setup Cost）係指準備機器設備以便用於生產特定產品或零組件的成本。常見的例子有閒置的生產工人之工資、閒置的生產設備的損失收益和測試成本等。訂貨成本與設定成本在本質上十分類似，都代表著為了取得存貨所必須發生的成本。訂貨成本與設定成本的主要差異在於前置作業，前者是與填寫訂單與發出訂單有關的成本，後者則是與設定機器與設備有關的成本。

當需求不確定的時候，則出現第三類的存貨成本－缺貨成本。所謂的缺貨成本（Stock-out Cost）係指當顧客需要卻沒有產品可以提供的成本，包括有形成本與機會成本。常見的缺貨成本包括了（目前和未來）損失的銷貨收入、外包的成本（增加的運費、加班費等）以及生產中斷的成本。例如臨時緊急訂貨所產生的增額成本，生產線中斷所造成的損失，以及顧客流失與商譽受損的機會成本。

23.1.2 持有存貨的傳統理由

企業為了追求最大利潤，必須將與存貨相關的成本降至最低。然而，從降低持有成本的角度來看，應當少量訂購或少量生產。從降低訂貨成本的角度來看，卻應採次數較少，每次訂購量較大的方式進行；從降低設定成本的角度來

看,同樣應採少次、多量的方式。換言之,降低持有成本偏好小量或沒有存貨,而降低訂貨或設定成本卻偏好大量的存貨。企業選擇保留一定數量的存貨,其用意即在於求得儲存成本、訂貨和設定成本之間的平衡,期使持有與訂貨的總成本能夠維持在最低的水準。

保留存貨的理由是為了因應需求的不確定性,就算訂貨成本或設定成本的金額並不大,但是企業基於缺貨成本的考量仍會保留一定的存貨。如果物品或產品的需求超過預期水準,則保留的存貨可以發揮緩衝的功能,讓企業仍然能夠準時交貨,進而維持顧客滿意度。雖然維持各種成本之間的平衡和因應不確定性,往往是企業持有存貨最常見的理由,但實務上仍有其它持有存貨的理由存在。

為了因應供應商的不確定性,企業往往必須保留零件與原料的存貨。換言之,為了避免交貨延遲或中斷(肇因於罷工、天候惡劣或供應商破產等)而影響生產的進度,零件與原料的存貨可以適時發揮緩衝功能。不可靠的生產過程,也是企業需要額外存貨的理由之一。舉例來說,因為生產過程通常會產生大量不符規格的產品,因此企業可能會生產比實際需要數量更多的產品,以符合真正的需求。同樣地,當生產機器故障造成產能降低的時候,存貨即可適時發揮緩衝功能,俾利企業繼續提供產品給顧客。最後,企業可能會購買比正常數量還多的存貨,以取得大量訂購的價格折扣,或者避免預期的價格上漲。

綜而言之,企業持有存貨的傳統理由如下:

(1)平衡訂購或設定成本與持有成本。

(2)滿足顧客需求(例如準時交貨)。

(3)避免因為下列原因而停產:

　(a)機器故障。

　(b)瑕疵零件。

　(c)零件缺貨。

　(d)零件延遲送達。

(4)生產過程不可靠。

⑸善用折扣優惠。

⑹規避未來價格上漲之風險。

23.1.3　存貨管理的方法

產品成本的會計處理方式，可採用永續盤存制度（Perpetual Inventory System）或定期盤點制度（Periodic Inventory System），可依各單位決策而定。有些公司採用 ABC 存貨分類法（ABC Classification of Inventory），依各種存貨的單位成本與數量來分類，A 類為單價高數量少的存貨，C 類為單價低數量多的存貨，B 類則為介於 A 與 C 之間的存貨。由於 A 類存貨的價值高，宜採用永續盤存制度來記錄，可增加存貨成本的正確性；相對地，C 類存貨的價值較低，宜採用定期盤點制度，以符合成本效益原則。近年來，資訊科技的發達和電腦產品的降價，有些公司對存貨全面採用永續盤存制度，對貨品進出倉庫的記錄記載正確，有助於倉儲部門的內部控制。

至於訂貨成本與儲存成本兩者之間的關係呈反比，如果訂貨次數少但每次訂購數量多，則訂貨成本低、儲存成本高；如果訂貨次數多，但每次訂購數量少，則訂貨成本高、儲存成本低。這兩種成本之間的關係在下一節的經濟訂購量部分會詳細敘述。近年來，由於訂貨成本降低，存貨成本被視為資金的積壓，再加上及時系統的盛行，有不少企業把存貨的數量降至最低或完成實施及時系統而不擁有存貨。因此，當倉庫內的存貨無法因應需求時，即產生缺貨的現象，會造成另一種損失，為使公司的存貨成本降低，管理者要決定合理的存貨量，使儲存成本最低但又不致於發生缺貨成本。

企業想完善且合理的作好存貨管理工作，可利用下列區域採用各種合適的方法：

⑴倉儲部門：倉庫內整修，採用貨架和棧板，而且各種貨品給予明確編碼，並以顏色管理法區分各類貨品，有助於貨品的找尋。

⑵銷售部門：定期作市場分析，瞭解消費者需求，擬訂適當的行銷策略來

吸引消費者，並適時作銷售預測，來預定各項貨品的需求數量和需求時間。

(3)採購部門：隨時掌握供應商的資訊，力求購買物美價廉的產品；此外，與銷售部門建立良性互動關係，因為採購政策應以市場需求為導向，貨品購置要適時適量。

當這些部門互相協調成功後，進一步可採用產品條碼系統電腦化，有助於貨品進出的掌控，有效地實施存貨永續盤存制度。

 實務焦點

三商行股份有限公司（http://www.mercuries.com.tw）

三商行股份有限公司（Mercuries & Associates, Ltd.）在 1965 年成立，營業項目是進出口貿易、生活百貨、電子零件產品、速食餐飲、保稅倉庫、煙酒之代理、經銷及投資等業務，在 1988 年 9 月 19 日股票上市。1975 年，三商行以百貨郵購的方式踏入零售業，發行了國內第一本郵購目錄，首創臺灣第一家郵購公司，立即引起了社會大眾的矚目與迴響。接著在臺北、臺中、高雄連開了三家郵購目錄中心，提供商品現場銷售服務。三商行從專做雜貨外銷的小貿易商，再跨至流通、休閒、資訊與金融各不同事業領域的企業集團。三商人懷著「自由」、「開明」、「進步」的胸懷，以及擁有「日新、日日新」的全員共識，無時無刻不在催促三商指向更高的經營境界。「顧客滿意」是三商百貨永遠不變的服務準則，從創立開始便標榜「包君滿意，不合包退」的信條，誠摯地推動與執行完整的售後服務，在在顯示三商百貨對消費者的尊重與關心。

零售業的成功要件在於商品選擇和物流管理，此特性在三商百貨充分地證實。三商百貨為了符合消費者的採購需求，各個賣場至少維持二千多種商品，這些商品的選購完全由總公司採購組負責，並且由南崁物流中心統一運送。位於南崁的物流中心是三商百貨的營運中心，電腦化單品管理為其主要特色，所以各門市商品的存銷情況（包括金額及數量）可在物流中心的電腦上明確顯示。每日由物流中心決定對各個門市撥貨的數量及品項，所以各門市不需要很大的存貨空間，而且可隨時透過門市電腦連接物流中心的主機，瞭解各項商品銷售狀況。此外，物流中心的電子訂貨系統（Electronic Order System, EOS）會自動列印出貨品訂單銷售點系統（Point of Sales, POS）來反映出暢滯銷品，以幫助管理者做好

存貨管理，這正是三商百貨遍及全臺灣的成功關鍵因素。

展望進入二十一世紀之後的十年，三商行希望透過企業努力，使三商既有的事業群不僅不老化，還要比目前更為年輕、健康，更具新鮮感而有活力。營造 2010 年的三商百貨仍然是年輕人所嚮往的購物場所，依然是消費的領導者及流行的創造者；並且讓三商行依舊有經營能耐，在消費者花同樣一塊錢的情形下，所提供的商品與服務具有最大價值。換句話說，三商行對各事業體的主事者所期待的層次，並不止於改善與成長，而是脫胎換骨來達到企業再造的境界。

23.2　經濟訂購量

企業在擬訂存貨政策的時候，必須思考下列兩項問題：

(1)應該訂購（或生產）多少數量？

(2)什麼時候應該訂購（或設定機器）？

如果某項產品或零件的需求不確定的時候，就存有缺貨的可能性。所謂的**安全存量**（Safety Stock）便是指企業持有的額外存貨，目的在於因應浮動的需求，其計算方式為交貨時間乘上最大使用率和平均使用率之間的差額。**經濟訂購量**（Economic Order Quantity, EOQ）模式是用來計算最佳訂購量，為求得訂貨成本與倉儲成本的均衡點。採用此模式時，要注意下列幾項基本假設：

(1)每次訂購的數量相同。

(2)每次的需求量、訂貨成本、倉儲成本、訂貨至貨品到達的時間是確定的。

(3)產品的單位成本不受訂購數量多寡的影響，是保持一定的。

(4)不會發生缺貨的現象。

(5)在此模式下，只考慮訂貨成本與倉儲成本，至於缺貨成本則不在此模式的考慮範圍內。

23.2.1 經濟訂購量模式

在最佳的經濟訂購量模式下，要求出在訂貨成本與儲存成本兩者總和最低時的訂購數量，其計算公式如下：

$$EOQ = \sqrt{\frac{2Q \times O}{C}}$$

EOQ: 經濟訂購數量
Q: 預估的每年需求量
O: 每一次訂貨所需支付的成本
C: 一年內每一單位存貨所需的儲存成本

在經濟訂購量模式中，未考慮存貨的產品成本，只考慮上面公式中的各個變數。假如中興公司的年需求量為 400,000 單位，每次訂貨成本為 $1,000，在一年內每單位存貨的儲存成本為 $200，將這些基本資料代入 EOQ 公式，其結果如下：

$$EOQ = \sqrt{\frac{2 \times 400,000 \times \$1,000}{\$200}} = 2,000 \text{（單位）}$$

在表 23-1 中列示出數種不同訂購數量所需花費的總成本，可明顯地看出來，當經濟訂購量為 2,000 單位時，訂貨成本與儲存成本的總和為最低。

表 23-1　經濟訂購量的成本計算

訂購量	1,000	2,000	3,000	4,000	5,000
平均存貨量	500	1,000	1,500	2,000	2,500
訂購次數	400	200	133	100	80
每年度訂貨成本	$400,000	$200,000	$133,000	$100,000	$ 80,000
每年度儲存成本	100,000	200,000	300,000	400,000	500,000
每年度總成本	$500,000	$400,000	$433,000	$500,000	$580,000

計算出 EOQ 的數據，等於回答了訂購（或生產）數量的問題。至於什麼時候應該訂購（或者設定生產機器），則是存貨政策的另一項重要課題。為了

避免缺貨成本，並將持有成本減至最低，企業發出訂單的時候必須能夠確保新訂單在存貨即將用畢的同時送達。瞭解存貨消化的比率和前置時間的長短，將有助於企業計算符合預定時間目標的請購點，請購點的計算方式如下：

請購點＝消化比率×前置時間

請購點（Reorder Point）係指應該發出新訂單（或開始設定）的時間點，是從經濟訂購量、交貨時間和存貨消化比率的綜合考量；前置時間（Lead Time）係指發出訂單或開始設定之後到收到經濟訂購量所需要的時間。

23.2.2 限制理論

限制理論（Theory of Constraints, TOC）係指發現企業的績效會受到內外部限制的影響之事實，進而發展出特殊的方法來管理這些限制，以期達到持續改善的目標。根據限制理論的觀點，企業如欲改善績效，則必須找出其所面臨的內外部限制，短期內必須善用這些限制，進而長遠地克服這些限制。

限制理論強調組織績效有三項衡量指標：總處理能力、存貨與營運費用。總處理能力係指組織藉由營運活動來賺取金錢的速度。總處理能力就是銷貨收入與單位水準的變動成本（例如，原料與電力等）之間的差額。直接人工一般都被視為固定單位水準費用，因此通常不屬於總處理能力定義的範圍。存貨是企業花費在將原料轉換為總處理能力的所有成本。營運費用則定義為企業花費在將存貨轉換為總處理能力的所有支出。根據前述三項指標，管理階層的目標可以定義為提高總處理能力、降低存貨以及減少營運費用。

企業若能提高總處理能力、降低存貨、減少營運費用，則將表現在前述三項績效衡量指標上：淨利和投資報酬率會提高，而且現金流量能夠獲得改善。提高總處理能力與減少營運費用，經常被視為改善前述三項績效的財務指標之重要因素。然而，以往企業界往往比較重視總處理能力和營運費用，較為忽略降低存貨對於改善績效的影響。

　　與傳統觀點比較起來，　限制理論和及時制度都賦予存貨管理更重要的角色。限制理論發現降低存貨可以減少持有成本，進而減少營運費用、改善淨利。同時，限制理論也認為降低存貨能夠生產更好的產品、降低售價，更快速地回應顧客的需求，有助於企業創造競爭優勢。

　　限制理論利用五個步驟來達到改善組織績效的目標，分別敘述如下：

(1)找出企業所面臨的內外部限制。

(2)善用結合限制。

(3)依照第二個步驟擬訂的決策，運用其他所有資源。

(4)提升組織的結合限制。

(5)重複前述的過程。

23.2.3　物料需求規劃

　　物料需求規劃（Material Requirements Planning, MRP）乃是每一種產品的物料耗用表，利用存貨狀況及製造程序的資料，以管理物料需求之規劃作業。最好運用電腦作業，將生產排程總表及預定完工日期等資料輸入電腦，然後存取物料清單、前置期間，以及庫存及已訂購之存貨總額。爾後，電腦便可以決定各種組成零件之需求量，以及規劃各個工作中心所需之生產時間。這些需求與各工作中心之機器及人力相比較，即可確定產品生產如期完成之可能性。如因工作中心工作負荷過重而無法按期完工時，則生產排程必須加以修正。只有在生產總表與採購及工作中心之作業表相互配合時，生產總表才能順利施行。藉助電腦的模擬規劃，在正式施行之前可先測試生產排程之可行性。

　　物料需求規劃為一套物料管理系統，強調生產排程的規劃，依據產品的物料清單（Bill of Materials, BOM）為基礎，來決定需要何種原物料、所需的數量多少，以及何時需要存貨，屬於一種推（Push）的系統。物料需求規劃盛行於 1970 年代，又因與電腦科技結合，可適用於多種原料的管理。在物料需求規劃系統內，可由銷售預測資料來推論生產排程，再參考物料清單來決定生產

過程中所需的各種原物料數量，將所需數量與存貨數量相比較，如果存量不足則需要向外採購。如此，採用物料需求規劃系統可降低存貨水準，減少不必要的存貨積壓。

　　經濟訂購量模式可求出每一次訂購的經濟數量；物料需求規劃模式則為決定何時應訂購何種存貨。這兩種方法皆屬於推的系統，在早期生產導向的時代有些公司採用兩種方法。現代公司依行業特性，有些公司為避免生產線缺貨斷料而有損失，同時並行採用兩種方法。如此，雖然會有存貨暫時儲存的現象，但不致於發生中斷製程的現象。

23.3　及時存貨系統

　　傳統上週期數量大、設定成本高的企業，所身處的製造環境在過去十年間出現了大幅的改變。其中一項改變是競爭市場的競爭壓力迫使企業放棄經濟訂購量模式，改採及時制度。及時制度科技的日新月異促使產品的生命週期縮減，產品差異程度則日益繁複。國外業者不斷推出品質更好、成本更低、特色更多的產品，對國內向來採取大量生產、負擔高額設定成本的業者造成莫大壓力，因而在試圖降低成本的同時，亦不斷思考如何提高產品品質和增加產品差異。種種競爭壓力迫使企業放棄經濟訂購量模式，改採及時存貨系統。及時制度具有兩項策略目標：提高獲利以及提升企業的競爭地位。企業如能控制成本、有利於價格競爭，進而提高獲利、改善交貨績效，並提升產品品質，即能達成前述兩項策略目標。及時制度有助於企業提高成本效率，同時亦具備了以更好的品質、更多樣的選擇，來回應顧客需求的彈性。品質、彈性和成本效率，是企業處於全球性激烈競爭環境的基本法則。

　　及時制度提出一種完全不同的方法，來降低總持有與設定成本。傳統方法接受設定成本存在的事實，並試圖找出最能平衡持有成本與訂購成本的訂購量。然而，及時制度卻不接受設定成本（或訂貨成本）必然存在的事實；相反

地，及時制度試圖將這些成本縮減為零。如果設定成本與訂購成本能夠縮減至很小的金額，那麼唯一需要控制的成本就是儲存成本；接下來只要將存貨水準降到較低的水準，即可有效地控制持有成本。此一方法，便足以說明及時制度不斷地推動零存貨的緣由。

◗ 23.3.1 及時存貨系統的介紹

及時存貨系統（Just in Time Inventory System）簡稱 JIT 系統，是一種需求帶動生產的模式，屬拉（Pull）的系統，與前面所討論推的系統完全不同。及時存貨系統不僅是一種要求零庫存的存貨管理技術，並且以及時觀念應用到採購、裝配、生產及運送方面，亦即有必要的時候，才生產所需要的產品與數量。藉著及時存貨系統的實施，可消除浪費，持續改善生產效率，提升生產力與競爭能力。

早在 1950 年代，美國的工程人員已提出 JIT 的觀念，但是當時在美國未受學術界和產業界的重視。直到 1953 年，日本豐田（Toyota）汽車公司的副社長 Taiichi Ohno 先生將及時系統的觀念引進日本，經過二、三十年不斷地改良。在 1970 年代初期，JIT 在豐田集團已廣泛實施，並且於 1970 年代後期，擴及日本的其他產業。後來，美國企業也開始實施及時存貨系統，以通用（General Motor）、福特（Ford）、克萊斯勒（Chrysler）等汽車製造廠商率先實施。

及時系統在美國逐漸被企業採用，因各個公司特性的不同而有各種名稱，例如 IBM 實施持續製造流程 （Continuous Flow Manufacturing）、Hewlett-Packard 採用零庫存生產系統 （Zero Inventory Production System）、Westing House 採用最小存貨生產系統（Minimum Inventory Production System）等，這些公司採用 JIT 的共同特性為需求帶動生產的方式。

電腦整合製造 （Computer Integrated Manufacturing, CIM） 在 1980 年代中期以後被企業界使用，有些學者專家認為可將 CIM 與 JIT 相結合，稱為電腦整合及時系統（Computer Integrated Just in Time System, CIJIT），可有效地降低庫存量和提高生產力。1990 年代以後，美國產業界逐漸將 JIT 與 CIM 相結

合，使生產與存貨資訊可及時反應給管理者，有助於績效提升，以應付國際市場的壓力。

　　為了有效率的實施及時存貨系統，需要具有下列五項的要件：(1)供應廠商的配合；(2)內部人員的協調；(3)品質管制的執行；(4)預防性維修的實施；(5)群體技術的配合。有些公司甚至把及時系統實施範圍涉及研發、產品設計、採購、製造、會計、行銷、配送、顧客服務等方面。雖然及時存貨系統可帶來不少的效益；但是如有供應商不配合、內部人員不協調、機器缺乏保養而容易當機等問題，會使 JIT 實施成本上漲，反而對公司沒有幫助。

● 23.3.2　及時存貨系統的限制

　　及時存貨制度並非一蹴可及的速成方法，及時存貨制度的施行有如循序漸進的進化過程，而非一夕數變的革命過程，企業必須具備十足的耐心才適合採用此方法。及時存貨制度往往被視為簡化的計畫，然而這並不代表及時制度非常容易施行。例如，與供應商建立良好的長期合作關係就需要相當長的時間。企業如果一心想要在交貨時間與品質上達到速成的效果，恐怕不僅大失所望，甚至造成自身與供應商之間的重大衝突。企業與供應商之間的關係應以互惠合作為基礎，而非單向的壓迫。為了獲得與及時採購制度相關的好處，企業必須重新審慎地定義其與供應商之間的關係。然而，片面地以嚴苛的規定和取巧的文字來重新定義這一層關係，卻可能引起供應商的反感、甚至報復。長期而言，供應商可能會尋求新的市場、要求更高的銷售價格或者尋求法令保護等。如果企業操之過急，便可能因為供應商的上述舉動而破壞了及時制度的諸多好處。

　　另一方面值得注意的是，作業人員也可能受到及時存貨制度的影響。存貨緩衝機制的銳減可能帶來緊湊的工作流程，對生產作業人員造成壓力。所以專家建議逐步地、循序漸進地減少存貨水準，一則容許生產作業人員培養出自治的精神，另則鼓勵生產作業人員參與更廣泛的改善工作。企業如果以強制的態度或過快的步調縮減存貨的話，可以反映出企業所面臨的問題，但也可能引發更多的問題，例如銷貨減少或者員工壓力過大等。如果生產作業人員將及時存

貨制度視為壓榨勞工的作法，那麼及時存貨制度可能遭到失敗的命運。採行及時存貨制度的策略或許可以配合製程改善的步調，來逐步縮減存貨。採行及時存貨制度並非易事，需要通盤的考量、謹慎的規劃與充分的準備。

及時存貨制度的最大缺失，是沒有足夠的存貨可以作為避免生產中斷的緩衝機制。預料之外的生產中斷的情形，不斷地威脅著銷貨收入。事實上，一旦生產發生問題，及時存貨制度會在所有後續生產作業發生之前，就先試圖發現問題並解決問題。採用及時存貨制度技術的零售業者，訂購他們現在需要的數量，而非預期賣出的數量，此一作法的用意在於儘量延後產品經過通路的時間，進而使存貨保持在低檔水準。一旦需求超過零售業者的存貨供給量時，可能就無法及時調整訂單數量，更可能造成顧客不耐久候而產生反感甚至失去顧客等後果。

傳統上，管理存貨的方法稱為預防制度 (Just-in-case System)。在某些情況下，預防制度不失為理想的方法。例如，醫院必須隨時保留藥劑、藥品和其它緊急救護物品，以便及時處理危急狀況。在這種情況下採用經濟訂購量和安全存量等作法可能稍嫌緩不濟急。當心臟病患病發的時候才期望藥品能夠及時送達，似乎不太實際。此外，許多小型零售商、製造業者和服務業者的購買力，可能無法要求供應商配合施行及時採購存貨管理制度。

及時制度所帶來的更好的品質、更快的回應時間和更少的成本，均有助於達成獲利目標。即便如此，吾人仍須認清今天損失的銷貨收入就是永遠損失的銷貨收入的事實。採行及時制度且儘可能地減少造成生產中斷的影響，並非一蹴可及的目標。換言之，銷貨收入的損失也是採行及時制度的成本之一。採行限制理論或許不失為更好的方案，基本上，限制理論可以搭配及時製造制度共同推行。畢竟，及時製造環境亦有其特定的限制。再者，限制理論的方法不僅有助於維持目前的銷貨收入，亦可藉由提高品質、縮短回應時間和降低營業成本等方式，來提高未來的銷貨收入。

23.3.3　逆流成本法

公司一旦採用及時系統，成本會計系統會有所變化，因為原料是生產需要時才向外訂購，工廠倉庫內不存放原料存貨。因此，前面曾討論過的原料價格差異在及時系統下就不會發生，這是因為公司會與一些信譽好的供應商，每年訂定訂貨合約，明文規定在一定期間的訂購總數量，與協定的單位價格，同時對原料品質也會有所規定。如此，可確保生產效率以減少原料數量差異。此外，原料品質穩定亦可減少當機的機會，使人工成本效率差異和製造費用效率差異可降至最低。

在及時存貨系統下，原料存貨科目可併入在製品存貨科目，成為新的科目稱為原料在製品存貨（Raw and In Process Inventory，RIP），可減少會計分錄的登載，稱為逆流成本法（Backflush Costing）。在此方法下，本節以寶國公司的例子來說明分錄的作法。

寶國公司是一家生產汽車輪胎的公司，近年來因市場競爭激烈而採行 JIT 生產方式，因此其成本會計制度亦修改為逆流式之標準成本制度，其產品的每單位標準成本為 $129.5。 該公司同時與原料供應商簽訂長期合約供應直接原料，每單位成本 $37.5，故無任何原料價格差異存在。另外，該公司之存貨保有最低存貨水準，以應不時之需。假設該公司 4 月份期初存貨為零，攸關資訊如下：

(1)每單位生產之標準成本

直接原料	$37.5
加工成本	92

(2)4 月份購入直接原料 $765,000。

(3)4 月份發生加工成本 $1,843,500。

(4)本月完工 20,000 單位。

(5)本月以@$210 銷售 19,800 單位

則採用逆流式成本法，一般會計處理如下：

1. 原料與在製品　　　　　　　　　765,000
　　　應付帳款　　　　　　　　　　　　　　765,000

2. 加工成本　　　　　　　　　　　1,843,500
　　　各類貸項　　　　　　　　　　　　　　1,843,500

3. 原料與在製品 (20,000 × \$92)　1,840,000
　　　加工成本　　　　　　　　　　　　　　1,840,000

4. 製成品 (20,000 × \$129.5)　　2,590,000
　　　原料與在製品　　　　　　　　　　　　2,590,000

5. 銷貨成本 (19,800 × \$129.5)　2,564,100
　　　製成品　　　　　　　　　　　　　　　2,564,100

6. 應收帳款 (19,800 × \$210)　　4,158,000
　　　銷貨收入　　　　　　　　　　　　　　4,158,000

　　寶國公司在 4 月份發生上述各種分錄，在 4 月底資產負債表上相關科目的餘額如下：

期末存貨：		
原料與在製品	(\$2,605,000 – \$2,590,000)	15,000
製成品	(\$2,590,000 – \$2,564,100)	25,900
其他：		
加工成本分類帳餘額 (\$1,843,500 – \$1,840,000)		3,500

　　上面所討論的六項會計分錄為逆流成本法下的一般分錄，但是各公司可隨需求而改變。若該公司有下列三種不同類型 JIT 情況，則分別可採用不同之會計方法處理。

⑴假設該公司生產時間極短，則可考慮不做原料購入分錄，直到生產完成才做分錄。

原料及在製品	15,000	
製成品存貨	2,590,000	
應付帳款		765,000
加工成本		1,840,000

　　註：1.此時加工成本應以實際成本記錄。

　　　　2.本情況合併 1,3,4 分錄。

(2)設該公司因同業競爭激烈，於生產完成後須速交客戶，則製造完成分錄
　　與銷售分錄可合併：

製成品	25,900	
銷貨成本	2,564,100	
原料及在製品		750,000
加工成本		1,840,000

　　註：1.此時可用實際材料成本與加工成本記錄。

　　　　2.本情況合併 3,4,5 分錄。

(3)設該公司採行理想化的 JIT 制度（即生產完便銷售出去），則只作一個分
　　錄。

原料及在製品	15,000	
製成品	25,900	
銷貨成本	2,564,100	
應付帳款		765,000
加工成本		1,840,000

　　註：1.此時不可用實際加工成本。

　　　　2.本情況合併 1,3,4,5 分錄。

23.4　物流中心的介紹

　　由於世界經濟的全球化、貿易的自由化，產品生命週期的縮短、客戶要求服務水準的提升，企業策略聯盟的興起、企業流程再造的盛行及全球對環保問題的關切等因素，物流（或稱運籌）成為全球企業關注的焦點，善用物流以提高顧客服務的水準，並滿足顧客的需求，已成為企業強化競爭優勢的重要策略。

　　在 1996 年 8 月 23 日行政院主計處審查通過「中華民國行業標準分類修訂草案」，正式將物流業正式命名為「儲配運輸物流業」。因此從 1997 年開始，主計處所公佈的 GNP 各行業經濟成長參考值中，便開始出現儲配運輸物流業一詞。主計處所審查通過的「中華民國行業標準分類修訂草案」有關儲配運輸物流業，明訂「凡從事商品之配送、儲存、揀取、分類分裝及流通加工處理（如商品標價）等儲配運輸服務，且以收取配送服務收入為其主要收入來源之行業均可屬之，但若以從事商品買斷、賣斷型之儲配運輸，而以銷貨收入為其主要收入來源者應歸入批發業。在儲配運輸物流業分類下，並依服務內容增列了三項子目，其中包括有：倉儲物流、流通加工物流、配送物流等。」

　　對於年產值高達新臺幣一千億元以上的物流業被主計處審議通過為「儲配運輸物流業」，雖然離中華民國物流協會的目標名稱「物流業」或「物流中心業」仍有差距，但是也表示物流產業漸漸為政府、國人、業者所重視，經過主計處的審議之後，未來物流業者當能在國內經濟發展上佔有更重要的地位與角色。

　　物流（Logistics）可說是近年來的新名詞，其重要性逐年增加，是指在商品販賣交易程序及所有權移轉的過程中，所帶來的商品流動的活動，物流的發展可說是經濟脈動中的主流之一。物流係指物品的流通，物品所涵蓋的範圍很廣，可為原物料、半成品、製成品、零配件、農林漁牧產品、或廢棄物等；流通的過程要經過多項的組織與程序。如同圖 23-1 由中華民國物流協會所提出

的完全物流鏈圖。

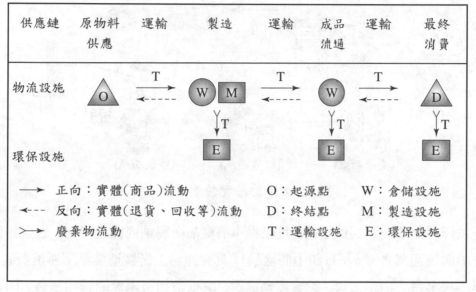

圖 23-1　完全物流鏈圖

　　將企業物流、家庭物流、非營利機構物流及環保物流結合起來稱為完全物流鏈（Total Logistics Chain）或完全供應鏈（Total Supply Chain），如圖 23-1 所示。從原物料的供應開始，經製造過程而成為成品，再送到最終消費處。在這過程中，除原物料供應外，其他三個階段都與環保有關。

　　中華民國物流協會將「物流」定義得更為清楚，使讀者易於瞭解，物流是一種物品實體流通活動的行為，在流通過程中，透過管理程序有效地結合運輸、倉儲、裝卸、包裝、流通加工、資訊等相關物流機能性活動，以創造價值，滿足顧客及社會需求。

　　圖 23-2 的流程比圖 23-1 為詳細，是以面紙的物品實體流通情況來說明，從森林中取得面紙的主要原料──木材，送至木頭堆放場，再送到工廠製造面紙，產品完成後即送到物流中心，再由商店將面紙售給消費大眾。

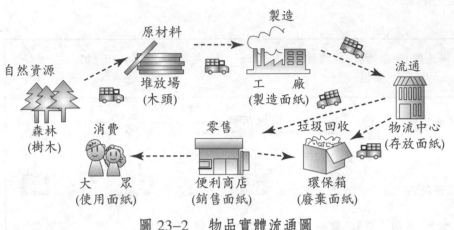

圖 23-2　物品實體流通圖

　　依照經濟部商業司的定義，凡是從事將商品由製造商或進口商，送至零售商之中間流通業者（或稱行銷中間機構），具有連結上游製造業至下游消費者，滿足少樣多量之市場需求、縮短流通通路、降低流通成本等關鍵機能者，即可稱為物流中心（Distribution Center）。在圖 23-2 中，讀者可看出物流中心在物品實體流通過程中所扮演的角色，正如同經濟部商業司對「物流中心」所下的定義。

　　二十一世紀為企業無國界的時代，產業的全球化、供應鏈管理觀念的興起，加上網際網路的應用及電子商務的推波助瀾，物流扮演了更重要的產業整合角色。企業除了需將營運重點置於產品的設計與生產外，更需將企業本身的物流體系建立的更為完善，如此才能減少營運成本，也才能在快速變動的世代裡掌握更大的競爭力。

23.5　物流中心的會計處理

　　為使讀者深入瞭解實務上物流中心的會計處理，本節以經營禮品百貨的大中百貨公司為例，詳細說明物流中心的會計制度。

　　大中百貨公司成立於 1976 年，迄今已 40 年，為一家資本額 3 億元，年營業額 10 億元的連鎖型禮品百貨公司，其目標客戶主要為 30 歲上下之上班族與學生。連鎖型百貨的經營特色在賣場小而遍佈廣，產品具量少類多且質精的特性，故大中百貨之賣場有 90 處遍佈全省各地，貨物種類多達 4,000 餘種。由於多年的努力經營及賣場佈建，在國內禮品百貨市場已躍居龍頭地位，市場佔有率約 40%。

　　近年來，在面對消費者意識型態高漲，直銷與郵購禮品市場日益蓬勃，與日商百貨不斷攻佔臺灣百貨業市場等衝擊下，企業經營面臨著沉重的壓力與極嚴酷的挑戰。管理當局致力於改變現有經營方式，以面對優勝劣敗的現實環境，找尋利基取得競爭優勢。

　　經過管理當局一年來縝密規劃，參考近年來學術界與企業界頗為風行的企業改造，以及運用資訊科技及流通業經營等觀念後，決定成立物流中心來強化其後勤支援體系，減少運輸成本並滿足消費者少樣多量的消費型態。對於物流中心的會計作業，大中百貨公司採取下列二個步驟。

1.成本分攤

　　為正確掌握企業之物流成本，以避免扭曲成本，大中百貨公司決定採用作業基礎成本制度（Activity Based Costing）來分攤間接成本。該公司之會計人員與物流作業人員經過長期溝通後，將物流作業區分為下列作業成本並找出成本動因（如表 23–2 所示），這種區分方式係以類似之作業水準基礎或成本效益考量而劃分。

表 23–2　成本動因分析表

作業成本	成本動因
採購處理	採購訂單比數
驗收作業	棧板數
進貨入庫	棧板數
倉儲作業	出貨數
揀　貨	揀貨次數
銷管作業	銷貨額

出　貨 作　業	出貨棧板數 訂單項目數

　　以大中百貨公司北區物流中心的訂單流程為例，在作業基礎成本制度之下，該作業流程所需分攤的物流成本為 $1,210,168，所涉及的作業成本和成本動因，如表 23-3 所示。

表 23-3　訂單物流成本

產品作業成本	單位作業成本	作業資源耗用量	資源耗用成本
產品 A	$200/ 單位	1,000 單位	$200,000
B	$150/ 單位	5,000 單位	$750,000
C	$300/ 單位	500 單位	$150,000
採購處理	$50/ 採購訂單筆數	1 張訂單	$50
驗收作業	$20/ 棧板數	6.5 個棧板	$130
進貨入庫	$40/ 棧板數	6.5 個棧板	$260
倉儲作業	$2/ 出貨數	6,500 單位	$13,000
揀　貨	$80/ 揀貨次數	3 次	$240
銷管作業	銷貨額 0.005%	$1,210,000	$6,050
出　貨	$65/ 出貨棧板數	6.5 個棧板	$423
EOS 作業	$5/ 訂單項目數	3 項	$15
訂單物流總成本			$1,210,168

2.會計處理

　　今年 5 月大中百貨向製造商進貨一批價值 $1,000,000 的情人節禮品，由製造商運送至物流中心儲存，然後再分送至各門市，由於今年母親節促銷活動引起熱烈回響，各門市紛紛向物流中心要求補貨。

　　5 月份物流中心之各項費用如下：

薪　資	$300,000	租　金	$ 30,000
水　電	70,000	其他各項費用	100,000

　　由於大中百貨公司採用的會計制度，是明確區分總公司與分公司單位，因此將各門市、物流中心視為分公司單位。

根據上述的資料，大中百貨公司的會計處理如下：

交易事件	總公司		物流中心		各門市	
1.購進貨品 （賒購）	存　貨 應付帳款	1,000,000 1,000,000				
2.貨品進入 物流中心 再轉至各 門市	物流中 心往來 存　貨	1,000,000 1,000,000	商品運自總公司 　　總公司往來 門市往來 　商品運自總公司	1,000,000 1,000,000 1,000,000 1,000,000	商品運自物流中心 　物流中心往來	1,000,000 1,000,000
3.物流中心 支付各項 費用			薪資費用 水電費 租金費用 雜　費 　現　金	300,000 70,000 30,000 100,000 500,000		

　　在上述的各項分錄中，總公司帳冊上的「物流中心往來」餘額應與物流中心帳冊上的「總公司往來」可互相沖轉。相同地，物流中心帳冊上的「門市往來」餘額，可與各門市帳冊上的「物流中心往來」對沖。因此，編製年合併報表時，這些科目都必須沖銷。

　　除了會計處理問題外，物流中心的績效評估也是管理者所關心的。因為設立物流中心的最終目標是節省成本與提高利潤，所以評估物流中心的營運狀況，也是管理者責無旁貸的任務。績效評估的目的在於比較預期成果與實際經營結果之差異，作為改善營運缺失和獎賞之依據。本節特別整理出一些實用的績效評估指標及評估方法於附錄 23 - 1 中，供有興趣的讀者參考。

附錄 23.1　物流中心的績效評估制度

　　大中百貨公司對於績效評估制度的建立，首先將物流作業區分為四大區域，分別為作業區、自動倉儲區、揀貨分貨區及出貨區，然後依各個作業區管

理重點選擇績效指標，表 23–4 所列示的為重要績效指標的公式。通常可蒐集一個月或一季的資料，來計算各項績效指標。

表 23–4　績效評估指標

績效指標	公　　式
進貨時間率	進貨時間 / 工作時數
每人每小時處理進貨量	進貨量 / (進貨人員數×每日進貨時間×工作天數)
庫存週轉率	出貨量 / 平均庫存量
欠品率	缺貨筆數 / 進貨筆數
盤點數量誤差率	盤點誤差量 / 盤點總量
揀貨分貨錯誤率	揀貨分貨錯誤筆數 / 訂單總筆數
出貨錯誤率	出貨錯誤筆數 / 訂單總筆數
配送延遲率	配送延遲車次 / 配送總車次
裝載比率	出貨品材積數 / (車輛總材積數×配送稼動率×工作天數)
配送稼動率	配送總車次 /[(自車數量＋外車數量) ×工作天數]
每人每小時處理出貨量	出貨量 / (出貨人員數×每日出貨時間×工作天數)

　　評定物流中心整體績效時，若總得分數高於 100，則表示目前營運表現正常；若總得分數高於 90 但低於 100，則表示目前營運進入加強注意狀態；當總得分數低於 90 時，則營運情況已進入危險狀態，管理當局應盡速找出無效率之作業，以謀改進之道。以大中百貨公司為例，其績效評估方法如表 23–5 所示。

表 23 – 5　績效評估方法

作業區域	績效指標	實際結果	預期標準	達成率	得　　分
進貨作業	進貨時間率			實際 / 標準	達成率×10%×100
	每人時處理進貨量			實際 / 標準	達成率×10%×100
自動倉諸	庫存週轉率			實際 / 標準	達成率×10%×100

作　　業	欠品率			標準 / 實際	達成率×10%×100
	盤點數量誤差額			標準 / 實際	達成率×10%×100
揀貨分貨 作　　業	揀貨分貨錯誤率			標準 / 實際	達成率×10%×100
出貨作業	出貨錯誤率			標準 / 實際	達成率×10%×100
	配送延遲率			標準 / 實際	達成率×10%×100
	裝載比率			實際 / 標準	達成率×10%×100
	每人時處理出貨量			實際 / 標準	達成率×10%×100
	總得分數				

　　大中百貨公司主管選定 10 項績效指標，來評估其物流中心的績效，每一項指標給予相同的權數，如表 23-5 上的 10%。首先計算各項指標的實際結果，列示預期標準，再算出達成率。各項績效指標的得分是將達成率乘 10% 再乘上100 分。最後計算總得分數，以便與 100 分相比較，以評估出物流中心的績效。

本章彙總

　　在現今競爭的經濟環境下，「存貨」意味著資金囤積，所以貨物是否能靈活流通，對企業管理而言是重要的課題。存貨在資產負債表上的會計科目，依產業特性而有所不同，例如製造業有原料、在製品和製成品存貨，而買賣業則只有商品存貨科目。

　　存貨成本包括產品成本、訂貨成本、儲存成本以及缺貨成本，所以這些成本都是決定經濟訂購量的因素。所謂經濟訂購量是指訂貨成本與儲存成本總和最低時的訂購數量。至於公司該選購何種原物料為存貨，則有賴於物料需求規劃的決定。在存貨管理方面，ABC存貨分類法和及時存貨系統，是最常被使用的兩種方法。

　　一般存貨的會計處理已於初級會計中介紹，故本章只針對及時存貨系統下的逆流成本及物流中心的會計處理加以說明。逆流成本法與一般存貨會計最大的差別在於：逆流成本法將原料存貨併入在製品存貨，成為新的會計科目稱之原料在製品存貨。本章也介紹物流中心意義與作業方式，以及物流中心與其相關單位之間貨品往來的帳務處理。物流中心的會計處理重點在於沖轉總公司、物流中心及各門市之間的進出貨。此外，本章特別於附錄部分，介紹物流中心的績效評估制度，讓管理者能掌握物流中心的營運狀況。

≈ 名詞解釋 ≈

- ABC 存貨分類法（ABC Classification of Inventory）

  依各種存貨的單位成本與數量來分類，A 類為單價高數量少的存貨，C 類為單價低數量多的存貨，B 類則為介於 A 與 C 之間的存貨。

- 儲存成本（Carrying Cost）

  係屬倉儲成本，包括倉庫內所發生的貨品處理成本，例如倉儲單位的租金或折舊費用、保險費、存貨的損壞與過時損失、資金積壓等。

- 經濟訂購量（Economic Order Quantity, EOQ）

  用來計算最佳訂購量，為求得訂購成本與倉儲成本的均衡點。

- 存貨成本（Inventory Cost）

  包括產品成本、訂貨成本、儲存成本及缺貨成本。

- 及時存貨系統（Just in Time Inventory System）

  是一種需求帶動生產的模式，屬拉（Pull）的系統，其不僅是一種要求零庫存的存貨管理技術，並且以及時觀念應用到採購裝配生產及運送方面，藉著及時存貨系統的實施，可消除浪費，持續改善生產效率，提升生產力與競爭能力。

- 物流（Logistics）

  係指物品的流通。

- 物料需求規劃（Material Requirements Planning, MRP）

  為一套物流管理系統，強調生產排程的規劃，依據產品的物料清單為基礎，來決定需要何種原物料所需的數量多少，以及何時需要原物料。

- 訂貨成本（Ordering Cost）

  為訂購貨品所支付的相關成本，涵蓋與供應商的聯絡和書面憑證處理成本，以及貨品驗收成本，該項成本與訂購次數有關，若次數多則訂購成本高。

- 設定成本（Setup Costs）

  係指準備機器設備以便用於生產特定產品或零組件的成本。

- 缺貨成本（Stock-out Cost）

    包括有形成本與機會成本，例如臨時緊急訂貨所產生的增額成本，生產線中斷所造成的損失，以及顧客流失與商譽受損的機會成本。

- 限制理論（Theory of Constraints, TOC）

    係指發現企業的績效會受到內外部限制的影響之事實，進而發展出特殊的方法來管理這些限制，以期達到持續改善的目標。

- 完全物流鏈（Total Logistics Chain）

    企業物流、家庭物流、非營利機構物流及環保物流之結合。

◆ 作業

一、選擇題

（　）23.1　存貨成本包括　　(A)產品成本　　(B)產品成本及訂貨成本　　(C)產品成本、訂貨成本及儲存成本　　(D)產品成本、訂貨成本、儲存成本及缺貨成本。

（　）23.2.　下列何者不屬於儲存成本？　　(A)貨品保存處理成本　　(B)倉庫租金　　(C)驗收成本　　(D) 資金積壓的設算利息。

（　）23.3　如果存貨是自製的物品或商品，則哪一個屬於存貨相關的成本？　　(A)設定成本　　(B)機會成本　　(C)缺貨成本　　(D)訂貨成本。

（　）23.4　何者不屬於限制理論利用的五個步驟？　　(A)不再重複過程　　(B)善用結合限制　　(C)提升組織的結合限制　　(D)找出企業所面臨的內外部限制。

（　）23.5　訂貨次數愈頻繁，則　　(A)訂貨成本愈低　　(B)訂貨成本愈高　　(C)缺貨成本愈高　　(D) 損壞成本愈高。

（　）23.6　將存貨依單位成本及數量的不同，而加以分類管理的存貨控制方法稱為　　(A)經濟訂購量法　　(B) ABC 存貨分類法　　(C)及時存貨系統　　(D)物料需求規劃。

（　）23.7　下列何者不是經濟訂購量模式的基本假設？　　(A)相同的訂購數量　　(B)彈性的需求量　　(C)固定的產品成本　　(D)不考慮缺貨成本。

（　）23.8　下列對物料需求規劃的描述，何者正確？　　(A)以產品的訂購單為基礎　　(B)是一種拉的系統　　(C)由生產排程來預測銷貨數量　　(D)無法得知每一次的訂購數量，但是可決定何時應訂購何種存貨。

（　）23.9　下列對存貨控制系統的描述，何者不正確？　　(A)經濟訂購量模式強調訂貨成本與儲存成本的均衡點　　(B)物料需求規劃是一種需求帶動生產的模式　　(C)及時系統的成功實施，可消除浪費，提升生產力及獲利能力　　(D)電腦整合及時系統的成功實施，使企業的

生產與存貨資訊可及時反應給管理者。

（　）23.10 何者有誤？　(A)企業與供應商之間的關係以單向的壓迫為基礎　(B)限制理論可以搭配及時製造制度共同推行　(C)及時制度所帶來的更好的品質、更快的回應時間和更少的成本，均有助於達成獲利目標　(D)及時存貨制度的最大缺失是沒有足夠的存貨可以作為避免生產中斷的緩衝機制。

（　）23.11 下列何者最常作為物流中心驗收作業的成本動因？　(A)訂購筆數　(B)揀貨次數　(C) 訂單項目數　(D)棧板數。

（　）23.12 下列何者不適合作為物流中心出貨作業的績效指標？　(A)裝載比率　(B)出貨錯誤率　(C)配送延遲率　(D)庫存周轉率。

（　）23.13 下列何者最適合作為物流中心揀貨作業的績效指標？　(A)欠品率　(B)分貨錯誤率　(C)配送延遲率　(D)進貨時間率。

二、問答題

23.14 請說明存貨成本的組成要素。

23.15 請定義何謂「訂貨成本」？

23.16 何謂設定成本？

23.17 訂貨成本與設定成本的主要差異為何？

23.18 試說明何謂「儲存成本」？

23.19 請解釋何謂「缺貨成本」？

23.20 企業持有存貨的傳統理由為何？

23.21 簡述 ABC 存貨分類法的管理方式。

23.22 試說明何謂安全存量 (Safety Stock)？

23.23 請說明經濟訂購量的基本假設。

23.24 試說明何謂限制理論 (Theory of Constraints, TOC)？

23.25 請簡述限制理論強調組織績效的三項衡量指標？

23.26 限制理論利用哪五個步驟來達到改善組織績效的目標。

23.27 物料需求規劃是一種存貨管理方法，試說明該方法的處理方式。

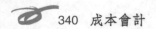

23.28 簡述及時系統的定義及用途。

23.29 請說明「完全物流鏈」的組成項目。

23.30 請定義「物流中心」，並舉例說明之。

三、練習題

23.31 永興公司在存貨水準降至零時，所訂購之商品會隨即送達。在 2002 年該公司與存貨相關的資料如下：

每年存貨需求量	24,000 單位
儲存成本	$12／每單位
訂購成本	$40／每次

試求：請計算在下列訂購量之下的存貨儲存及訂購成本：
1. 200 單位。
2. 400 單位。
3. 600 單位。
4. 800 單位。

23.32 華聲公司每年需訂購 10,000 箱的商品，根據過去的經驗，每次的訂購成本為 $900，每單位每年的儲存成本為 $2。

試求：請計算華聲公司的經濟訂購量。

23.33 以下是日升及日泰公司在不同情況之下與存貨相關的預測資訊：

	日 升	日 泰
每年總需求量	7,200 單位	320 單位
每單位之儲存成本	$16	$8
每次之訂購成本	$100	$80

試求：請計算日升及日泰公司的經濟訂購量。

23.34 永華公司原料每個月的需求量為 1,500 單位，單位成本為 $60，每年的儲

存成本為 40%，每次的訂購成本為 $1,000。

試求：計算永華公司的經濟訂購量。

23.35 英升公司每 2 個月購買 500 打的商品，每次的訂購成本為 $380，每單位的成本為 $5，儲存成本為 20%。

試求：　1.計算英升公司的訂購及儲存成本。

2.計算英升公司的經濟訂購量及在此經濟訂購量之下的訂購與儲存成本。

23.36 （經濟訂購量的應用）廚寶公司預定每年需生產 256,000 碗的茶碗蒸，以供應全省的零售商。每生產一批需投入 $2,400 的整備成本；每生產一碗需投入 $4 的成本，儲存成本為 $1.2。

試求：　1.計算經濟生產量。

2.計算每隔多久需生產一次。

四、進階題

23.37 雷勝電子以生產電子零件為主，為了因應製造環境的改變，該公司自 2003 年起決定實施及時系統。該公司生產每一單位零件的直接原料及加工成本分別為 $52 及 $30。2003 年 1 月份的相關資料如下：

購入直接原料	$20,800,000
發生加工成本	12,000,000
本月份完工單位	400,000 單位
本月份銷售單位	384,000 單位（售價 $95）

試求：採用逆流式成本法作 2003 年 1 月份的相關分錄。

23.38 建國橡膠採用逆流式成本法來記錄其生產成本，2003 年 7 月份的相關資料如下：

1. 7 月 1 日無任何的存貨。

2. 每單位直接原料及加工成本的標準成本分別為 $75 及 $184。

3. 賒購直接原料 $3,060,000。

4. 發生加工成本 $7,374,000。

5. 完工 40,000 單位。

6. 以 $430 出售 39,600 單位。

試求：作 2003 年 7 月份的相關分錄。

23.39 沿用 23.38 的資料回答下列問題。

試求： 1. 假設建國橡膠的生產時間極短，因此直到生產完成時才作直接原料購入的分錄。請作 2003 年 7 月份的相關分錄。

2. 假設由於同業競爭十分激烈，建國橡膠於產品完成後立即交給客戶。請作 2003 年 7 月份的相關分錄。

3. 假設建國公司採行理想化之 JIT 制度，請作 2003 年 7 月份的相關分錄。

23.40 富泰物流公司屬於專業型物流中心，主要協助客戶處理商品配送、再次加工等業務。目前接獲華立公司訂單 1 張，要求代為處理 150 箱之商品配送，每箱商品內含 10 單位商品。現富泰公司欲評估物流成本，方能報價給華立公司，相關資料如下：

訂貨單據	$6/ 處理單據	物流加工	$2/ 單位產品
進　貨	$100/ 棧板	揀　貨	$60/ 箱
倉　儲	$5/ 單位產品	配　送	$150/ 棧板

每棧板可容納 25 箱產品，訂單係依物流成本之 120% 加成。

試求：富泰物流公司之報價單。

第 *24* 章

策略性成本管理

學習目標

- 明白策略性成本管理的源起與意義
- 瞭解策略性成本管理的程序與工具
- 認識新世紀資訊科技的應用
- 分析企業 e 化下內控與內稽的考量
- 練習綜合性個案分析

前　言

　　1980 年代以後，因科技加速創新、資源耗用增加、企業國際化發展趨勢等因素，使得全球性競爭愈趨白熱化，為了因應此種變化，策略管理的觀念及技術大大盛行。但是強調會計資訊使用者導向的管理會計，卻仍使用傳統的成本會計作為分析的基礎，並沒有特別的討論如何使用會計資訊支援策略管理，如同國外學者曾批評傳統會計資訊系統對價值鏈分析沒有助益，直到 1980 年代末期英、美、日學者大力倡導的策略性成本管理，才強調管理會計與策略的連結，這可視為管理會計重要的演變。

　　策略性成本管理的發源地是英國，其研究方向較偏向理論性的探討，美國管理會計學者接受此新觀念後，再加入波特 (Porter) 的策略觀念，使策略性成本管理更加具體化；日本學者更進一步將策略性成本管理推廣至企業界，由此可見，英、美、日等先進國家已將策略性成本管理與資訊科技的應用視為管理會計的未來趨勢。藉著策略性政策和資訊科技的運用，促使企業達到降低成本與提升品質的目標。此外，本章討論企業 e 化下的內部控制與內部稽核，有助於經營績效的提升。

24.1　策略性成本管理的源起與意義

　　為了因應傳統管理會計所面臨的挑戰，許多專家學者致力於解決之道的研究，大致上可將這些研究結果分為兩派：(1)**精確學派** (Accuracy School)；(2)**策略學派** (Strategy School)，這兩派的差異如表 24–1 所示，就思考方向、目標、會計方法、代表性學者與代表性公司五個項目作比較。

表 24–1　精確學派與策略學派的比較

類型 項目	精確學派	策略學派
思考方向	從內部企業管理到外部環境	從外部環境到企業內部管理
目　標	改善產品成本的正確性	追求會計與策略之間的關連

會計方法	作業基礎成本制度 (Activity-Based Costing, ABC)	策略性成本管理 (Strategic Cost Management, SCM)
代表性學者	Robin Cooper Robert S. Kaplan	Kenneth Simmond Keith Ward John K. Shank Vijay Govindarajan
代表性公司	General Electric	Johnson & Johnson

　　從表 24-1 的比較可看出，策略學派所涵蓋的範圍較廣，管理者需要將會計與其他學科作適度的結合，才能研擬出良好的策略，來增加企業的利基，以擴展營業範圍或確保市場的地位。

◗ 24.1.1　策略性成本管理的起源背景

　　策略性成本管理的觀念最早誕生於歐洲 Cranfield 管理學院，起初沒有任何關於它的文獻，也沒有學者對它予以正式的注意，直到 1981 年倫敦研究所教授塞孟斯 (Simmond) 提出「策略性管理會計」(Strategic Management Accounting, SMA) 一詞後，才引起學者對此領域的研究興趣。1988 年美國學者發表一篇個案研究，將策略的觀念納入成本分析架構中，稱之為策略性成本管理 (Strategic Cost Management, SCM)，雖然名稱與歐洲學者略有出入，但兩者可視為同義語。多數此派學者認為，管理會計需用到大量的成本數據作為分析基礎，所以管理會計與成本會計已無法明確劃分。

　　雖說策略性成本管理觀念起源於英國，其實美國在 1970 年代早期就已經有討論策略方面的專業期刊出版，如《策略性管理雜誌》(*Strategic Management Journal*) 和《企業策略雜誌》(*Journal of Business Strategy*)，再加上有多位大師級人物的研究貢獻，所以策略管理技術遠較歐洲成熟，導致美國與歐洲對策略性成本管理的研究型態有部分差異的存在。如表 24-2 所示，兩者的研究方法，在現階段皆採用個案研究法，如同作業基礎成本法研究的早期發展。

表 24–2　美國與歐洲研究型態的比較

類型　項目	美　國	歐　洲
名　稱	策略性成本管理	策略性管理會計
研究重點	整合一系列複雜的分析技術	強調策略性成本管理為管理者學習轉變的過程
研究成果	提出三種分析技術： 1. 價值鏈分析 2. 成本動因分析 3. 策略定位分析	1. 以策略的觀點（如：BCG 矩陣、產品生命週期等）運用原有的成本分析技術（如：現金流量、投資報酬率） 2. 強調競爭者會計
研究方法	皆採個案研究法探討策略性成本管理	

24.1.2　策略性成本管理的意義

　　策略性成本管理可視為策略管理會計，所以要瞭解策略性成本管理，必須先認識策略管理。策略管理 (Strategic Management) 係指一連串的決策與行動，藉此可發展出一套可達到組織目標的有效策略；但是要使策略管理發揮最大效用，成功關鍵要素在於管理者是否充分擁有其所需的資訊，此時策略性成本管理就是最有用的工具。策略性管理會計係指提供和分析關於企業本身與其競爭對手的管理會計資訊，尤其是實際成本與價格、數量、市場佔有率、現金流量及企業資源總需求的資訊，並將上述管理會計資訊用於發展和評估企業策略。簡而言之，策略性成本管理就是管理者使用成本資訊，正確地指引策略管理程序的過程。

　　策略性成本管理的精髓在於藉助會計功能編修管理計畫，使企業有效地適應外部環境持續的變化，其具有下列三點特性：

1. 強調外部資訊的提供

　　所謂「外部資訊」(External Information) 指關於企業本身以外的資訊，可分為下列三類。

⑴環境偵測: 環境偵測強調對環境的監控, 包括科技發展、顧客偏好改變、重大經濟改變和以市場為基礎的訊息變化。管理會計人員必須掌握這些訊息的變化, 並且衡量各種變化的影響力, 然後向管理者報告有關這些因素, 以及如何影響策略, 和策略目標是否因此而偏移的訊息。

⑵競爭者會計: 有用的會計資訊可協助企業管理者衡量其競爭地位, 以有效的評估競爭對手的實力, 來估計和競爭對手有關的成本資訊是重要的, 這些成本包括估計企業從經濟規模所獲得的利益和產品組合產生的經濟效益。此外, 對於企業投資所需的固定成本和沉沒成本, 也需要列入考慮。

⑶顧客資訊: 從顧客的觀點評估企業產品所產生的利益, 產品 (貨物或服務) 可視為「利益包」(Bundle of Benefits) 或「屬性包」(Package of Attributes), 顧客根據這些利益或屬性決定他們的購買決策, 所以這些因素對策略的形成極為重要。顧客所認知的利益包括: ⒜改善產品品質; ⒝降低成本和價格; ⒞提高產品可靠度及保證; ⒟更彈性的反應顧客需求。

由圖 24–1 可知策略性成本管理比傳統管理會計較重視企業外部的資訊, 同時在擬定策略時, 管理者所需考慮的層面也較廣。

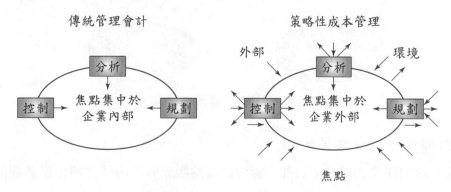

圖 24–1　傳統管理會計與策略性成本管理的比較

2. 強調長期的觀點

　　策略性成本管理是一種決策支援系統，提供策略管理所需的資訊。然而，好的決策支援系統需建立一個持續性的績效改善循環，如圖 24–2。從問題的認識開始，擬出各種可行方案，依管理者的專業判斷決定採行的方案，再予以執行；待執行成果出現，再評估其所產生的績效，再進行改善建議的提出。

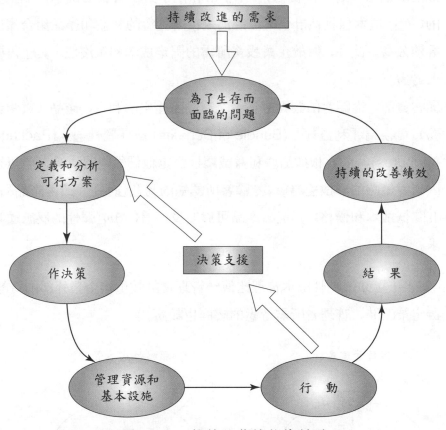

圖 24–2　持續改善績效的循環

3. 內部資訊的策略展望

　　除了增加注意力於外部資訊，對於以策略觀點分析內部資訊也是必要的。例如短期獲利的減少，可能因為增加市場佔有率而降價來吸引消費者，或擴廠投資以增加產能等具體行動。如果公司太過重視短期獲利能力，可能不願意投資以改善其競爭地位。相反地，短期利潤增加可能涉及其策略地位的惡化，如

售價比以前高甚至高於競爭者，如此一來導致市場佔有率下降，進而面臨業務萎縮的危機。

　　策略性成本管理較適用於大型企業，尤其是跨足同一產業上、中、下游的企業個體，如同力捷電腦股份有限公司，因為這類型的企業對策略管理的需求較為明顯。相對地，有些中小型企業的目標是求生存，無暇顧及企業整體的策略發展；但是中小企業穩定成長之後，也會發展成大型企業。所以不管是大型企業或中小型企業，正確的運用策略性成本管理對其都是有利而無害的。

24.2　策略性成本管理的程序與工具

　　瞭解策略性成本管理的起源背景和意義之後，讀者對策略性成本管理或許仍是「霧裡看花」，不知道策略性成本管理如何運用，本節即將介紹策略性成本管理的程序及其使用的工具，讓您更進一步瞭解策略性成本管理的全貌。

24.2.1　策略性成本管理的程序

　　雖然早在 1980 年代就已經有學者研究策略性成本管理，但關於策略性成本管理的程序，直到 1990 年代才被學者有系統地整理出來。而且每位學者都有其獨特的見解，並沒有所謂標準的策略性成本管理程序，直到 1990 年代中期，有學者把 80 年代的架構加以更新，發展出策略性成本管理的程序，如圖 24-3 所示。

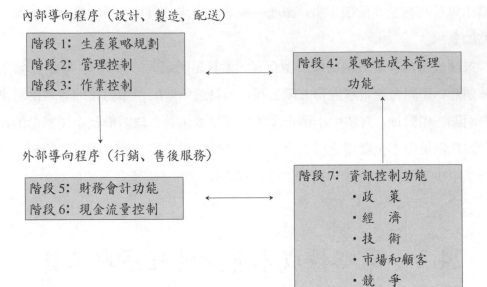

圖 24-3　策略性成本管理架構

　　內部導向程序包括設計、製造和配送三階段，外部導向程序包括行銷和售後服務兩階段，由此程序圖可看出在內部和外部導向程序中納入策略性成本管理功能。策略性成本管理程序強調問題的定義與判斷，提出具有挑戰性的觀點，以及更詳盡的評估和規劃以及執行，以幫助管理者在每一階段都能從財務和競爭優勢的觀點來衡量成本，如圖 24-4 所示。

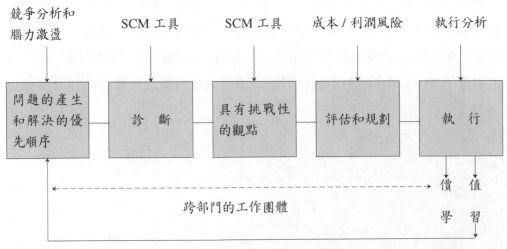

圖 24-4　策略性成本管理程序

24.2.2　策略性成本管理工具

從策略管理方面文獻中，整理出三項策略性成本管理的工具，即價值鏈分析、成本動因分析和策略定位分析。這三項工具和傳統管理會計所使用的觀念和方法有很大的差異，分別詳述如下：

1.價值鏈分析

為了更有效地管理成本，需要將管理的焦點擴展至公司外部，此點突顯出波特 (Porter) 於 1985 年提出的「價值鏈」正是最佳的工具，這也是策略性成本管理的主要骨架。所謂**價值鏈 (Value-chain)** 係指企業體為了生產有價值的財貨或提供有價值的服務給顧客，而發生的一連串價值創造活動，如圖 24–5 所示。

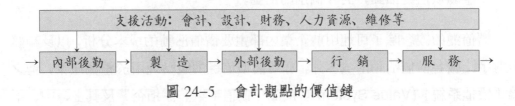

圖 24–5　會計觀點的價值鏈

圖 24–5 中的「主要活動」內容為：

(1)內部後勤活動：包括與原料之驗收、儲存、整理及存貨控制等相關之活動。

(2)製造活動：包括將原料轉換成最終產品之活動，如機器製作、包裝、組合、設備維修、測試等。

(3)外部後勤活動：包括製成品的儲存、訂單處理、生產排程、產品運送等相關之活動。

(4)行銷與銷售活動：本項活動主要係指如何使消費者獲知產品或勞務的特質，並賦予其價值，進而購買該產品或服務，通常包括廣告、促銷、銷售、訂價、報價、通路選擇、通路關係之建立等活動。

(5)售後服務活動：本項活動係提供服務以加強或維持產品的價值，例如產

品安裝、調整、維修、零件供應等活動。

「支援活動」則包括下列幾項:

(1)採購: 係指購買用於企業價值鏈活動的「投入因素」之功能。「投入因素」除原、物料外,尚涵蓋機器設備、實驗儀器、辦公設備及建築物等。

(2)技術發展: 本活動包括增進產品或勞務品質,提高作業效率及新產品創意等之努力。

(3)人力資源管理: 本活動包括對企業各級人員的招募、聘用、訓練、發展及薪給等項目。人力資源管理涵蓋主要活動與支援活動,貫穿整個價值鏈活動。

(4)一般管理: 本活動包含策略的形成、建立政策及從事法律、行政、財務、會計、品質管理等企業職能。本活動與上述人力資源管理一致,係支援整體價值鏈活動,而非個別的活動。

價值鏈的觀念除了可運用於企業內部主要價值活動的成本分析,以及和競爭對手比較各價值活動的成本外,亦可將價值鏈的觀點運用於整個產業,稱之為「價值系統」(Value System)。所謂「價值系統」係指企業及其上、中、下游廠商皆有自己的價值鏈,彼此相互連結 (Linkages) 而形成一個大的價值鏈,稱之價值系統。價值系統是一種總體觀念而非個體觀念,這正是策略性成本管理與傳統管理會計最大的差別。

價值鏈分析的步驟如下:

(1)定義企業價值鏈(價值系統)並且分配成本、收入和資產給每一個價值活動。

(2)診斷成本動因,包括結構化成本動因和執行性成本動因,以管理每一個價值活動。

(3)藉由控制成本動因或重建價值鏈,發展持久的競爭優勢。

價值鏈分析和傳統成本分析的差異,在於目前會計資訊系統大多使用強調

內部環境的傳統成本會計，對策略性成本管理的幫助較小，而價值鏈分析較強調外部展望，兩者的詳細比較如表 24–3 所示。

表 24–3　傳統成本分析法與價值鏈成本分析法之比較

	傳統成本分析法	價值鏈成本分析法
焦　　點	製造程序	顧　客 價值的瞭解
成本目標	產品、功能或部門的成本標的	價值創造活動 產品屬性
組織焦點	成本和責任中心	策略事業單位 價值創造活動
連　　結	忽略部門間的連結使用成本分攤和轉撥計價反應部門間的互動	承認部門之間的連結並且將之發揮極盡
成本動因	簡單的數量衡量	除了數量動因外還包括策略性動因
正確度	高	低

2. 成本動因分析

　　每一個價值創造活動都有一組獨特的成本動因，用來解釋價值創造活動的成本，因此每一個價值創造活動都有獨特的競爭優勢來源。策略性成本管理所強調的成本動因，分為結構化成本動因 (Structural Cost Driver) 和執行性成本動因 (Executional Cost Driver) 兩大類。結構化成本動因係指決定組織基礎的經濟結構之成本動因；執行性成本動因則選定義組織作業程序的成本動因，這兩大類的成本動因在組織中的層級比作業性成本動因高，而且大都屬於非量化的成本動因。圖 24–6 顯示三種成本動因的關係：

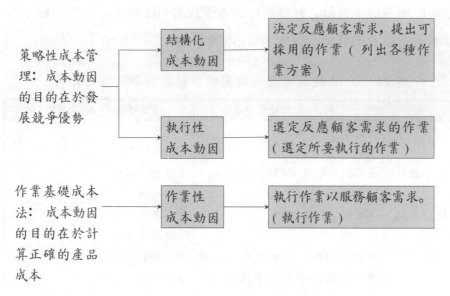

圖 24 – 6 成本動因關係圖

成本動因分析的架構，如圖 24–7 所示，其分析步驟如下：

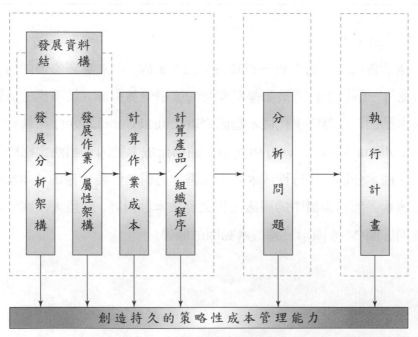

圖 24–7 成本動因分析架構

(1)發展分析架構: 此步驟為策略成本性管理計畫提供全面性的指導，架構和資源需求規劃，即將計畫結構化。其最重要的是，要有一個清楚的執行目標，才能確保以最少的成本（時間和努力）提供資訊。

(2)發展資料結構: 傳統分析成本的方法，偏好使用總帳 (General Ledger) 或預算等資料來源，但是總帳的成本項目被分類為成本型態或成本庫，降低了管理階層對成本的瞭解；並且預算也不能提供詳細的資料，所以必須發展另一種既清楚又詳細的資料來源。

(3)發展作業／屬性架構: 藉由和關鍵人員面談，發展一個作業目錄 (Inventory of Activities) 將企業所有的作業分為組織性作業 (Organizational Activities) 和操作性作業 (Operational Activities) 兩大類，可作為發展作業目錄的參考。

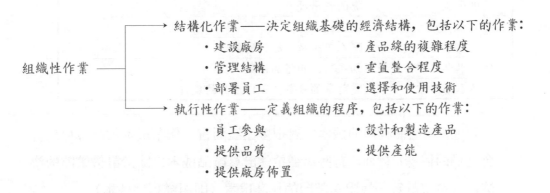

組織性作業 ── 結構化作業──決定組織基礎的經濟結構，包括以下的作業:
- 建設廠房
- 產品線的複雜程度
- 管理結構
- 垂直整合程度
- 部署員工
- 選擇和使用技術

執行性作業──定義組織的程序，包括以下的作業:
- 員工參與
- 設計和製造產品
- 提供品質
- 提供產能
- 提供廠房佈置

操作性作業: 指組織選定結構和程序後，每日必須執行的作業，包括以下的項目:
- 單位水準作業
- 批次水準作業
- 產品水準作業

(4)計算作業成本: 為了追蹤成本到每一個作業，需真正瞭解成本習性，而瞭解成本習性最好的方法就是找出成本動因，所以和部門主管討論各種作業的成本動因，以便計算作業成本。值得注意的是，必須考慮關於每一個作業的非財務性資訊，表 24–4 列舉一些作業的成本動因，供讀者參考。

表 24-4　成本動因分類

作業層次	成本動因項目
1.結構化	
建設廠房	廠房的個數、規模、地點
管理結構	管理型態和管理哲學
部署員工	員工人數、工作單位的型態
產品線的複雜度	產品線的數目、特殊程序的數目、特殊零件的數目
垂直整合	購買能力、銷售能力
選擇和使用技術	技術的種類與能力
2.執行性	
員工參與	員工參與的程度
提供品質	品質管理的方法
提供廠房佈置	廠房佈置的效率程度
設計和製造產品	產品屬性
提供產能	產能的使用度
3.操作性	
單位水準作業	裝配人工小時、原料磅數
批次水準作業	移動次數、損壞品個數
產品水準作業	改變訂單的張數、不同產品的數目

(5)計算產品／組織程序的成本：對很多組織而言，作業成本的計算可以符合他們的目標；然而，有些組織希望計算產品成本以助於訂價策略的決策，或希望計算一連串跨部門的作業成本（即組織程序成本）。

(6)創造持久的策略性成本管理的能力：為了確保從策略性成本管理計畫中獲得持續的利益，必須創造策略性成本管理的能力。策略性成本管理所產生的資訊，是成功執行全面品質管理，及時系統或其他更好技術的核心，因為任何全面品質管理計畫或更好的實務創新，都需要參與人員深思相關活動的性質。

(7)分析問題：將蒐集到的財務和非財務資訊提供給策略決策者，經由策略性成本管理計畫所產生的資訊，能提供分析未來決策之用。因為這些資訊深入瞭解組織作業及成本，能幫助決策者做更好的決策。

(8)執行計畫：採用作業觀點最大的好處就是能控制計畫執行，尤其能達到

降低成本的目標，因為不管是作業成本或其他因素（例如前置時間、品
質等）改變，都可以追溯到個別作業。

3.策略定位分析

「策略定位分析」(Competitive Advantage Analysis) 在策略管理文獻中出
現頻繁，但鮮少出現在會計文獻中，其意指公司在賴以生存的市場中如何選擇
競爭武器對抗競爭者。　策略性成本管理將策略定位的觀念納入管理會計架構
中，例如探討策略定位對設計管理控制系統的影響即是一例。

管理當局最重要的工作之一即是為企業發展一套確切實在之企業目標，企
業目標的設立，確保企業上至管理當局，下至基層員工，皆能朝同一方向努力。
而每一個企業必須為其競爭力而決定其策略定位。Porter 早在 1980 年代，就提
出策略定位分析的三個主要內容：(1)成本領導；(2)差異化；(3)市場利基。

(1)成本領導：在 Porter 的看法中，達成成本領導意指「在某一特定行業中，
　某一家企業有最低的成本地位」。

　成本領導要求如下：

　(a)有效率地使用設備。

　(b)由經驗中學習成本抑減之道。

　(c)嚴格控管製造費用及成本。

　(d)在研發、服務、行銷……等領域中，追求成本之極小化。

　要達成以上目標，管理當局對成本控管之注意是不可或缺的。當然，在
　追求成本領導時，並不能捨企業之策略、產品品質、服務品質、競爭力
　……等而不顧。

(2)差異化：差異化意指企業所提供之產品或服務較之其他競爭者不同，最
　好又有創意，並可因此賺取高利潤。差異化可能呈現在不同方面，如市
　場形象、技術領導、顧客服務或產品特徵。雖然追求差異化是重要的，
　但卻不能忽略成本之重要性。一個成功的差異化策略，最終所產生之加
　價必須要能收回企業投資在差異化策略之成本，且能被消費者接受。

舉例而言，同時達成差異化及低成本的目標，可以透過以下政策：

(a)非常完善之服務，口號及行動一致。

(b)上自總公司，下至各分支營業點，皆視提供高品質之服務為宗旨。

(c)高品質產品。

(d)接受所有顧客之退貨，即使產品是完好的。

(e)生產線非常重視與同業之相互比較。

(3)市場利基：市場利基主要著眼在企業要吸引哪一部分之消費群、市場地理位置（指地區性、全國性或全球性）之決定……等。決定市場利基所在，對於企業的幫助很大。因其能讓企業面對較大的競爭者時，更有效率地達成本身所訂較小範圍之策略目標。例如，企業可鎖定某一部分之消費者，提供其所需之服務或產品，可用差異化策略，或較低之成本，或兩者並行之，成功地抓住這個範圍內之消費者。

管理控制系統不僅是一種監督的裝置，而且是一種運用資訊來決定維持或改變組織活動模式的正式化程序。所以管理控制系統廣泛的包括了策略規劃、預算編製、環境偵察、競爭者分析、績效評估和報告，以及資源配置和員工報酬等正式化程序，管理控制系統不僅對策略執行很重要，對策略形成也很重要。管理控制系統與策略間的關係如圖 24-8。

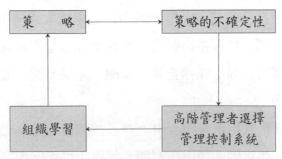

圖 24-8　管理控制系統與策略間的關係

其中圖 24-8 中所指的組織學習，乃指組織基於自我防衛而適應現行環境，並且利用知識，改善組織與環境之間的配合程度。高階管理者使用控制系統來

影響和指導學習過程。藉由控制系統和策略間的相互作用，高階管理者可保證組織對目前策略不確定性所產生的機會或威脅可以很快的反應。由此可知，策略性成本管理較傳統會計強調與策略的配合，使成本會計的功能擴展至組織高階層，而非只是盲目蒐集、分析資料而已。

　　大宏集團為一跨足資訊業上、中游的大企業，目前該集團的核心主管正在籌設一家新的下游子公司，這家子公司將專門生產軟體相關產品，但是子公司該採用何種策略以及何種管理控制方法，正困擾著這些主管們。套用圖 24-8 的管理控制系統設計四要素，可發現如果子公司採低成本策略，其策略的不確定風險為具有更好成本效益的生產技術可能會上市，所以高階主管需親自監視產品技術及生產程序的變化趨勢；如果子公司決定採取差異化策略，則該策略所產生的不確定性風險為其他新產品引進的壓力，所以高階主管的責任在於監視競爭者的反應。至於圖 24-8 中所指的組織學習，乃指組織基於自我防衛而適應現實環境，並且利用知識改善組織與環境之間的配合程度，高階管理者使用控制系統來影響和指導學習過程。藉由控制系統和策略間的相互作用，高階管理者可保證組織對目前策略不確定性所產生的機會或威脅可以很快的反應，圖 24-9 則說明不同策略需採用不同的管理控制方法。

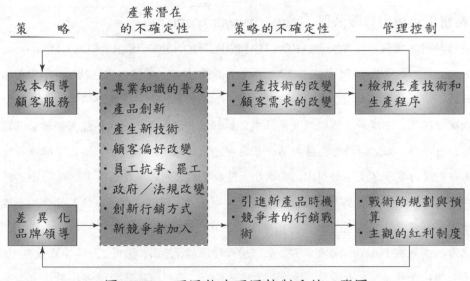

圖 24-9　不同策略不同控制系統一覽圖

從上述三種運用工具（價值鏈分析、成本動因分析和策略定位分析）可看出策略性成本管理和傳統成本會計有顯著的差異，將其彙總如表 24-5。

表 24-5　策略性成本管理 v.s 傳統成本會計

類型 項目	傳統成本會計	策略性成本管理
成本分析的方法	1. 從產品、顧客和企業功能的角度切入。 2. 非常強調企業內部因素。 3. 附加價值是關鍵的觀念。	1. 從產業價值鏈的角度切入。 2. 非常強調企業外部因素。 3. 附加價值是一種危險的狹隘觀念。
成本分析的目的	以下三個目的皆有可能存在，但沒有顧慮到策略內容： 1. 保持良好的表現。 2. 指引管理者注意的方向。 3. 解決問題。	除了左述的三個目的（保持良好的表現、指引注意方向、解決問題）外，考慮到成本管理系統的設計會因公司的策略定位而發生戲劇化的變化。
成本的類型	成本是產量的函數：變動成本、固定成本、階梯成本、混合成本。	成本是策略選擇的函數：結構化成本動因和執行性成本動因。

 實務焦點

鴻海精密工業股份有限公司（http://www.foxconn.net）

鴻海精密工業股份有限公司（HON HAI PRECISION INDUSTRY CO., LTD.，英文簡寫為 Foxconn）成立於 1974 年，於 1991 年 6 月股票上市。業務內容包括 3C 電子產品精密連接器、電腦機殼之設計、製造、銷售，及 3C 電子產品精密線纜、銷售。產品類型包括約六成連接器、一成的線纜配組及約三成記憶體及組裝加工，是國內最大的連接器廠；其市場佔有率達六成，同時也是國內第一家具有光纖連結生產能力的廠商，全球排名前三名。鴻海是國內電子業上市公司中，首家赴大陸投資的公司，現在已將毛利低的產品轉赴大陸生產，其中大陸新安鎮草園富士康精密組件廠生產電線、電纜、組件及插件的製造，富士康深圳廠及昆山廠則生產接頭、插座電子計算機零件等。

鴻海集團擁有 Foxconn 自我品牌，在中國大陸深圳、昆山、杭州、天津等地設有 36 家全資子公司；在蘇格蘭、愛爾蘭、捷克、美國休斯頓、洛杉磯等地設立海外製造中心及廣

佈全球之 60 餘個國際分支機構。產品系列包括計算機用精密連接器、精密線纜及組配、準系統、板卡組裝、整機系統，網絡構件之高階路由器，光通訊組件、無源器件、有源器件及互聯網應用技術解決方案等。近年來，鴻海集團以製造專長與 Apple、Cisco、Compaq、Dell、IBM、Intel、Sony 等國際頂尖客戶結成策略聯盟，已成為全球最大的 PC 連接器、PC 準系統的製造商。同時，集團主力產品品質均通過 ISO 9000、ISO 14000 系列品質認證，並在全球主要客戶的附近設立研發中心，提供客戶產品開發及快速工程樣品的服務。鴻海集團在 2001 年度獲 *Business Week* 選為全球高科技百強第 16 名的殊榮。

「要做就做世界級」的哲學，也促使鴻海堅持與國際一流的系統大廠結盟，例如蘋果 Apple、康柏 Compaq、戴爾 Dell、IBM 等計算機大廠；思科 Cisco、諾基亞 Nokia 等通訊大廠，以及消費電子大廠 (SONY) 等，都是鴻海重要的策略客戶。如今，鴻海企業集團的全球版圖，已經橫跨亞洲、美洲、歐洲。鴻海爭霸全球的佈局，依三大策略進行：一地設計 (Time to Market)、三地製造 (Time to Volume)、以及全球交貨 (Time to Money)。

(1)一地設計：鴻海能全力配合在重要策略客戶的附近設立研發設計、工程測試、快速樣品製作的機制，以便與客戶同步開發新產品，使產品儘速量產上市，就是所謂的「一地設計」(Time to Market)。

(2)三地製造：「三地製造」(Time to Volume)，就是在新產品獲得認可之後，鴻海能在最短時間內在亞洲、北美、歐洲三個主要市場製造基地，佈置生產所需的採購、製造、工程、品管等各項能力，並能依據客戶的市場需求遞增，快速地擴充產能，滿足客戶需求快速爬升的需求。

(3)全球交貨：貨物放在自己的工廠或中途發貨倉庫，只能算是負擔，不能算是收益。交貨就是「適品、適時、適質、適量」把貨交到客戶指定地點，客戶要貨有貨，不要貨時零庫存，企業活動從研發、行銷、製造，一直要到及時交貨給客戶，把錢收回來，才算打上一個句號。

展望未來，鴻海集團確立了「長期、穩定、發展、科技、國際」的策略定位，並將於未來十年內轉型發展為以計算機系統專業組裝、光通訊、無線通訊、數據管理、微電子產品與軟件業務等六大類產品為主，並且以中國為骨幹，進而成為全球市場運籌管理的跨國科技公司。

24.3　新世紀資訊科技的應用

　　為因應新世紀企業經營環境的需求，電子商務的前瞻性產品是企業資訊應用整合 (Enterprises Application Integration, EAI)，其特性為透過新的資訊科技與作業流程來提供解決方案，以配合企業既有的與新增的資訊應用系統，促使企業內與企業間的各種應用系統，可容易地交換營運資訊。如此，企業能善用資訊來快速回應市場需求，在電子商務的數位經營環境中爭取商機。這種方法是取代傳統費力耗時的客制化整合程式的撰寫工作，將有助於企業提升經營價值。

　　就未來電子商務發展趨勢看來，自然會形成一個以顧客為中心的電子化交易服務機制，從採購、下單、收貨到付款的全部程序都要簡化，使顧客能在最短的時間內買到物美價廉產品。企業如果想快速地處理業務相關資訊，一定要先訂定與交易相關的標準作業流程，再將營運資訊電子化處理。理想上，可選擇適用的企業資訊應用整合程式，將企業資源規劃系統與既有的資訊系統相連結，使得各系統之間的資訊易於交換，以提升經營體系的整體價值，並且能有效地降低系統的整合成本與失敗風險。

　　在這與時間競賽的時代，能掌握消費者需求，並且又能在最短時間內滿足市場需求的企業，才能符合新世紀的潮流發展。假使公司願景是要將電子商務與企業內營運資料庫相結合，也就學理上所謂的企業資源規劃與供應鏈管理、顧客關係管理、知識管理予以整合，使公司具有快速回應市場的能力。

　　尤其在多層分工的組織架構，內部意見溝通是項困難的事情，不論是員工之間彼此重複做同一件事，或是同一任務因分工不明造成彼此衝突，這些種種事件的發生對公司整體而言，都會影響工作品質與績效。要想減少重複性工作與跨部門訊息溝通落後的問題，可考慮在公司內建立「知識管理系統」。藉此把過去種種工作經驗予以累積，轉換成結構性的知識庫，使員工在開始新工作

之前，可先查詢知識庫內相同或相類似的工作程序資訊，再擬定出新計畫進行的目標與時間表，同時將與其他員工相關的工作項目公佈在知識庫。如此讓配合業務的人員事先知道計畫進行情況，以降低重複性工作的發生，進而形成相輔相成的局面。在資訊科技發達的時代，網際網路與關聯性資料庫的普及，更有助於公司建立自己的知識管理系統。

　　由於知識管理系統是一種企業運用知識以創造價值的過程，需要經過組織學習、資訊整合、知識傳播三個階段。在第一階段是教導各階層人員要取得哪些資料來輸入電腦，然後將各種資料整合成與營運決策相關的資訊，最後要能讓公司同仁能夠獲取所需資訊，並且善用在日常決策過程中。另外，公司需要擬訂一些具體的指標來衡量知識管理所帶來的績效，例如營業收入成長率、每股盈餘增加數、不良品降低率等指標，以證明知識管理所為公司帶來的價值。

24.4　企業 e 化下內控與內稽的考量

　　綜觀資訊科技在企業應用的發展史，從早期發展的辦公自動化和部門資訊電腦化，到現在所熱門的跨部門整合型企業資源規劃系統，可說是將資料庫加上人工智慧專家系統，使經營者在很快的時間內能掌握營運過程中生產、銷售、管理各方面的資訊，以作出明確的決策。在新世紀競爭環境下，藉著網際網路科技讓企業能將供應鏈管理、企業資源規劃、顧客關係管理、知識管理作整合性應用，以增加電子商務交易量。由於企業資源規劃系統 (ERP) 係屬整合性系統，公司所導入的模組可逐漸增加，並且模組之間彼此是有高度的關連性。此外，投資於新資訊科技方面所需的資金龐大，因此對未來年資金的需求要有整體性規劃，才不會發生因投資過度而造成公司財務緊張的現象。現代稽核人員有必要充實新知識和學新技術，善用資訊科技來偵測電子商務交易過程的錯誤，以減少企業經營的風險。

24.4.1　企業 e 化下的內控與內稽作業

　　任何系統的導入，勢必配合著許多相關的前置作業與配套措施，才能確實達成提升企業整體經營績效之使命。至於相關的前置作業中，又以觀念性議題的突破與引導最為困難，因為它無形卻又深植人心，同時是企業在尋求改善時的基礎架構。當企業在面對選擇或導入企業資源規劃系統時，在觀念上必須是以「公司未來整體之發展目標」和「全員參與」的基本精神，作為最高指導原則。

　　除了上述觀念性議題外，在選擇或導入企業資源規劃系統前，全面性的重新檢討現行作業程序也是另一重點。此時全員參與的業務檢討，不僅是企業再造基礎工程，也是導入企業資源規劃系統前的必要步驟，更是協助落實企業願景於組織內各個階層的重要作法。全公司的業務檢討與國際標準組織 (ISO) 在推動國際標準的理念應用上，應可相互結合。利用 ISO 管理系統標準化的理念，將企業願景與發展目標，透過品質管理的概念與程序，進行重點作業程序的重新評估。藉此，將使組織內各個部門與個人，都能就其業務執掌確實瞭解所應負之責任，並自行建立一套有效率且能滿足其顧客需求之作業標準。隨著標準作業程序的建立，不僅可簡化流程、降低成本，同時也啟動了邁向企業願景的機制。

　　標準化的制度建立不易，然而維護的工作更是困難。當企業擁有符合國際品質標準作業程序的管理系統後，獨立的稽核人員將開始持續不斷的評估作業，以確保標準作業程序的遵循，和內控機制功能的運作無誤。因此，企業資源規劃系統的建置與導入，應是一漸進式的作業程序，同時具備動態與彈性的設計規劃，並且持續不斷自我檢視功能的配套措施，也就不得輕忽。

　　內部控制是由公開發行公司管理階層所設計的，並經董事會、管理階層及其他員工執行之管理過程。不論企業是否 e 化，或 e 化後的程度為何，有效內部控制制度的建立與運作，應是所有企業對目標達成與確實履行其社會與企業責任的合理保證。因此，隨著環境的快速變遷與資訊技術的蓬勃發展，內部控

制的理論基礎在其應用面上，必須針對企業的個別差異與環境需求，重新賦予時代新使命。

　　企業 e 化的程度雖有不同，但內部控制的理論架構應仍屬相同，惟實際應用時必須確實掌握一些重點。因為身處 e 化環境下的企業，通常具有較複雜的營運模式，以及人工與電腦的混合作業程序，以致於內部控制制度的有效建立，與內部稽核作業間的有效分工，相對於 e 化前的企業複雜許多。因此，為達到 ERP 系統功能的確實發揮，與企業目標達成之合理保證，應先清楚瞭解企業 e 化前、後的重點差異，分別敘述如下：

(1)企業在 e 化前大部分的作業程序皆為人工作業，而 e 化後多由電腦所取代。

(2)企業在決定 e 化後，必須先透過企業再造進行作業流程的合理化或簡化，以便日後的全面電腦作業。

(3)e 化後企業的內部控制制度，在電腦機制與人工稽核間的有效分工與相互配合，將更加重要，且缺一不可，因為兩者共同建構了事前與事後的監控機制。

(4)隨著外在經營環境與內部經營策略的持續變化，有效的內部稽核作業，將可提供 e 化後的企業風險管理功能。

◗ 24.4.2　企業 e 化對內稽內控的影響

　　在假帳盛行的時期，稽核部門要加強查核財務報告的真實性，並且規定必須隨時報告異常現象。在從前傳統的作業模式，各項交易都有書面表單作憑證有助於追蹤查詢；但是，自從企業導入企業資源規劃系統之後，使得傳統的內部控制制度與內部稽核制定，被質疑其適用性，所以稽核部門有必要研究要如何改善作業方法，才能達到董事會的要求，以偵測企業財務報表的真實性。

　　自從 2002 年起一連串企業財務報表假帳舞弊事件被揭發後，使得企業主深感財務資訊健全的重要性，因而掀起了檢討如何加強企業內部控制與內部稽

核制度的熱潮，如此增加稽核部門的重要性。有關公司內部控制系統是否有效，必須要從獨立客觀的角度來加以檢討及評估。在企業內建立一套持續性的監督與控管機制，同時兼顧舞弊查核和績效衡量的功能，自然成為管理階層的當務之急。內部稽核作業即具有此類特性，提供企業內部各單位作業修正的參考，以期提供所有單位在面對千變萬化的經營環境下，能制定配合公司整體發展目標之最佳經營策略，以達永續與健全發展的目標。

由於資訊科技的發展普及，營運資訊電腦化對內部稽核作業有顯著影響。企業內部稽核人員應該瞭解資訊系統設計規劃的策略層面，可強調現代的稽核作業不同於傳統只強調預防舞弊和只重視遵循查核的實務操作；相對地，內部稽核人員可從興利、防弊及危機管理的全方位角度切入，即扮演企業顧問的角色。稽核單位應該努力將內部控制與內部稽核的理論導入企業資源規劃系統的架構，才能有效地合理確保企業的營運效果及效率、財務報導之可靠性和相關法令之遵循等三大目標之達成。

尤其二十一世紀的內部稽核人員有必要針對自己的行業特性、企業風險、組織文化、營運流程與資訊系統等因素作通盤考量，進一步可成為組織流程再造與提升整體營運績效的意見提供者。有關企業 e 化方面，稽核人員需要瞭解系統特色、系統架構、參數檔建置、主檔建置、基礎流程、管理性報表、系統效益等項目。藉此，能給稽核人員的另一種新思維，不但會使用資訊系統，同時也瞭解其形成的過程。基於內部稽核作業對企業的重要性日趨明顯，期望稽核人員能善用資訊科技來偵測營運異常的部分，隨時提供公司管理階層有關財務報導不實的預警資訊。

e 化環境下的企業，對於日常性一般交易的內控機制，多建置於執行交易系統中的防呆裝置。再配合著例行性或專案性的稽核業務，對於表現異常之作業行為，可隨時監控且即時發現。內控與內稽在 ERP 環境下的有效分工，不僅可提升企業的日常性交易行為的正確與有效執行，同時亦具有防患於未然的風險管理功效。

24.5　綜合性個案分析

　　大宏集團為一典型的垂直整合資訊業者，從晶片組合，DRAM 的研發、生產、銷售，到主機、多媒體產品，甚至影像處理軟體之開發和銷售，都被大宏納為其集團的業務範圍。唯獨介面卡是委外生產，因為大宏集團自己生產介面卡不具經濟規模效益，因此以契約方式由中游三家小廠代為製造。目前大宏集團的高階主管發現新上市的 B 型機器較傳統 A 型機器能製造出穩定性和相容性較高的介面卡，但是 B 型機器的投資金額為 $1,216,000 較 A 型機器的投資金額 $740,000 高出許多，其詳細資料如表 24-6 所示。大宏集團現正思考如何鼓勵三家委外工廠採用 B 型機器，來製造大宏公司所需的介面卡。利用策略性成本管理的三種工具進行分析，其結果如下：

表 24-6　基本資料

	A 型機器	B 型機器
投資金額	$740,000	$1,216,000
耐用年限	5 年	5 年
殘　值	$36,000	$120,000
年折舊費	$140,800	$219,200
自營業活動的年現金流出量：		
人　工	$210,000	$188,000
油　料	150,000	30,000
物料、零件	182,000	182,000
保險費	6,000	6,000
監工薪資	70,000	100,000
總　計	$618,000	$506,000
年現金流入量	$814,000	$814,000
假設稅率為 25%		折現率 12%

1.價值鏈分析

若使用傳統成本分析法，其結果如表 24–7 所示。大宏集團高階主管從表 24–7 得知，三家介面卡製造商投資 B 型機器比投資 A 型機器的獲利情況差，因為 B 型機器需要較高技術的員工和較複雜的維修工作，相較於 A 型機器的低薪員工和一般的維修工作而言。大宏集團正在思考，如何說服這三家小廠投資 B 型機器。但是若改由價值鏈的觀點來分析，發現大宏集團會因改採用 B 型機器而節省了上至下游製造成本 \$12,700,000，其詳細計算請見表 24–8。使用傳統成本方法進行方案評估，中游三家介面卡廠會拒絕投資 B 型機器；使用價值鏈分析法評估方案，結果顯示大宏集團從這項 B 型機器投資中，可因成本的節省而獲利。

表 24–7　傳統分析法

	A 型機器	B 型機器
每年稅後淨現金流量：		
現金流入量	\$ 814,000	\$ 814,000
現金流出量	(618,000)	(506,000)
淨現金流量	\$ 196,000	\$ 308,000
所得稅 (25%)	(49,000)	(77,000)
折舊稅盾	35,200	54,800
稅後淨現金流量	\$ 182,200	\$ 285,800
稅後淨現金流量現值總和 ($P_{\overline{n}|r} = 3.6$)	\$ 655,920	\$1,028,880
稅後殘值現值 ($P_{\overline{n}|r} = 0.57$)	15,390	51,300
現值總合	\$ 671,310	\$ 1,080,180
原始投資額	(740,000)	(1,216,000)
淨現值	\$ 68,690	\$ (135,820)
$n = 5$ 年　 $r = 12\%$		

表 24–8　價值鏈分析法

採用 B 型機器可節省一些原本的支出，造成每年的成本節省數如下：

單位：百萬元

上游IC半導體廠商：	
改進晶片組合	\$ 0.2

減少晶片的損壞	0.6
減少機臺的維修成本	0.4
	$ 1.2
中游介面卡廠商：	
沒有產生利潤	$ 0.0
下游成品裝配廠商：	
消費性電子產品供應商：	
減少介面卡裝配的成本	$ 2.5
通訊產品供應商：	
減少介面卡的維修成本	$ 4.2
減少介面卡的退回成本	1.6
	$ 5.8
資訊產品供應商：	
減少介面卡測試成本	$ 0.6
減少不相容的換裝成本	2.6
	$ 3.2
總共可節省	$12.7

2.成本動因分析

　　價值鏈分析可看出中游介面卡廠商在大宏集團價值鏈中的重要性，但僅以價值鏈分析對監視器生產技術改變的評估仍嫌不足，　所以再進行成本動因分析。發現技術選擇對中游介面卡廠商而言是一項很重要的成本動因，也就是說這項成本動因關係著介面卡廠商的成敗。首先，從結構性成本動因來看（讀者可參考表 24-4），廠房規模並不是很重要，因為介面卡廠商的效率規模很小；垂直整合對介面卡廠商而言並不會產生經濟效益，產品線的複雜度對介面卡廠商而言也不是重要的成本動因，因為他們是生產規格化的單一產品。此外，員工學習經驗曲線對使用傳統機器設備的介面卡廠商來說並不是很重要，因為員工學習很快，即使員工流動率很高也不致於傷害到公司的利潤。相對的，學習經驗曲線對新型機器設備而言比較重要，如果員工流動率太高可能損失公司的利潤，但這項成本動因仍不是最重要的，因為一般而言，只要一般水準的勤勞員工訓練 6 個月就能對這項工作駕輕就熟了。綜合上述，可看出技術選擇相較

於其他結構性成本動因，是最重要的。

接著考慮執行性成本動因，執行性成本動因會抵減或增強結構性成本動因的影響，廠房佈置和產品屬性，這兩項成本動因對生產規格化單一產品的介面卡廠商而言不是很重要；在產能利用率方面，因為廠商規模小，所以他們的生產線總是在運作，這項成本動因對他們而言也不重要。員工的參與和全面品質管理在這個案分析中很重要，因為如果廠商做到這點，將可增強技術因素。B型新款機器比傳統機器更需要有一套高品質、高溝通的員工管理計畫。

尚有一個和技術選擇成本動因一樣重要的問題，即「連結」。此處的連結係指介面卡廠和上游電子零件廠的關係，以及介面卡廠和下游系統成品裝配業的關係。除非介面卡廠瞭解改換新機器對整個價值鏈所產生的利潤，大宏集團才有點希望獲取 $12,700,000 的利益，以除非大宏集團決定自己生產介面卡，否則必需發展一套利潤分享的方法，吸引介面卡廠商從事技術革新。

3.策略定位分析

當瞭解價值鏈和價值鏈中重要作業的策略性成本動因之後，再探討企業選擇競爭策略對成本分析的影響。一般而言，基礎競爭策略有二種，一種為成本領導策略，為達到此策略可採用大量生產，學習曲線效率，嚴密的成本控制、研發費、廣告費、銷售佣金等多處的成本最小化等方法；另一種為差異化策略，可藉由品牌忠誠度、優良的顧客服務、產品設計等方法達成。

大宏集團致力於研究開發新產品，所以成立十年以來，皆採取差異化策略。傳統 A 型機器強調大量生產低附加價值的產品，適合追求成本領導策略者。新款 B 型機器則強調高成品、高附加價值，較符合大宏集團的策略。但是對介面卡廠商而言，追求大量生產低附加價值的策略較具成本效益，如果改換成追求差異化高附加價值策略對中游這些小廠來說，並不具有成本效益。由於三家介面卡廠都是獨立的企業個體，所以大宏集團不能直接控制他們選擇何種生產技術，但是大宏集團很積極地在規劃一套足以吸引三家介面卡廠改用 B 型機器設備的利潤分享計畫。

綜合上述三種分析工具發現：

⑴從價值鏈分析可看出一種很矛盾的現象，即介面卡生產技術轉變可帶來
很豐厚的利潤；但是在目前的價格制度下，機器設備的投資者反而得不
到任何好處。

⑵從成本動因分析可知道技術選擇是一項關鍵的結構性成本動因，而且會
受到執行性成本動因的影響而產生增強作用。

⑶策略定位分析顯示，不能強迫所有策略定位都接受這項技術革新，但是
至少對大宏集團而言，這項技術革新值得推動。

不論大宏集團採取何種方法說服介面卡廠商投資 B 型機器，仔細地思考供
應商和顧客之間的利潤分享制度是最必要的。如果介面卡廠商對大宏集團所提
出的利潤分享計畫仍不滿意，　此時大宏集團可重新思考是否該自己生產介面
卡。因為從策略性成本管理的角度來看，大宏集團應該瞭解到在差異化的策略
定位之下，介面卡生產技術革新所帶來潛在利潤，可以抵消該集團從事垂直整
合所產生的不經濟結果。

本章彙總

與企業長期性發展有關的決策稱為策略性決策，關係著企業的永續經營。有些新策略
是促使企業更進一步的發展，有些新策略則為確保企業在既有的市場能繼續生存而不被淘
汰。一般而言，藉著策略的運用，以達到成本最小化和產品差異化的目標。

本章說明策略性成本管理的源起與意義，將精確學派與策略學派予以比較，可看出策
略學派所涵蓋的範圍較廣。策略性成本管理的研究是 1980 年代以後的重點研究方向，早
期起源於歐洲，後來美國學者再進一步深入探討，促使不少企業的實務採用。再者，1990
年代以後，企業引用資訊科技來協助營運管理工作，再加上 1995 年以後網際網路的普及
化，企業經營者有必要懂得如何善用資訊科技來作好策略性成本管理。

為使讀者瞭解實施策略性成本管理的程序，本章說明其架構與執行程序，並且解釋價
值鏈分析、成本動因分析、策略定位分析三種策略性成本管理的工具。並且將其與傳統成
本會計作系統化的比較，使讀者辨別其特點。另外，為有效地提高企業營運績效，本章提

出企業 e 化下的內控與內稽，使管理者可隨時掌握組織有偏差部分，再予以修正。同時，以大宏集團企業的例子來說明三種成本管理工具的應用，使讀者瞭解如何將策略性成本管理的程序應用到實務上。

名詞解釋

- 策略定位分析 (Competitive Advantage Analysis)

  公司在賴以生存的市場中如何選擇競爭武器對抗競爭者。

- 執行性成本動因 (Executional Cost Driver)

  指定義組織作業程序的成本動因。

- 外部資訊 (External Information)

  指關於企業本身以外的資訊，可分為三類：(1)環境偵測；(2)競爭者會計；(3)顧客資訊。

- 作業目錄 (Inventory of Activities)

  列示各種可行的作業。

- 策略性管理會計 (Strategic Management Accounting, SMA)

  指提供和分析關於企業本身和其競爭對手的管理會計資訊，以供決策者參考來擬訂策略增加競爭優勢。

- 策略管理 (Strategic Management)

  指一連串的決策與行動，藉此可發展出一套可達到組織目標的有效策略。

- 結構化成本動因 (Structural Cost Driver)

  指決定組織基礎的經濟結構之成本動因。

- 價值鏈 (Value-chain)

  指企業體為了生產有價值的財貨或提供有價值的服務給顧客，而發生的一連串價值創造活動。

- 價值系統 (Value System)

  指企業及其上、中、下游廠商皆有自己的價值鏈，彼此相互連結而形成一個大的價值鏈。

作業

一、選擇題

（　）24.1　下列對策略性成本管理的描述，何者不正確？　(A)起源於英國的 Canfield 管理學院　(B)為管理會計未來的發展趨勢　(C)可分為精確學派及策略學派　(D)無法與傳統成本分析法相結合。

（　）24.2　下列何者不是策略性成本管理的分析技術？　(A)價值鏈分析　(B)成本動因分析　(C)製程分析　(D)策略定位分析。

（　）24.3　下列何者是策略性成本管理所注重的項目？　(A)外部環境變化的資訊　(B)競爭者資訊　(C)顧客資訊　(D)以上皆是。

（　）24.4　下列何者不是價值鏈成本分析法的特點？　(A)製造程序為焦點　(B)正確度較傳統分析法低　(C)組織焦點為成本和責任中心　(D)產品、功能及部門為成本標的。

（　）24.5　下列何者為真？　(A)傳統管理會計的焦點集中於企業外部；策略性成本管理的焦點集中於企業內部　(B)傳統管理會計的焦點集中於企業內部；策略性成本管理的焦點集中於企業外部　(C)傳統管理會計及策略性成本管理的焦點均集中於企業內部　(D)傳統管理會計及策略性成本管理的焦點均集中於企業外部。

（　）24.6　策略性成本管理將成本動因分為下列哪兩大類？　(A)結構化與非結構化成本動因　(B)結構化與執行性成本動因　(C)組織化與部門化成本動因　(D)數量性與非數量性成本動因。

（　）24.7　策略性成本管理中之成本動因的功用在於　(A)發展競爭優勢　(B)計算正確成本　(C)評估部門績效　(D)以上皆是。

（　）24.8　何者不屬於策略定位分析的三個主要內容？　(A)成本領導　(B)差異化　(C)競爭優勢　(D)市場利基。

（　）24.9　下列何者不屬於組織的執行性活動？　(A)員工參與活動　(B)佈置廠房活動　(C)提供品質活動　(D)建設廠房活動。

（　）24.10 下列何者不屬於組織的結構化活動？　(A)選擇和使用技術活動 (B)部署員工活動　(C)管理結構活動　(D)設計和製造產品活動。

（　）24.11 下列何者不適合作為產品線複雜度的成本動因？　(A)產品的數目 (B)產品線的數目　(C)特殊程序的數目　(D)特殊零件的數目。

二、問答題

24.12 試定義「策略性成本管理」。

24.13 請說明「策略性成本管理」的特性。

24.14 簡述「策略性成本管理」的程序。

24.15 簡述何謂「價值鏈」？並說明價值鏈分析的步驟。

24.16 請簡述支援活動為何？

24.17 試說明「結構化成本動因」與「執行性成本動因」的定義。

24.18 策略性成本管理與作業基礎成本法皆有使用成本動因，試區分兩者之差異。

24.19 試說明成本動因的分析架構。

24.20 請定義何謂「策略定位分析」。

24.21 試說明策略定位對管理控制系統的影響。

24.22 試說明成本領導的要求。

24.23 試比較策略性成本管理和傳統成本會計之差異。

24.24 電子商務的前瞻性產品是企業資訊應用整合，其特性為何？

24.25 企業 e 化前、後的重點差異為何？

三、練習題

24.26 盛傑纖紡公司目前生產設備有閒置產能，管理階層正在考慮如何利用此產能。該公司的上游廠商欣榮公司所製造的人造纖維，可提供盛傑纖紡公司利用閒置產能來生產三種產品：平織布、不織布、針織布。因人造纖維市場供不應求，所以欣榮公司每週僅能提供 3,000 公斤的人造纖維給盛傑纖紡公司，預計六個月後購進新機器才可以增加人造纖維的供給。

盛傑纖紡公司的高階主管應該如何分配 3,000 公斤的人造纖維於各種不同的產品？詳細資料如下：

	平織布	不織布	針織布
售價（每疋）	$4.6	$3.2	$2.85
原料耗用	4 公斤	2.5 公斤	2 公斤
原　料	$3.2	$2.00	$1.60
人　工	0.25	0.30	0.40
製造費用	0.3	0.4	0.5
單位成本	$3.75	$2.70	$2.50
單位淨利	$0.85	$0.50	$0.35

*製造費用中 50% 為變動製造費用，原料及人工皆為變動成本。

試求：　1.假設目前所有的人造纖維原料只能用來生產一種產品，請幫盛傑纖紡公司的管理階層求出各種產品每週之淨利，並說明何種產品獲利情況最好。

　　　　2.該公司召開行銷策略會議時，管理會計部門建議依產品每公斤貢獻高低來分配人造纖維，由高至低的分配比率為 50%、30%、20%，而非只是生產每公斤貢獻高的一種產品。如果你是管理會計部門主管，該如何說服行銷部門主管接受這項建議？

四、進階題

24.27　緯凱公司最近租下一座工廠，用來生產研發成功的新產品，該公司管理者欲擬定長期生產策略，故假設在未來六個月每天排一班生產，接下來的三個月每天排二班，最後的三個月每天排三班。有關產能、成本與價格資料如下：

　　　　　每天一班　每週產能　　 0 ～ 1,500 單位
　　　　　每天二班　每週產能 1,500 ～ 2,500 單位
　　　　　每天三班　每週產能 2,500 ～ 4,000 單位
　　　　　產品單位售價　$5.00

	變動成本	每週固定成本
每天一班	$3.00	$2,000
每天二班	$3.20	$2,520
每天三班	$3.50	$3,030

試求：　1.請協助緯凱公司的管理者解決下列問題：

(1)每週每天不同班次達到損益平衡點的產能各是多少?

(2)分別計算損益平衡點產能和最高產能下，每天不同班次的單位成本。

(3)計算每天不同班次每週生產最低產能加 50% 增量部分的損益。

每天一班：產能 750 單位。$[0 + (1,500 - 0) \times 50\%]$

每天二班：產能 2,000 單位。$1,500 + [(2,500 - 1,500) \times 50\%]$

每天三班：產能 3,250 單位。$2,500 + [(4,000 - 2,500) \times 50\%]$

(4)計算在最高產能下，每天不同班次之每週淨利和單位成本。

2.緯凱公司最高決策單位發現，目前生產部門每天一班每週只能生產 700 單位。如果撤換生產主管，在新主管帶領之下每天一班每週能生產 1,500 單位。請計算目前生產部門每天一班每週只生產 700 單位，每週的損益。

24.28 威鑫公司的顧客要求威鑫在未來三十週內提供 3,000 個零件（每個零件由 A、B、C 三個組件組裝而成）。目前威鑫公司的產能為每週 7,500 工時，假如威鑫公司產能不足，可將不足產能轉包給智祁公司。威鑫公司的管理階層目前考慮下列兩種策略：

生產策略一：以現有產能生產零件，不足 3,000 個部分轉包給智祁公司生產。

生產策略二：以現有產能生產 A、B、C 三個組件（資料如下），再將半成品轉包給智祁公司生產零件。

組件	生產個數	單位人工小時	耗用人工小時
A	2,000	1.5	3,000
B	3,000	1	3,000
C	3,000	0.5	1,500

其他資料：

每零件的單位售價：$68

每週工時：7,500 小時

每小時工資率：$6

變動製造費用：人工成本 50%

固定製造費用：每週 $23,000

每零件的測試成本：$1

每零件由 A、B、C 三組件組裝而成，其組成比例如下所示：

	A	B	C	合計
原料數量	5	4	1	
原料成本	$3	$2	$1	
每原料工時（分鐘）	18	15	30	
轉包價格	$34.5	$21.5	$8	$64

*威鑫公司負責所有的檢驗成本，如上所述的測試成本；三組件
之組裝成本可忽略不計。

試求：威鑫公司應採用何種策略？

附錄 1

n 期利率為 r 的 \$1 之複利終值 $F_{\overline{n}|r} = (1 + r)^n$

期間＼利率	4%	6%	8%	10%	12%	14%	20%
1	1.040	1.060	1.080	1.100	1.120	1.140	1.200
2	1.082	1.124	1.166	1.210	1.254	1.300	1.440
3	1.125	1.191	1.260	1.331	1.405	1.482	1.728
4	1.170	1.263	1.361	1.464	1.574	1.689	2.074
5	1.217	1.338	1.469	1.611	1.762	1.925	2.488
6	1.265	1.419	1.587	1.772	1.974	2.195	2.986
7	1.316	1.504	1.714	1.949	2.211	2.502	3.583
8	1.369	1.594	1.851	2.144	2.476	2.853	4.300
9	1.423	1.690	1.999	2.359	2.773	3.252	5.160
10	1.480	1.791	2.159	2.594	3.106	3.707	6.192
11	1.540	1.898	2.332	2.853	3.479	4.226	7.430
12	1.601	2.012	2.518	3.139	3.896	4.818	8.916
13	1.665	2.133	2.720	3.452	4.364	5.492	10.699
14	1.732	2.261	2.937	3.798	4.887	6.261	12.839
15	1.801	2.397	3.172	4.177	5.474	7.138	15.407
20	2.191	3.207	4.661	6.728	9.646	13.743	38.338
30	3.243	5.744	10.063	17.450	29.960	50.950	237.380
40	4.801	10.286	21.725	45.260	93.051	188.880	1,469.800

附錄 2

$$n \text{ 期利率為 } r \text{ 每期 } \$1 \text{ 的年金終值 } F_{\overline{n}|r} = \frac{(1+r)^n - 1}{r}$$

利率 期間	4%	6%	8%	10%	12%	14%	20%
1	1.000	1.000	1.000	1.000	1.000	1.000	1.000
2	2.040	2.060	2.080	2.100	2.120	2.140	2.220
3	3.122	3.184	3.246	3.310	3.374	3.440	3.640
4	4.247	4.375	4.506	4.641	4.779	4.921	5.368
5	5.416	5.637	5.867	6.105	6.353	6.610	7.442
6	6.633	6.975	7.336	7.716	8.115	8.536	9.930
7	7.898	8.394	8.923	9.487	10.089	10.730	12.916
8	9.214	9.898	10.637	11.436	12.300	13.233	16.499
9	10.583	11.491	12.488	13.580	14.776	16.085	20.799
10	12.006	13.181	14.487	15.938	17.549	19.337	25.959
11	13.486	14.972	16.646	18.531	20.655	23.045	32.150
12	15.026	16.870	18.977	21.385	24.133	27.271	39.580
13	16.627	18.882	21.495	24.523	28.029	32.089	48.497
14	18.292	21.015	24.215	27.976	32.393	37.581	59.196
15	20.024	23.276	27.152	31.773	37.280	43.842	72.035
20	29.778	36.778	45.762	57.276	75.052	91.025	186.690
30	56.085	79.058	113.283	164.496	241.330	356.790	1,181.900
40	95.026	154.762	259.057	442.597	767.090	1,342.000	7,343.900

附錄 3

n 期利率為 r 的 \$1 之複利現值 $P_{\overline{n}|r} = \dfrac{1}{(1+r)^n}$

期間＼利率	1.00%	2.00%	3.00%	4.00%	5.00%	6.00%	7.00%	8.00%	9.00%	10.00%
1	0.9901	0.9804	0.9709	0.9615	0.9524	0.9434	0.9346	0.9259	0.9174	0.9091
2	0.9803	0.9612	0.9426	0.9246	0.9070	0.8900	0.8734	0.8573	0.8417	0.8265
3	0.9706	0.9423	0.9151	0.8890	0.8638	0.8396	0.8163	0.7938	0.7722	0.7513
4	0.9610	0.9239	0.8885	0.8548	0.8227	0.7921	0.7629	0.7350	0.7084	0.6830
5	0.9515	0.9057	0.8626	0.8219	0.7835	0.7473	0.7130	0.6806	0.6499	0.6209
6	0.9421	0.8880	0.8375	0.7903	0.7462	0.7050	0.6663	0.6302	0.5963	0.5645
7	0.9327	0.8706	0.8131	0.7599	0.7107	0.6651	0.6228	0.5835	0.5470	0.5132
8	0.9235	0.8535	0.7894	0.7307	0.6768	0.6274	0.5820	0.5403	0.5019	0.4665
9	0.9143	0.8368	0.7664	0.7026	0.6446	0.5919	0.5439	0.5003	0.4604	0.4241
10	0.9053	0.8204	0.7441	0.6756	0.6139	0.5584	0.5084	0.4632	0.4224	0.3855
11	0.8963	0.8043	0.7224	0.6496	0.5847	0.5268	0.4751	0.4289	0.3875	0.3505
12	0.8875	0.7885	0.7014	0.6246	0.5568	0.4970	0.4440	0.3971	0.3555	0.3186
13	0.8787	0.7730	0.6810	0.6006	0.5303	0.4688	0.4150	0.3677	0.3262	0.2897
14	0.8700	0.7579	0.6611	0.5775	0.5051	0.4423	0.3878	0.3405	0.2993	0.2633
15	0.8614	0.7430	0.6419	0.5553	0.4810	0.4173	0.3625	0.3152	0.2745	0.2394
16	0.8528	0.7285	0.6232	0.5339	0.4581	0.3937	0.3387	0.2919	0.2519	0.2176
17	0.8444	0.7142	0.6050	0.5134	0.4363	0.3714	0.3166	0.2703	0.2311	0.1978
18	0.8360	0.7002	0.5874	0.4936	0.4155	0.3503	0.2959	0.2503	0.2120	0.1799
19	0.8277	0.6864	0.5703	0.4746	0.3957	0.3305	0.2765	0.2317	0.1945	0.1635
20	0.8195	0.6730	0.5537	0.4564	0.3769	0.3118	0.2584	0.2146	0.1784	0.1486
21	0.8114	0.6598	0.5376	0.4388	0.3589	0.2942	0.2415	0.1987	0.1637	0.1351
22	0.8034	0.6468	0.5219	0.4220	0.3419	0.2775	0.2257	0.1839	0.1502	0.1229
23	0.7954	0.6342	0.5067	0.4057	0.3256	0.2618	0.2110	0.1703	0.1378	0.1117
24	0.7876	0.6217	0.4919	0.3901	0.3101	0.2470	0.1972	0.1577	0.1264	0.1015
25	0.7798	0.6095	0.4776	0.3751	0.2953	0.2330	0.1843	0.1460	0.1160	0.0923
26	0.7721	0.5976	0.4637	0.3607	0.2812	0.2198	0.1722	0.1352	0.1064	0.0839
27	0.7644	0.5859	0.4502	0.3468	0.2679	0.2074	0.1609	0.1252	0.0976	0.0763
28	0.7568	0.5744	0.4371	0.3335	0.2551	0.1956	0.1504	0.1159	0.0896	0.0693
29	0.7493	0.5631	0.4244	0.3207	0.2430	0.1846	0.1406	0.1073	0.0822	0.0630
30	0.7419	0.5521	0.4120	0.3083	0.2314	0.1741	0.1314	0.0994	0.0754	0.0573
31	0.7346	0.5413	0.4000	0.2965	0.2204	0.1643	0.1228	0.0920	0.0692	0.0521
32	0.7273	0.5306	0.3883	0.2851	0.2099	0.1550	0.1147	0.0852	0.0634	0.0474
33	0.7201	0.5202	0.3770	0.2741	0.1999	0.1462	0.1072	0.0789	0.0582	0.0431
34	0.7130	0.5100	0.3660	0.2636	0.1904	0.1379	0.1002	0.0731	0.0534	0.0391
35	0.7059	0.5000	0.3554	0.2534	0.1813	0.1301	0.0937	0.0676	0.0490	0.0356
36	0.6989	0.4902	0.3450	0.2437	0.1727	0.1227	0.0875	0.0626	0.0449	0.0324
37	0.6920	0.4806	0.3350	0.2343	0.1644	0.1158	0.0818	0.0580	0.0412	0.0294
38	0.6852	0.4712	0.3252	0.2253	0.1566	0.1092	0.0765	0.0537	0.0378	0.0267
39	0.6784	0.4620	0.3158	0.2166	0.1492	0.1031	0.0715	0.0497	0.0347	0.0243
40	0.6717	0.4529	0.3066	0.2083	0.1421	0.0972	0.0668	0.0460	0.0318	0.0221

附錄 3（續）

期間＼利率	11.00%	12.00%	13.00%	14.00%	15.00%	16.00%	17.00%	18.00%	19.00%	20.00%
1	0.9009	0.8929	0.8850	0.8772	0.8696	0.8621	0.8547	0.8475	0.8403	0.8333
2	0.8116	0.7972	0.7832	0.7695	0.7561	0.7432	0.7305	0.7182	0.7062	0.6944
3	0.7312	0.7118	0.6931	0.6750	0.6575	0.6407	0.6244	0.6086	0.5934	0.5787
4	0.6587	0.6355	0.6133	0.5921	0.5718	0.5523	0.5337	0.5158	0.4987	0.4823
5	0.5935	0.5674	0.5428	0.5194	0.4972	0.4761	0.4561	0.4371	0.4191	0.4019
6	0.5346	0.5066	0.4803	0.4556	0.4323	0.4104	0.3898	0.3704	0.3521	0.3349
7	0.4817	0.4524	0.4251	0.3996	0.3759	0.3538	0.3332	0.3139	0.2959	0.2791
8	0.4339	0.4039	0.3762	0.3506	0.3269	0.3050	0.2848	0.2660	0.2487	0.2326
9	0.3909	0.3606	0.3329	0.3075	0.2843	0.2630	0.2434	0.2255	0.2090	0.1938
10	0.3522	0.3220	0.2946	0.2697	0.2472	0.2267	0.2080	0.1911	0.1756	0.1615
11	0.3173	0.2875	0.2607	0.2366	0.2149	0.1954	0.1778	0.1619	0.1476	0.1346
12	0.2858	0.2567	0.2307	0.2076	0.1869	0.1685	0.1520	0.1372	0.1240	0.1122
13	0.2575	0.2292	0.2042	0.1821	0.1625	0.1452	0.1299	0.1163	0.1042	0.0935
14	0.2320	0.2046	0.1807	0.1597	0.1413	0.1252	0.1110	0.0986	0.0876	0.0779
15	0.2090	0.1827	0.1599	0.1401	0.1229	0.1079	0.0949	0.0835	0.0736	0.0649
16	0.1883	0.1631	0.1415	0.1229	0.1069	0.0930	0.0811	0.0708	0.0618	0.0541
17	0.1696	0.1456	0.1252	0.1078	0.0929	0.0802	0.0693	0.0600	0.0520	0.0451
18	0.1528	0.1300	0.1108	0.0946	0.0808	0.0691	0.0593	0.0508	0.0437	0.0376
19	0.1377	0.1161	0.0981	0.0830	0.0703	0.0596	0.0506	0.0431	0.0367	0.0313
20	0.1240	0.1037	0.0868	0.0728	0.0611	0.0514	0.0433	0.0365	0.0308	0.0261
21	0.1117	0.0926	0.0768	0.0638	0.0531	0.0443	0.0370	0.0309	0.0259	0.0217
22	0.1007	0.0826	0.0680	0.0560	0.0462	0.0382	0.0316	0.0262	0.0218	0.0181
23	0.0907	0.0738	0.0601	0.0491	0.0402	0.0329	0.0270	0.0222	0.0183	0.0151
24	0.0817	0.0659	0.0532	0.0431	0.0349	0.0284	0.0231	0.0188	0.0154	0.0126
25	0.0736	0.0588	0.0471	0.0378	0.0304	0.0245	0.0197	0.0160	0.0129	0.0105
26	0.0663	0.0525	0.0417	0.0332	0.0264	0.0211	0.0169	0.0135	0.0109	0.0087
27	0.0597	0.0469	0.0369	0.0291	0.0230	0.0182	0.0144	0.0115	0.0091	0.0073
28	0.0538	0.0419	0.0326	0.0255	0.0200	0.0157	0.0123	0.0097	0.0077	0.0061
29	0.0485	0.0374	0.0289	0.0224	0.0174	0.0135	0.0105	0.0082	0.0064	0.0051
30	0.0437	0.0334	0.0256	0.0196	0.0151	0.0117	0.0090	0.0070	0.0054	0.0042
31	0.0394	0.0298	0.0226	0.0172	0.0131	0.0100	0.0077	0.0059	0.0046	0.0035
32	0.0355	0.0266	0.0200	0.0151	0.0114	0.0087	0.0066	0.0050	0.0038	0.0029
33	0.0319	0.0238	0.0177	0.0133	0.0099	0.0075	0.0056	0.0043	0.0032	0.0024
34	0.0288	0.0212	0.0157	0.0116	0.0088	0.0064	0.0048	0.0036	0.0027	0.0020
35	0.0259	0.0189	0.0139	0.0102	0.0075	0.0056	0.0041	0.0031	0.0023	0.0017
36	0.0234	0.0169	0.0123	0.0089	0.0065	0.0048	0.0035	0.0026	0.0019	0.0014
37	0.0210	0.0151	0.0109	0.0078	0.0057	0.0041	0.0030	0.0022	0.0016	0.0012
38	0.0190	0.0135	0.0096	0.0069	0.0049	0.0036	0.0026	0.0019	0.0014	0.0010
39	0.0171	0.0120	0.0085	0.0060	0.0043	0.0031	0.0022	0.0016	0.0011	0.0008
40	0.0154	0.0108	0.0075	0.0053	0.0037	0.0026	0.0019	0.0013	0.0010	0.0007

附錄4

$$n \text{ 期利率為 } r \text{ 的 } \$1 \text{ 之年金現值 } P_{\overline{n}|r} = \frac{1-(1+r)^{-n}}{r}$$

期間\利率	1.00%	2.00%	3.00%	4.00%	5.00%	6.00%	7.00%	8.00%	9.00%	10.00%
1	0.9901	0.9804	0.9709	0.9615	0.0524	0.9434	0.9346	0.9259	0.9174	0.9091
2	1.9704	1.9416	1.9135	1.8861	1.8594	1.8334	1.8080	1.7833	1.7591	1.7355
3	2.9410	2.8839	2.8286	2.7751	2.7233	2.6730	2.6243	2.5771	2.5313	2.4869
4	3.9020	3.8077	3.7171	3.6299	3.5460	3.4651	3.3872	3.3121	3.2397	3.1699
5	4.8534	4.7135	4.5797	4.4518	4.3295	4.2124	4.1002	3.9927	3.8897	3.7908
6	5.7955	5.6014	5.4172	5.2421	5.0757	4.9173	4.7665	4.6229	4.4859	4.3553
7	6.7282	6.4720	6.2303	6.0021	5.7864	5.5824	5.3893	5.2064	5.0330	4.8684
8	7.6517	7.3255	7.0197	6.7327	6.4632	6.2098	5.9713	5.7466	5.5348	5.3349
9	8.5660	8.1622	7.7861	7.4353	7.1078	6.8017	6.5152	6.2469	5.9953	5.7590
10	9.4713	8.9826	8.5302	8.1109	7.7217	7.3601	7.0236	6.7101	6.4177	6.1446
11	10.3676	9.7869	9.2526	8.7605	8.3064	7.8869	7.4987	7.1390	6.8052	6.4951
12	11.2551	10.5753	9.9540	9.3851	8.8633	8.3838	7.9427	7.5361	7.1607	6.8137
13	12.1337	11.3484	10.6350	9.9857	9.3936	8.8527	8.3577	7.9038	7.4869	7.1034
14	13.0037	12.1063	11.2961	10.5631	9.8986	9.2950	8.7455	8.2442	7.7862	7.3667
15	13.8651	12.8493	11.9379	11.1184	10.3797	9.7123	9.1079	8.5595	8.0607	7.6061
16	14.7179	13.5777	12.5611	11.6523	10.8378	10.1059	9.4467	8.8514	8.3126	7.8237
17	15.5623	14.2919	13.1661	12.1657	11.2741	10.4773	9.7632	9.1216	8.5436	8.0216
18	16.3983	14.9920	13.7535	12.6593	11.6896	10.8276	10.0591	9.3719	8.7556	8.2014
19	17.2260	15.6785	14.3238	13.1339	12.0853	11.1581	10.3356	9.6036	8.9501	8.3649
20	18.0456	16.3514	14.8775	13.5903	12.4622	11.4699	10.5940	9.8182	9.1286	8.5136
21	18.8570	17.0112	15.4150	14.0292	12.8212	11.7641	10.8355	10.0168	9.2922	8.6487
22	19.6604	17.6581	15.9369	14.4511	13.1630	12.0416	11.0612	10.2007	9.4424	8.7715
23	20.4558	18.2922	16.4436	14.8568	13.4886	12.3034	11.2722	10.3711	9.5802	8.8832
24	21.2434	18.9139	16.9355	15.2470	13.7986	12.5504	11.4693	10.5288	9.7066	8.9847
25	22.0232	19.5235	17.4132	15.6221	14.0939	12.7834	11.6536	10.6748	9.8226	9.0770
26	22.7952	20.1210	17.8768	15.9828	14.3752	13.0032	11.8258	10.8100	9.9290	9.1610
27	23.5596	20.7069	18.3270	16.3296	14.6430	13.2105	11.9867	10.9352	10.0266	9.2372
28	24.3164	21.2813	18.7641	16.6631	14.8981	13.4062	12.1371	11.0511	10.1161	9.3066
29	25.0658	21.8444	19.1885	16.9837	15.1411	13.5907	12.2777	11.1584	10.1983	9.3696
30	25.8077	22.3965	19.6004	17.2920	15.3725	13.7648	12.4090	11.2578	10.2737	9.4269
31	26.5423	22.9377	20.0004	17.5885	15.5928	13.9291	12.5318	11.3498	10.3428	9.4790
32	27.2696	23.4683	20.3888	17.8736	15.8027	14.0840	12.6466	11.4350	10.1062	9.5264
33	27.9897	23.9886	20.7658	18.1477	16.0026	14.2302	12.7538	11.5139	10.4664	9.5694
34	28.7027	24.4986	21.1318	18.4112	16.1929	14.3681	12.8540	11.5869	10.5178	9.6086
35	29.4086	24.9986	21.4872	18.6646	16.3742	14.4983	12.9477	11.6546	10.5668	9.6442
36	30.1075	25.4888	21.8323	18.9083	16.5469	14.6210	13.0352	11.7172	10.6118	9.6765
37	30.7995	25.9695	22.1672	19.1426	16.7113	14.7368	13.1170	11.7752	10.6530	9.7059
38	31.4847	26.4406	22.4925	19.3679	16.8679	14.8460	13.1935	11.8289	10.6908	9.7327
39	32.1630	26.9026	22.8082	19.5845	17.0170	14.9491	13.2649	11.8789	10.7255	9.7570
40	32.8347	27.3555	23.1148	19.7928	17.1591	15.0463	13.3317	11.9246	10.7574	9.7791

附錄 4（續）

期間＼利率	11.00%	12.00%	13.00%	14.00%	15.00%	16.00%	17.00%	18.00%	19.00%	20.00%
1	0.9009	0.8929	0.8850	0.8772	0.8696	0.8621	0.8547	0.8475	0.8403	0.8333
2	1.7125	1.6901	1.6681	1.6467	1.6257	1.6052	1.5852	1.5656	1.5465	1.5278
3	2.4437	2.4018	2.3612	2.3216	2.2832	2.2459	2.2096	2.1743	2.1399	2.1065
4	3.1025	3.0374	2.9745	2.9137	2.8850	2.7982	2.7432	2.6901	2.6386	2.5887
5	3.6959	3.6048	3.5172	3.4331	3.3522	3.2743	3.1994	3.1272	3.0576	2.9906
6	4.2305	4.1114	3.9976	3.8887	3.7845	3.6847	3.5892	3.4976	3.4098	3.3255
7	4.7122	4.5638	4.4226	4.2883	4.1604	4.0386	3.9224	3.8115	3.7057	3.6046
8	5.1461	4.9676	4.7988	4.6389	4.4873	4.3436	4.2072	4.0776	3.9544	3.8372
9	5.5371	5.3283	5.1317	4.9464	4.7716	4.6065	4.4506	4.3030	4.1633	4.0310
10	5.8892	5.6502	5.4262	5.2161	5.0188	4.8332	4.6586	4.4941	4.3389	4.1925
11	6.2065	5.9377	5.6869	5.4527	5.2337	5.0286	4.8364	4.6560	4.4865	4.3271
12	6.4924	6.1944	5.9177	5.6603	5.4206	5.1971	4.9884	4.7932	4.6105	4.4392
13	6.7499	6.4236	6.1218	5.8424	5.5832	5.3423	5.1183	4.9095	4.7147	4.5327
14	6.9819	6.6282	6.3025	6.0021	5.7245	5.4675	5.2293	5.0081	4.8023	4.6106
15	7.1909	6.8109	6.4624	6.1422	5.8474	5.5755	5.3242	5.0916	4.8759	4.6755
16	7.3792	6.9740	6.6039	6.2651	5.9542	5.6685	5.4053	5.1624	4.9377	4.7296
17	7.5488	7.1196	6.7291	6.3729	6.0472	5.7487	5.4746	5.2223	4.9897	4.7746
18	7.7016	7.2497	6.8399	6.4674	6.1280	5.8179	5.5339	5.2732	5.0333	4.8122
19	7.8393	7.3658	6.9380	6.5504	6.1982	5.8775	5.5845	5.3162	5.0700	4.8435
20	7.9633	7.4694	7.0248	6.6231	6.2593	5.9288	5.6278	5.3528	5.1009	4.8696
21	8.0751	7.5620	7.1016	6.6870	6.3125	5.9731	5.6648	5.3837	5.1268	4.8913
22	8.1757	7.6447	7.1695	6.7429	6.3587	6.0113	5.6964	5.4099	5.1486	4.9094
23	8.2664	7.7184	7.2297	6.7921	6.3988	6.0443	5.7234	5.4321	5.1669	4.9245
24	8.3481	7.7843	7.2829	6.8351	6.4338	6.0726	5.7465	5.4510	5.1822	4.9371
25	8.4217	7.8431	7.3300	6.8729	6.4642	6.0971	5.7662	5.4669	5.1952	4.9476
26	8.4881	7.8957	7.3717	6.9061	6.4906	6.1182	5.7831	5.4804	5.2060	4.9563
27	8.5478	7.9426	7.4086	6.9352	6.5135	6.1364	5.7975	5.4919	5.2151	4.9636
28	8.6016	7.9844	7.4412	6.9607	6.5335	6.1520	5.8099	5.5016	5.2228	4.9697
29	8.6501	8.0218	7.4701	6.9830	6.5509	6.1656	5.8204	5.5098	5.2292	4.9747
30	8.6938	8.0552	7.4957	7.0027	6.5660	6.1772	5.8294	5.5168	5.2347	4.9789
31	8.7332	8.0850	7.5183	7.0199	6.5791	6.1872	5.8371	5.5227	5.2392	4.9825
32	8.7686	8.1116	7.5383	7.0350	6.5905	6.1959	5.8437	5.5277	5.2430	4.9854
33	8.8005	8.1354	7.5560	7.0482	6.6005	6.2034	5.8493	5.5320	5.2463	4.9878
34	8.8293	8.1566	7.5717	7.0599	6.6091	6.2098	5.8541	5.5356	5.2490	4.9898
35	8.8552	8.1755	7.5856	7.0701	6.6166	6.2153	5.8582	5.5386	5.2512	4.9930
36	8.8786	8.1924	7.5979	7.0790	6.6231	6.2201	5.8617	5.5412	5.2531	4.9930
37	8.8996	8.2075	7.6087	7.0868	6.6288	6.2242	5.8647	5.5434	5.2547	4.9941
38	8.9186	8.2210	7.6183	7.0937	6.6338	6.2278	5.8673	5.5453	5.2561	4.9951
39	8.9357	8.2330	7.6268	7.0998	6.6381	6.2309	5.8695	5.5468	5.2572	4.9959
40	8.9511	8.2438	7.6344	7.1050	6.6418	6.2335	5.8713	5.5482	5.2582	4.9966

◎ 參 考 書 目 ◎

"BSC's McLean thinks global; David Perry," *Furniture Today*, July, 2002, Vol. 26, Iss. 46, pp. 46 – 47.

Adria Cimino, "BSC adds vascular seal device," *Mass High Tech*, Apr., 2002, Vol. 20, Iss. 17, p. 8.

Alice Blanco, "Cost Management in Plastics Processing——Strategies, Target, Techniques and Tools," *Plastics Engineering*, Aug., 2002, Vol. 58, Iss. 8, pp. 76 – 78.

Amsterdam, "New ERP software company enters Serbian market," *Europemedia*, Sep., 15, 2002, p. 1.

Anonymous, "Making the right moves with CRM," *Call Center Magazine*, Sep., 2002, Vol. 15, pp. 18 – 26.

Atkinson, Anthony A., Rajiv D. Banker, Robert S. Kaplan, and S. Mark Young, *Management Accounting*, Englewood Cliffs, NJ: Prentice-Hall, Inc., 1995.

Atkinson, Anthony A., Rajiv D. Banker, Robert S. Kaplan, and S. Mark Young, *Management Accounting*, Upper Saddle River, NJ: Prentice-Hall, Inc., 1997.

Barbara Darrow, "ERP effort sinks Agilent revenue," *Computer world*, Aug., 2002, Vol. 36, Iss. 35, pp. 1 – 3.

Barbara Darrow, "Great Plains and Siebel part ways on CRM," *Asia Computer Weekly*, Sep., 2002. p. 1.

Barfield, Jesse T., Cecily A. Raiborn, and Michael R. Kinney, *Cost Accounting*, St. Paul, Mn: West Publishing Co., 1994.

Barfield, Jesse T., Cecily A. Raiborn, and Michael R. Kinney, *Cost Accounting*, Cincinnati, Ohio: South-Western College Publishing., 1997.

Bernard Pierce, "Target cost management: Comprehensive benchmarking for a competitive market," *Accountancy Ireland*, Apr., 2002, Vol. 34, Iss. 2, pp. 30 – 33.

Bethesda, "The transport company TQM decreases proceeds," *Access Czech Republic Business Bulletin*, July, 2002, p. 16.

Billington, C., "Managing Supply Chain Inventory: Pitfall and Opportunity," *Solon Management Review*, 1992, pp. 65 – 73.

Booth, R., "Activity Analysis and Cost Leadership," *Management Accounting—London*, June 1992, pp. 30 – 31.

Brian Albright, "Flipping switches on ERP and CRM," *Frontline Solutions*, Sep., 2002, Vol. 3, Iss. 9, pp. 12 – 15.

Bruce A Leauby, "Know the score: The balanced scorecard approach to strategically assist clients," *Pennsylvania CPA Journal*, Spring, 2002, Vol. 73, Iss. 1, pp. 28 – 33.

Bromwich, M. and A. Bhimani, "Strategic Investment Appraisal," *Management Accounting —London*, Mar. 1991, pp. 45 – 48.

Burch, John G., *Cost and Management Accounting*, St. Paul, Mn: West Publishing Co., 1994.

C P Kartha, "ISO9000: 2000 quality management systems standards: TQM focus in the new revision," *Journal of American Academy of Business*, Sep., 2002, Vol. 2, Iss. 1, pp. 1 – 7.

Carmen Escanciano, "Linking the firm's technological status and ISO 9000 certification: Results of an empirical research," *Technovation*, Aug., Vol. 22, Iss. 8, p. 509.

Chandra Devi, "Independent views on e-learning," Computimes Malaysia, New York, Sep., 2002, p. 1.

Charles Keenan, "Technology Spending for CRM Initiatives Stalls," *American Banker*, New York, Aug., 2002, p. 8.

Clarke, P. J., "The Old and the New in Management Accounting," *Management Accounting*, June 1996, p. 4.

Chandra Devi, "Demand for e-business skills," *Computimes Malaysia*, New York, Aug., 2002, p. 1.

Charles C. P., & S. E. Reiter., *Supply Chain Optimization: Building the Strongest Total Business Network*, 1996.

Christopher, Martin, Logistics and Supply Chain Management, *Financial Time*, 1994, Irwin.

Daniel I Prajogo, "TQM and innovation: A literature review and research framework," *Technovation*, Sep., Vol. 21, Iss. 9, p. 539.

Dallas, "Legend Succeeds in SCM," *Asiainfo Daily China News*, Aug. 23, 2002, p. 1.

David Perry, "Consumer scorecard: BSC studies show changing attitudes," *Furniture Today*, July, 2002, Vol. 26, Iss. 46, pp. 32 – 33.

Deborah P Moore, "Pay me now or pay me later: The life-cycle costing debate," *School*

Planning & Management, June, Vol. 41, Iss. 6, pp. 22 – 23.

Denis Leonard, "The corporate strategic-operational divide and TQM," *Measuring Business Excellence*, 2002, Vol. 6, Iss. 1, pp. 5 – 15.

Doug Cederblom, "From performance appraisal to performance management: One agency's experience," *Public Personnel Management*, Washington, Summer 2002, Vol. 31, Iss. 2, pp. 131 – 141.

Garrison, Ray H. and Eric W. Noreen, *Managerial Accounting*, U.S.A.: The McGraw-Hill Companies, Inc., 1997.

Garrison, Ray H. and Eric W. Noreen, *Managerial Accounting*, Burr Ridge, Illinois: Richard D. Irwin, Inc., 1994.

Grundy, T., "Beyond The Numbers Game: Introducing Strategic Cost Management," *Management Accounting—London*, Mar. 1995, pp. 36 – 37.

Hammer, Lawrence H., William K. Carter, and Milton F. Usry, *Cost Accounting*, Cincinnati, Ohio: South-Western Publishing Co., 1994.

Hansen, Don R. and Maryanne M. Mowen, *Cost Management*, Cincinnati, Ohio: South-Western College Publishing., 1995.

Hansen, Don R. and Maryanne M. Mowen, *Cost Management*, Cincinnati, Ohio: South-Western College Publishing., 1997.

Hansen, Don R. and Maryanne M. Mowen, *Management Accounting*, Cincinnati, Ohio: South-Western Publishing., 1994.

Hansen, Don R. and Maryanne M. Mowen, *Cost Management*, Ohio: ITP, 1995.

Hilton, Ronald W., *Managerial Accounting*, U.S.A.: The McGraw-Hill Companies, Inc., 1997.

Hiromoto, T., "Another Hidden Edge—Japanese Management Accounting," *Harvard Business Review*, July-Aug. 1988, pp. 22 – 26.

Hirsch, Jr. Maurice L., *Advanced Management Accounting*, Cincinnati, Ohio: South-Western Publishing Co., 1994.

Horngren, Charles T. and Gary L. Sundem, *Management Accounting*, Englewood Cliffs, NJ: Prentice-Hall, Inc., 1993.

Horngren, Charles T., George Foster, and Srikant M. Datar, *Cost Accounting*, Englewood Cliffs, NJ: Prentice-Hall, Inc., 1994.

Islamabad, "Making CRM work," *Businessline*, Sep. 5, 2002. p. 1.

Islamabad, "Quality and competitiveness——Making a mark in the world market," *Businessline*, May, 2002, p. 1.

James L Hoff, "Roofing and life-cycle cost," *Cedar Rapids*; May, 2001, Vol. 95, Iss. 5, pp. 74 – 76.

J Motwani, "Critical factors and performance measures of TQM," *Measuring Business Excellence*, 2002, Vol. 6, Iss. 2, pp. 63 – 64.

Jean A Sagara, "Implant case – planning and cost management: The past, present, and future of implant dentistry," *Dental Economics*, Feb., 2002, Vol. 92, Iss. 2, pp. 82 – 86.

Jonathan Linton, "Life cycle analysis," *Circuits Assembly*, San Francisco, Mar., 1999, Vol. 10, Iss. 3, pp. 26 – 28.

Jeroen Vits, "Performance improvement theory," *International Journal of Production Economics*, June, 2002, Vol. 77, Iss. 3, p. 285.

Katha Pollitt, "Join the EC e-mail campaign," *The Nation*, New York, Sep., 2002, Vol. 275, Iss. 8, pp. 10 – 11.

Kap Hwan Kim, "Determining load patterns for the delivery of assembly components under JIT systems," *International Journal of Production Economics*, May, 2002, Vol. 77, Iss. 1, p. 25.

Kawada, M. and D. F. Johnson, "Strategic Management Accounting—Why and How," *Management Accounting*, Aug., 1993, pp. 32 – 38.

Kenichiro Chinen, "The relationships between TQM factors and performance in a maquiladora," *Multinational Business Review*, Fall, 2002, Vol. 10, Iss. 2, pp. 91 – 98.

Lutfar R Khan, "An optimal batch size for a JIT manufacturing system," *Computers & Industrial Engineering*, New York, Jun., 2002, Vol. 42, Iss. 2 – 4, p. 127.

Mary Hayes, "Take your ERP software for a test ride," *InformationWeek*, Sep., 2002, p. 51.

Morse, Wayne J., James R. Davis, and Ai L. Hartgraves, *Management Accounting*, Cincinnati, Ohio: South-Western College Publishing., 1996.

Morse, Wayne J., James R. Davis, and Ai L. Hartgraves, *Management Accounting*, Ohio: ITP, 1996.

Murphy, J. C. and S. L. Braund, "Management Accounting and New Manufacturing Technology," *Management Accounting-London*, Feb. 1990, pp. 38 – 40.

Partridge, M. and L. Perren, "Assessing and Enhancing Strategic Capability: A Value-driven Approach," *Management Accounting—London*, June 1994, pp. 28 – 29.

Pogue, G., "Strategic Management Accounting," *Management Accounting—London*, Jan. 1990a, pp. 46 – 47.

Raiborn, Cecily A., Jesse T. Barfield, and Michael R. Kinney, *Managerial Accounting*, St. Paul, Mn: West Publishing Co., 1995.

Raiborn, Cecily A., Jesse T. Barfield, and Michael R. Kinney, *Managerial Accounting*, St. Paul, Mn: West Publishing Co., 1993.

Raiborn, Cecily A., Jesse T. Barfield, and Michael R. Kinney, *Managerial Accounting*, St. Paul, Mn: West Publishing Co., 1996.

Ramji Balakrishnan, "Integrating profit variance analysis and capacity costing to provide better managerial information," *Issues in Accounting Education*, May, 2002, Vol. 17, Iss. 2, pp. 149 – 152.

Rayburn, Gayle L., *Cost Accounting: Using a Cost Management Approach*, Chicago, Illinois: Richard D. Irwin, Inc., 1993.

S. Dowlatshahi, "Product life cycle analysis: A goal programming approach," *The Journal of the Operational Research Society*, Nov., 2001, Vol. 52, Iss. 11, p. 1201.

Scott Cotter, "CRM may gauge Web's band for the buck," *Marketing News*, Sep., 2002, Vol. 36, Iss. 18, pp. 22 – 24.

Shih-Jen Kathy Ho, "Balanced scorecard: Two perspectives," *The CPA Journal*, Mar., 2002, Vol. 72, Iss. 3, pp. 20 – 26.

Shank, K. and V. Govindarajan, "Strategic Cost Analysis of Technological Investments," *Sloan Management Review*, Fall, 1992, pp. 39 – 51.

Shank, K. and V. Govindarajan, *Strategic Cost Management*, New York: Free Press, 1993.

Simons, R., "The Role of Management Control Systems in Creating Competitive Advantage: New Perspectives," *Accounting, Organization and Society*, Vol. 15, No. 1/2, 1990, pp. 127 – 143.

Sollenberger, Harold M. and Arnold Schneider, *Managerial Accounting*, Cincinnati, Ohio: South-Western College Publishing., 1996.

Steve Bills, "Successful CRM Projects Stress Quantifiable Results," *American Banker, New York*, N.Y., Aug., 2002, p. 4.

Sarasota, "Cost Management: A Strategic Emphasis, Second Edition; Seleshi Sisaye," *Issues in Accounting Education*, Aug., 2002, Vol. 17, Iss. 3, pp. 337 – 339.

Susan Avery, "Suppliers focus efforts on making buyers' jobs easier," *Purchasing*, Boston, May, 2002, Vol. 131, Iss. 9, pp. 61 – 62.

Susan M Morgan, "Study of noise barrier life-cycle costing," *Journal of Transportation Engineering*, New York, May, 2001, Vol. 127, Iss. 3, p. 230.

Thomas L Legare, "The role of organizational factors in realizing ERP benefits," *Information Systems Management*, Fall, 2002, Vol. 19, Iss. 4, p. 21.

Thomas L Legare, "SCM open house marks 50 years," *Cabinet Maker*, July, 2002, Vol. 16, Iss. 9, pp. 16 – 17.

Ward, K., *Strategic Management Accounting*, Britain: Oxford, 1992.

Young, Mark S., *Readings in Management Accounting*, Upper Saddle River, NJ: Prentice-Hall, Inc., 1997.